Pepels
BWL-Basics für Start-ups

BLEIBEN SIE AUF DEM LAUFENDEN!

Hanser Newsletter informieren Sie regelmäßig
über neue Bücher und Termine aus den verschiedenen Bereichen der Technik. Profitieren
Sie auch von Gewinnspielen und exklusiven
Leseproben. Gleich anmelden unter

www.hanser-fachbuch.de/newsletter

Werner Pepels

BWL-Basics für Start-ups

Was Gründer wissen müssen

HANSER

Der Autor:
Werner Pepels, Krefeld

Bibliografische Information der Deutschen Nationalbibliothek:

Die Deutsche Nationalbibliothek verzeichnet diese Publikation in der Deutschen Nationalbibliografie; detaillierte bibliografische Daten sind im Internet über <http://dnb.ddb.de> abrufbar.

Print-ISBN 978-3-446-45835-2
E-Book-ISBN 978-3-446-45962-5
ePub-ISBN 978-3-446-46104-8

© 2019 Carl Hanser Verlag GmbH & Co. KG, München
www.hanser-fachbuch.de
Lektorat: Lisa Hoffmann-Bäuml
Herstellung: Cornelia Rothenaicher
Satz: Kösel Media, Krugzell
Coverrealisation: Stephan Rönigk
Druck und Bindung: Hubert & Co. GmbH und Co. KG BuchPartner, Göttingen
Printed in Germany

Vorwort

Eine Existenzgründung bedeutet jede Menge Chancen und Freiräume, doch auch jede Menge Herausforderungen und Risiken. Existenzgründer brauchen daher betriebswirtschaftliche Grundlagen. Ideen alleine reichen nicht aus. Ob es sich um einen Businessplan handelt, den beispielsweise jeder Kreditgeber einfordert, oder um die Wahl der passenden Rechtsform – ohne fundierte betriebswirtschaftliche Kenntnisse ist ein Scheitern vorprogrammiert.

Auf internationaler Ebene ist ein deutlicher Existenzgründungsboom zu verzeichnen, und es ist zu erwarten, dass es auch in Deutschland zu einem solchen Boom kommen wird. Die Zeichen für eine erfolgreiche Gründung stehen also günstig. In allen Bereichen von Wirtschaft und Politik wird verstärkt unternehmerische Initiative eingefordert. Existenzgründer tragen durch den Start ihres neuen Unternehmens zum gesamtwirtschaftlichen Wohlstand und zur Verbesserung der Beschäftigungs- und Wettbewerbssituation des Landes bei.

Im Fachliteraturmarkt wird bereits eine Vielzahl von Ratgebern mit den üblichen Tipps und Tricks zur Existenzgründung angeboten. Angesichts dieser Marktlage muss sich jede neue Publikation in diesem Themenfeld daher die Frage nach ihrer Berechtigung gefallen lassen. Die Begründung ist in diesem Fall recht einfach, dieses Buch hat eine andere Mission. Da Existenzgründer überwiegend aus nicht ökonomischen Berufs- und Ausbildungsbereichen stammen, mangelt es ihnen oftmals an gründungsrelevantem, betriebswirtschaftlichem Basiswissen. Für sie bleibt daher allenfalls der Griff zu traditionellen Einführungswerken in die Betriebswirtschaftslehre, die, einmal davon abgesehen, dass sie oft als zu theoretisch wahrgenommen werden, nur eher unspezifisch ihren gezielten Bedarf zu befriedigen vermögen. Oder aber zu meist ungeprüfte Patentrezepte verkaufenden Praxisautoren, die jedoch kaum transferierbare Praxisfälle erläutern, deren Erkenntnisse also nur bedingt auf andere übertragbar sind.

Daher ist es nach Meinung von Verlag und Autor sinnvoll, das praktisch bedeutsame Wissen der Betriebswirtschaft unter dem speziellen Aspekt der Existenzgründung zu dokumentieren und Interessenten marktwirksam zugänglich zu machen. Dies adäquat darzustellen, gelingt nur authentisch, wenn man solide betriebswirtschaftliche Ausbildung, didaktische Erfahrung in der Wissensvermittlung und eigenständige Gründerexpertise aufweist. Dies wird in einer Person jedoch nur selten verwirklicht. Der Autor allerdings verfügt sowohl über fundierte BWL-Kenntnisse aus Studium (Dipl.-Betriebswirt und Dipl.-Kaufmann) und Beruf (Consultant und Key Accounter), er kann auf vielen Jahren Hochschullehrererfahrung (BWL-Professor und Lehrbuchautor) aufbauen und war selbst einige Jahre als Gründer bzw. Partner von drei Marketingberatungsunternehmen aktiv, von denen eines geradewegs insolvent wurde, eines von Anfang an notleidend blieb und erst das dritte eine belastbare und erfolgreiche Einkommensbasis bot.

Dieses Werk wendet sich somit aufgrund seiner systematisch-analytischen Auslegung mit sinnvoller Theoriefundierung, aber auch anschaulich anwendungsbezogenen Inhalten, die auf die konkrete Umsetzung in der Existenzgründung ausgerichtet sind, vor allem an folgende Zielgruppen. Zum einen an aktuelle Gründer und Unternehmer, deren Existenzgründung gerade ansteht oder erst kurz zurückliegt, um ihnen das für sie relevante, betriebswirtschaftliche Kernwissen zu vermitteln, zum anderen an Studierende mit Existenzgründungsambitionen an wissenschaftlichen und angewandten Hochschulen in technischen und anderen, nicht betriebswirtschaftlichen Disziplinen sowie an Teilnehmer von anspruchsvollen Fort- und Weiterbildungsveranstaltungen und Berufstätige, die intensiv über eine Selbstständigkeit nachdenken. Dabei wird eine zumutbare Professionalität dieser jeweiligen Aktivitäten unterstellt.

Ziel dieses Werks ist es, die Komplexität eines Projekts Existenzgründung zu verdeutlichen und dazu beizutragen, dass vermeidbare „Stockfehler" die Existenz nicht bereits gefährden, bevor sie überhaupt hochgefahren ist.

In diesem Sinne sei allen Lesern viel Erfolg bei der Umsetzung dieser Buchinhalte gewünscht. Man sollte jedoch keinesfalls vergessen, dass auf einen in den Medien gefeierten Gründer Dutzende im Schatten der Öffentlichkeit kommen, deren persönliche Perspektive durch wirtschaftliche Fehler häufig auf Jahrzehnte hinaus beschränkt bleibt. Insofern sollte diese Entscheidung äußerst gründlich überlegt werden.

Krefeld, Frühjahr 2019

Werner Pepels

Inhalt

8 Inhalt

Einleitung

In einem kapitalistischen Wirtschaftssystem gilt Darwins Survival of the Fittest. Es setzen sich nur die Besten durch, zweitklassige Lösungen verschwinden (außer vielleicht im Bereich staatlicher Subventionen, die aber dauerhaft auch nicht durchzuhalten sind). Daher ist es wichtig, die Leitlinien des Systems zu verstehen und zu verinnerlichen. Es ist erforderlich, sich zunächst mit den ökonomischen Grundlagen einer Existenzgründung in der Sozialen Marktwirtschaft vertraut zu machen. Dazu gehört das Verständnis der Wirtschaftsakteure, des Gegenstands des Wirtschaftens, der gesellschaftlichen Verantwortung von Unternehmern und der erforderlichen Konstituierung als junges Unternehmen. Dies ist Inhalt von **Kapitel 1** dieses Buches.

In diesem Zuge sind einige konstitutive Entscheidungen zu treffen, die bereits den Nukleus der Erfolgsträchtigkeit beinhalten. Werden hier die Weichen falsch gestellt, führt dies zu Wettbewerbsnachteilen, die angesichts der Dynamik der Märkte kaum mehr anderweitig aufzuholen sind. Dabei sind vor allem die Wahl der Rechtsform des Unternehmens und die Wahl des Betriebsstandorts zu beachten. Dazu müssen die vielfältigen Implikationen der Wahloptionen bekannt sein, um darunter die individuell jeweils nachhaltigste und belastbarste Lösung identifizieren zu können. Dies ist Inhalt von **Kapitel 2**.

Zentral für den Erfolg des jungen Unternehmens ist die Bestimmung der Erfolgsfaktoren, die ihm eine Etablierung und den Bestand am Markt verschaffen sollen. Hierzu können vielfältige Elemente genannt werden, betriebswirtschaftlich stechen jedoch nur drei Elemente heraus: Das Geschäftsmodell stellt dar, wie Strukturen und Abläufe geartet sein sollen, damit eine Existenz geschaffen werden kann. Die Kernkompetenz identifiziert den Erfolgshebel, welcher der Berechtigung des jungen Unternehmens am Markt zur Durchsetzung verhelfen kann. Und die Absatzquelle verdeutlicht, woher die Rückflüsse von der Nachfrage zum Ausgleich der investierten Ressourcen kommen sollen. Ohne ein sehr klares Bild über diese drei Erfolgsfaktoren bleibt ein Erfolg nur zufällig und damit äußerst unwahrscheinlich. Dies ist Inhalt von **Kapitel 3**.

Voraussetzung für die Marktexistenz ist, dass das junge Unternehmen den Nachfragern seiner Leistung einen höheren Nutzen zu stiften vermag als vergleichbare
andere Anbieter. Dazu bedarf es einer ausdifferenzierten Geschäftsidee. Dazu wiederum reichen nicht vage, undurchdachte Vorstellungen aus, diese haben keine
Berechtigung zur Marktexistenz und damit auch keine Chance. Alle erfolgreichen
Gründer hatten vielmehr sehr konkrete Vorstellungen von ihren jeweiligen Geschäftsideen. Natürlich kamen glückliche Fügungen, Zufallsumstände, positive
externe Einflüsse etc. hinzu, aber diese führten nicht zu einem Wechsel der Geschäftsidee, sondern allenfalls zu einer optimierenden Anpassung. Zumeist sind
Geschäftsideen von Gründern innovativ, daher gilt es, solche neuen Ideen zu finden, auszubilden und zu schützen. Dies ist Inhalt von **Kapitel 4**. Im Exkurs werden
dazu zwei Beispiele für die häufig genutzten Umfelder Internet und Dienstleistungen dargestellt. Neben der Struktur der Existenz sind zunehmend die betrieblichen
Abläufe von Bedeutung. Wichtigster Faktor ist dabei die Wertschöpfung. Nur diese
legitimiert zum Marktbestand. Das heißt aber mitnichten, dass man alles selber
machen soll, ganz im Gegenteil. Man sollte nur das selber machen, was man besser
kann als andere. Das, was andere besser können, sollte man hingegen von diesen
zukaufen. Wie dies geschickt und leistungsfähig integriert wird, darüber gibt die
betriebliche Wertkette in ihrer Breite und Tiefe Auskunft. Dann kommt es darauf
an, externe und interne Leistungen zu verzahnen, indem die Abläufe möglichst
friktionslos aufeinander abgestimmt werden. Diese Prozessumgebung ist entscheidender Maßstab der erfolgreichen Umsetzung eines Konzepts. Dies ist Inhalt von
Kapitel 5 dieses Buches.

Um eine unternehmerische Existenz zu gründen, bedarf es sehr genauer Vorstel-
lungen über die Grundfunktion der betrieblichen Koordination in Personal und
Organisation. Zumeist sind diese erfolgsentscheidend und bilden die Basis des Be-
stands. Speziell im Unternehmer selbst müssen Eigenschaften wie Leadership und
Entrepreneurship vorhanden sein. Dies ist kaum zu erlernen, sondern muss be-
reits „in den Genen" veranlagt sein. Wer darüber nicht verfügt, hat wohl keine
Chance auf Erfolg. Aber nicht jeder, der darüber verfügt, ist wirklich ein geeigneter
Unternehmer. Dabei sind an Weggabelungen immer wieder wichtige Entscheidun-
gen zu treffen, die diese Intuition, aber vor allem auch analytisch-systematisches
Denken erfordern. Dies ist Inhalt von **Kapitel 6** dieses Buches.

Ebenso bedarf es sehr genauer Vorstellungen über die Grundfunktionen der betrieblichen Geldwirtschaft. Hierbei ist an bedeutsame Funktionen wie Kostenrechnung und Kalkulation, Finanzierung und Investition sowie Buchführung und
Bilanzierung zu denken. Selbst wenn man diese Aufgaben an Berater/Experten
outsourct, was in einer Vielzahl von Fällen zu empfehlen ist, gilt es dennoch, die
Rahmenbedingungen und Zusammenhänge zu kennen, um nicht von der Expertise Externer, die das Gründungsszenario möglicherweise nicht genügend kennen
und nachvollziehen können, abhängig zu sein. Die zugrunde liegenden Sachver-

halte mögen zwar trocken und unspektakulär sein, sie sind aber dennoch als Lebensader der Existenz zu betrachten. Dies ist Inhalt von **Kapitel 7** dieses Buches.

Schließlich bedarf es auch sehr genauer Vorstellungen über die Grundfunktionen der Warenwirtschaft in Beschaffung und Logistik, in Produktion und Qualität sowie in Marktinformation und Absatz. Dies gilt selbst bei Internet- oder Dienstleistungsgeschäften, denn auch diese haben immer ein mehr oder minder ausgeprägtes, realwirtschaftliches Pendant. Und am Ende gibt nicht die geniale Idee den Ausschlag, sondern die pedantische Abarbeitung von kritischen Stellgrößen in der Wertschöpfung. Bevor man hier über langweilig und unbedeutend erscheinende Unzulänglichkeiten stolpert, sollte dem unbedingt vorgebeugt werden. Dies ist Inhalt von **Kapitel 8**.

Tatsächlich lebt jedes Unternehmen nur von der Präsenz und der Honorierung seiner Leistungen am Markt. Alle Aktivitäten müssen unbedingt kundengetrieben sein. Viel zu viele Gründer sind technikverliebt oder übertrieben überzeugt von ihren unternehmerischen Fähigkeiten. Am Ende aber entscheidet eine opportunistische, fehlerintolerante Nachfrage über Gedeih und Verderb der Existenz. Insofern gilt die Vermarktung als Engpass für den Unternehmenserfolg, und immer der Engpass limitiert den Erfolg des Gesamtvorhabens. Die „dicksten Bretter" stellen dabei das Leistungsentgelt und die Leistungsverfügbarkeit dar. Hierzu gilt es, sich die gültigen Optionen vor Augen zu führen und kenntnisreich die bestgeeigneten von ihnen auszuwählen. Dies ist Inhalt von **Kapitel 9**.

Der Erfolg wird aber entscheidend auch von der Planung und Kontrolle der betrieblichen Aktivitäten geprägt. Beide Elemente gehören fest zusammen und sind ohne das jeweils andere sinnlos. Daher gilt es, sich zunächst die Planungsgrundlagen vor Augen zu führen und deren Ergebnisse umzusetzen. Danach ist es unabdingbar, diese Ergebnisse dahingehend zu kontrollieren, inwieweit die gewünschten Vorgaben sich eingestellt haben oder nicht. Dies ist Inhalt des Controllings (das also deutlich mehr als nur Kontrolle bedeutet) als Lenkung des jungen Unternehmens. Dazu steht eine Reihe von Werkzeugen zur Verfügung, die helfen, auf Kurs zu bleiben. Dies ist Inhalt von **Kapitel 10**.

Damit es zu einer erfolgreichen Existenz kommen kann, ist die Ausarbeitung einer strategischen Konzeption unerlässlich, will man sich nicht von glücklichen Fügungen abhängig machen. Dazu sind drei Elemente essenziell, erstens die gründliche Analyse des Istzustands, zweitens die exakte Definition der Zielinhalte und drittens die zweckmäßige Setzung der Strategischen Stellgrößen. Ohne diese Orientierungen ist man vor allem auf Glück angewiesen, also eine sehr waghalsige Basis. Zur Status-quo-Analyse stehen vielfältige Analysewerkzeuge zur Verfügung. Die Zielinhalte ergeben sich durch Ableitung aus den übergeordneten Unternehmenszielen durch fortschreitende Konkretisierung. Und die Strategie ist angesichts dicht besetzter, hoch kompetitiver Märkte zunehmend vor allem vom Mitbewerb determiniert. Dies ist Inhalt von **Kapitel 11**.

Damit es zur Existenzgründung überhaupt kommen kann, ist häufig eine Gründungsförderung nötig, wie sie heute vielfältig angeboten wird. Dabei können verschiedene Finanzierungsinstrumente und -quellen genutzt werden. Angesichts der Gründerwelle sind auch hierzulande die diesbezüglichen Möglichkeiten stark ausgeweitet worden. Dabei kommt zugute, dass es viel anlagesuchendes, vagabundierendes Kapital gibt und nur wenig rentable alternative Anlagemöglichkeiten. Investoren nehmen daher selbst höhere Risiken billigend in Kauf. Insofern liegt hier kaum mehr ein Engpass für Gründer vor. Hinzu kommt, dass auch der Staat Gründungsförderungen gibt, um die Arbeitslosenzahlen weiter zu drücken. Allerdings sind hier erhebliche bürokratische Hürden zu überwinden. Dies ist Inhalt von **Kapitel 12**.

Um an Finanzierungen bzw. Förderungen zu gelangen, ist es erforderlich, den Geldgebern ein schlüssiges Konzept über Basis und Aufbau der Existenzgründung zu geben. Dafür hat sich der Businessplan als Dokument eingebürgert. In ihm legen der oder die Gründer transparent den Rahmen und die Inhalte ihrer gewünschten Tätigkeit dar. Wichtig sind dabei die Prinzipien der Einfachheit durch Konzentration auf die Kernfaktoren, der Exaktheit durch nachvollziehbare Daten und Fakten sowie des Einfallsreichtums zur Überwindung von Widrigkeiten. Dies ist Inhalt von **Kapitel 13**.

Nach einem erfolgreichen Start darf keine Lücke in der Entwicklung entstehen. Vielmehr müssen vor- und ausgedachte Perspektiven gegeben sein, wie das junge Unternehmen sein weiteres Wachstum befeuert. Dieses kann organisch, also durch internes Wachstum erfolgen, was vergleichsweise reibungsarm, aber auch langsam vonstattengeht, oder anorganisch durch externes Wachstum, also Formen von Unternehmensverbindungen, die aktiv oder passiv eingegangen werden. Dies birgt zwar erhebliche Friktionen, beschleunigt jedoch die Entwicklung, was angesichts sich rasant verändernder Umfelder einen großen Vorteil bedeutet. Dabei stellen sich vor allem auch Fragen der Unternehmensbewertung. Dies ist Inhalt von **Kapitel 14**.

Schließlich ist auch ganz realistisch ins Auge zu fassen, dass eine Gründung nicht sofort auf den gewünschten Wachstumspfad führt, sondern stockt und damit die unternehmerische Existenz, aber auch die persönliche Existenz des/der Gründer/s bedroht. Um hier rasch und gezielt reagieren zu können, ist es sinnvoll, einen Worst-Case-Plan für eine solche Krisensituation auszuarbeiten, denn Krisenmanagement ist vor allem auch Zeitmanagement. Zum Glück ergeben sich vielfältige Optionen für Aktivitäten, welche eine Frühkrise begrenzen und beherrschbar machen. Dazu ist allerdings fundiertes betriebswirtschaftliches Know-how erforderlich. Dies ist Inhalt von **Kapitel 15**.

1

Ökonomische Grundlagen: Um was geht es bei einer unternehmerischen Tätigkeit?

 Viele Gründer gehen ohne Ökonomievorkenntnisse in die Existenzgründung. Sie verfügen zwar meist über ein hohes Maß an Fachkenntnissen und große Motivation, aber oft genug vereitelt mangelnde ökonomische Erfahrung den möglichen Erfolg. Daher ist es unerlässlich, sich zunächst mit den betriebswirtschaftlichen Grundlagen der Existenzgründung zu befassen.

Dieses Kapitel führt Sie kompakt in diese betriebswirtschaftlichen Grundlagen ein, erläutert die zentralen Begriffe, thematisiert Ihre gesellschaftliche Verantwortung und gibt Hinweise zu den verwaltungstechnischen Voraussetzungen eines jungen Unternehmens.

1.1 Wirtschaftsakteure in der Übersicht

1.1.1 Betriebe

Betriebe produzieren Güter und Dienste zum Zwecke der **fremden** Bedarfsdeckung durch planvoll organisierte Kombination der Produktionsfaktoren Betriebsmittel, Werkstoffe und exekutive wie dispositive Arbeit (Gutenberg) sowie nach moderner Auffassung auch Wissen. Betriebe sind gekennzeichnet durch die Prinzipien der Wirtschaftlichkeit als Rationalität des Handelns und des Finanzgleichgewichts als Ausgaben-Einnahmen-Saldo (vgl. zum Folgenden Pepels 2011, S. 3 ff.).

Nach dem **Eigentum** gibt es private Betriebe und öffentliche Betriebe. Besondere Kennzeichen **privater** Betriebe sind das Privateigentum an den Produktionsfaktoren, die Autonomie in der Entscheidung und die Gewinnerzielungsabsicht. Besondere Kennzeichen **öffentlicher** Betriebe sind das Gemeineigentum an den Produktionsfaktoren, das Organprinzip durch Mitsprache staatlicher Stellen und die Gemeinnutzorientierung.

Öffentliche Betriebe befinden sich ganz oder teilweise im Eigentum des Staates, also Bund, Länder, Gemeinden, und finden sich z.B. in Wirtschaftsbereichen wie Versorgung, Entsorgung, Verkehr/ÖPNV, Kredit, Versicherung und Medien sowie in Kultur, Bildung, Erholung/Freizeit, Gesundheit/Pflege, Schutz/Sicherheit etc. Allerdings vollzieht sich dabei eine zunehmende Privatisierung dieser Betriebe im Zuge der Liberalisierung der Märkte, z.B. Flughafenbetriebe, Energieversorger. Meist, jedoch nicht immer, geht damit eine Verbesserung der Marktleistung einher. Nach gängiger Ansicht sollten sich jedoch Infrastrukturleistungen in Gemeineigentum befinden (fraglich z.B. bei der Postzustellung, Telekommunikation oder im Bahnverkehr). Immerhin geht man noch von ca. 44 % Staatsanteil am BIP in Deutschland aus.

Nach der **Güterart**, die durch Betriebe allgemein bereitgestellt wird, kann in Sachleistungs- und Dienstleistungsbetriebe unterteilt werden, wobei die meisten Betriebe dem Markt beide Leistungsarten in mehr oder minder großem Anteil zur Verfügung stellen. Erstere sind im primären gesamtwirtschaftlichen Sektor mit Anbau- und Abbauwaren als Gewinnungsbetriebe tätig (z.B. Landwirtschaft oder Rohstoffabbau) und im sekundären Sektor für Industrie, Veredlung, Aufbereitung, Fertigung als Verarbeitungsbetriebe. Letztere sind im tertiären Sektor tätig und machen bereits mehr als zwei Drittel des Bruttoinlandsprodukts (BIP) aus, d.h. der Summe aller im Inland von Inländern und Ausländern erzeugten Waren und Dienste. Dazu gehören z.B. Betriebe des Handels, der Banken, der Versicherungen etc. und auch die meisten Online-Anbieter (Bild 1.1).

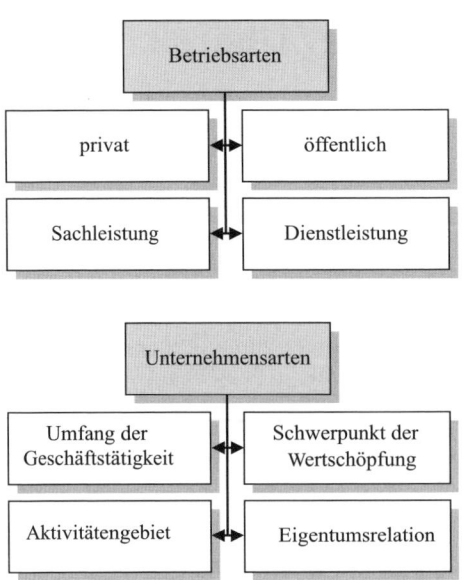

Bild 1.1 Betriebsarten und Unternehmensarten

1.1.2 Unternehmen

Das Unternehmen ist der formale, vor allem rechtliche und finanzielle Mantel eines **privaten** Betriebs. Es ist ein produktives soziales System, dessen Zweck darin besteht, den Ansprüchen verschiedener Interessengruppen gerecht zu werden. Oberziele des Unternehmens sind seine Bestandssicherung, die Gewinnerzielung, der optimale Ressourceneinsatz und ein qualitatives bzw. quantitatives Wachstum. Dabei müssen die Prozesse durch unternehmerische Entscheidungen an erratisch sich verändernde Umfeldbedingungen immer wieder von Neuem angepasst werden. Vor allem das Wachstumspostulat gerät dabei in Argumentationsnot.

Nach dem **Umfang** der Geschäftstätigkeit handelt es sich dabei um große, mittlere oder kleine Unternehmen. Fraglich ist jedoch, woran der Begriff „Größe" festgemacht werden soll, denkbar sind dazu etwa Umsatz (< 40 Mio. €), Mitarbeiterzahl (< 250 Personen) oder Bilanzsumme (< 20 Mio. €, Angaben jeweils nach § 267 HGB) für mittelgroße Kapitalgesellschaften. Je nach Kriterium (Industrie- und Handelskammertag/DIHT, Bundesministerium für Wirtschaft/BMWi) werden ca. 98 % aller deutschen Betriebe als kleine und mittlere Unternehmen (KMU) eingeordnet, die ca. 50 % der gesamtwirtschaftlichen Wertschöpfung (BIP) ausmachen (Werte sind gerundet). Andere Messungen gehen vom KMU-Anteil an allen sozialversicherungspflichtig Beschäftigten aus und kommen auf ca. 60 %.

Nach dem **Wertschöpfungsschwerpunkt** handelt es sich um personalintensive Unternehmen mit hohem Lohnkostenanteil, um anlagenintensive mit hohem Betriebsmittelanteil, um materialintensive mit hohem Rohstoffeinsatzanteil, um energieintensive mit hohem Ressourcenverbrauch oder informationsintensive mit hohem Datenanteil. Personal, Anlagen und Informationstechnologie haben überwiegend Fixkostencharakter, sodass daraus eine gewisse wirtschaftliche Inflexibilität folgt, Material und Energie haben überwiegend variablen Kostencharakter, sodass eine flexiblere Anpassung möglich wird. Dies ist vor allem bei Rückgang der Beschäftigung relevant, da Fixkosten nicht oder zumindest nicht kurzfristig abbaubar bleiben. Da diese Kosten fest (fix) anfallen und zudem zumeist auszahlungswirksam (pagatorisch) sind, können daraus Illiquidität und in der Folge Zahlungsunfähigkeit entstehen.

Nach der **Relation** von Managern und Eigentümern gibt es eigentümergeführte Unternehmen, bei denen die Inhaber alle zentralen betrieblichen Führungsfunktionen selbst ausüben. Managergeführte Unternehmen sind hingegen solche, bei denen die zentralen Führungsfunktionen an angestellte Leitende Mitarbeiter übertragen werden, die selbst nicht oder nur unwesentlich am Unternehmen beteiligt sind. Dadurch kommt es zu einem Auseinanderfallen von Risikoübernahme beim Eigenkapitalgeber und Leitung beim Management. Dies wird für viele Friktionen in der Unternehmensführung verantwortlich gemacht.

■ 1.2 Gegenstand des Wirtschaftens

Wirtschaften bedeutet allgemein den planvollen Einsatz knapper Ressourcen für einen gewünschten Güterzweck. Güter können dabei nach verschiedenen **Arten** eingeteilt werden (vgl. zum Folgenden Pepels 2011, S. 7 ff.).

Freie Güter sind unbegrenzt verfügbar und damit nicht Gegenstand des Wirtschaftens (z. B. Luft). **Knappe** Güter sind hingegen nur begrenzt vorhanden, über ihren Einsatz muss daher planvoll entschieden werden. Um sie dreht sich das Wirtschaften. Knappe Güter sind Sachgüter, Dienstleistungen oder Rechte. Freie Güter konvertieren jedoch angesichts restriktiver Umfeldbedingungen zunehmend zu knappen Gütern (z. B. Wasser, Sand).

Materielle Güter sind körperlich anfassbar (tangibel) wie Betriebsmittel, Werkstoffe etc. **Immaterielle** Güter sind nicht-anfassbar (intangibel) wie Dienste, Rechte, Forderungen etc. Dieser Bereich gewinnt zunehmend an Bedeutung und macht häufig bereits faktisch die Mehrheit des Unternehmenswerts aus. Materielle Güter können abnutzbar oder nicht abnutzbar sein. Abnutzbare Güter sind wiederum beweglich wie Maschinen, Fahrzeuge etc. oder unbeweglich wie Gebäude, landwirtschaftliche Flächen etc.

Realgüter haben einen objektiven, originären Wert, **Nominalgüter** sind nur zugewiesene Verfügungsrechte für diese Realgüter als Geld oder Anrechte auf Geld. Die wirtschaftliche Entwicklung ist durch ein Auseinanderdriften beider Größen gekennzeichnet. Traditionell sollte ein Gleichgewicht zwischen beiden bestehen, heute ist der Wert der Nominalgüter jedoch gut dreieinhalbfach höher als jener der Realgüter. Die Folge ist massiv vorhandenes, Anlage suchendes, vagabundierendes Kapital, das zu heftigen Friktionen führt (Bankenkrise).

Produktionsgüter erlauben als **Potenzialfaktoren** den mehrfachen Ge-/Verbrauch als Betriebsmittel wie z. B. Anlagen, Grundstücke. Konsumtionsgüter als Werkstoffe wie Roh-, Hilfs- und Betriebsstoffe verzehren sich bei ihrem Ge-/Verbrauch als **Repetierfaktoren** und gehen danach wirtschaftlich unter. Potenzialfaktoren müssen nicht im Eigentum des Unternehmers stehen, vielmehr kommt es nur auf ihre Nutzbarkeit an. Daraus folgen innovative Finanzierungsmodelle wie Pay on Performance und Pay per Use (dies entspricht de facto einer Pacht anstelle eines Kaufs).

Inputgüter sind betriebliche Einsatzstoffe wie Arbeit, Maschinen, Materialien etc. **Outputgüter** sind Ergebnisse des betrieblichen Transformationsprozesses von Eigenleistung in Kombination mit dem Input vorgelagerter Wertschöpfungsstufen. Inputgüter werden dabei einem planmäßigen **Transformationsprozess** unterworfen, dem sogenannten Throughput. Daraus entstehen andere, marktfähige Güter und Dienste als Output. Der Erfolg hängt von den Preisen des Outputs, von den Kosten des Inputs und denen des Throughputs ab.

Als Input stehen die **Produktionsfaktoren** zur Verfügung. **Werkstoffe** sind Roh-, Hilfs- und Betriebsstoffe, Halbfabrikate und Teile. Rohstoffe gehen als wesentlicher Bestandteil in zu erzeugende Produkte ein, Hilfsstoffe gehen nur als unwesentliche Bestandteile darin ein. Betriebsstoffe gehen nicht in ein Produkt ein, sind aber für dessen Umwandlungsprozess erforderlich.

Betriebsmittel sind Grundstücke und Gebäude, Maschinen und maschinelle An-lagen sowie innerbetriebliche Transport- und Lagereinrichtungen, Ver- und Ent-sorgungsanlagen, Werkzeuge/Vorrichtungen, Büro- und Geschäftsausstattungen, Mess- und Prüfmittel, Computer etc. Sie stehen dem Transformationsprozess auf Dauer zur Verfügung und sind zu dessen Erhalt erforderlich.

Exekutive Arbeit steht in unmittelbarem wertschöpfendem Zusammenhang mit der Leistungserstellung, man spricht daher von primären Aktivitäten. Exekutive menschliche Arbeit wird allerdings zunehmend durch maschinelle Anlagen im Zuge arbeitssparenden technischen Fortschritts (Industrie 4.0/Digitalisierung) substituiert. Dies hängt auch mit den so gesehenen Kosten und Unwägbarkeiten des Faktors Arbeit zusammen.

Dispositive Arbeit betrifft die Administration und Koordination der Elementar-faktoren. Originäre Disposition ist von grundlegender Bedeutung für den Bestand des Unternehmens und umfasst Planung, Organisation und Kontrolle (Tabelle 1.1). Derivative Disposition als Durchsetzung (abgeleitet von der Kontrollfunktion) dient dem Management für originär-dispositive Entscheidungen. Man spricht bei beiden von sekundären, unterstützenden Aktivitäten.

Tabelle 1.1 Originäre und derivative Produktionsfaktoren nach Gutenberg

Originäre Faktoren		Derivative Faktoren	
Werkstoffe ▪ Rohstoffe ▪ Hilfsstoffe ▪ Betriebsstoffe	▪ Materielle und immaterielle Betriebsmittel ▪ Arbeit	Leitung	▪ Planung ▪ Organisation ▪ Kontrolle

Die Differenz zwischen dem erwirtschafteten **Erlös** einer Leistung am Markt und dem Wert dafür **zugekaufter** Güter und Vorleistungen steht zur Verteilung an die am Leistungsprozess Beteiligten zur Verfügung. Diese Differenz ist die **Wertschöp-fung**, die zur Abdeckung der **Eigenleistung** im Transformationsprozess und eines letztlich als gewünscht verbleibenden **Gewinns** dient. Die Bruttowertschöpfung (auch Rohgewinn genannt) entsteht dabei vor, die Nettowertschöpfung nach Abzug von materiellen und immateriellen Abschreibungen zum Ausgleich von zeit-, an-lass- oder leistungsbedingten Wertminderungen (Bild 1.2).

```
        Erlös

    ./. Zukaufleistung
    -----------------------
    = Wertschöpfung

    ./. Eigenleistung
    -----------------------
    = Betriebsergebnis
```

```
                      Eigenleistung
Fertigungstiefe = ----------------------
                      Gesamtleistung
```

Bild 1.2 Wertschöpfung und Fertigungstiefe

Zu unterscheiden davon ist die **Fertigungstiefe**, die den Anteil der Eigenleistung an der Gesamtleistung einer Transformation, ohne Gewinn, angibt. Die Fertigungstiefe ist hoch, wenn anteilig viel Eigenleistung in den Transformationsprozess einfließt, dies bedeutet im Umkehrschluss, dass zugleich anteilig wenig Fremdleistung (Zukauf) eingeflossen ist. Der Trend geht eindeutig in Richtung niedriger Fertigungstiefe, also großem Zukaufvolumen von Fremdleistungen („Buy") und niedrigem Eigenleistungsanteil („Make"). Dies resultiert aus der Konzentration auf die jeweilige unternehmerische Kernkompetenz.

■ 1.3 Verantwortung als Unternehmer

1.3.1 Nachhaltigkeit der Geschäftstätigkeit

Die Nachhaltigkeit betrieblicher Tätigkeit rückt immer stärker in das Blickfeld. Zentral geht es dabei um die Verhinderung und Begrenzung von Risiken bei Störfällen sowie die Erhaltung und Schonung knapper, nicht regenerativer Ressourcen, vor allem bei energetischen Reserven. Übergreifendes Ziel ist die Vermeidung von Abfall mit Priorität der Verwendung vor der Verwertung und der Beseitigung. Die dabei anfallenden Kosten sollen nicht externalisiert, also auf die Allgemeinheit verlagert, sondern nach dem Verursacherprinzip getragen werden. Das bedeutet, dass der jeweils Produkt-/Produktionsverantwortliche auch für die Folgen seines Handelns aufkommt (Internalisierung).

Umweltmanagementsysteme regeln die Verantwortlichkeiten, Prozesse und Voraussetzungen für Nachhaltigkeit detailliert. Die Grundprinzipien des Ökologiemanagements sind dazu in der Norm ISO 14001 niedergelegt:

- Unternehmen und Organisationen soll darin zur eigenverantwortlichen Selbstkontrolle ein Managementinstrument zur Verfügung gestellt werden, mit dem es möglich ist, sowohl ökologische als auch ökonomische Ziele zu erreichen.
- Unternehmensleitungen sollen von sich aus ihre Führungsverantwortung für den Umweltschutz wahrnehmen und diesen zum integrierten Element der Unternehmenspolitik machen. Die Norm soll dazu dienen, die Wirksamkeit der Umsetzung einer selbst definierten Ökologiepolitik und konkreter Zielsetzungen beurteilen und glaubwürdig kommunizieren zu können.
- Die Förderung des Umweltschutzes ist das übergeordnete Ziel eines Umweltmanagementsystems. Umweltbelastungen sollen im Einklang mit sozioökonomischen Erfordernissen vermieden werden. Dies entspricht einem Kontinuierlichen Verbesserungsprozess (KVP).

Dazu ist eine Analyse der Umweltwirkungen eigener Aktivitäten zur systematischen Bewertung und Überwachung von gesellschaftlichen Risiken notwendig. Dies erfordert wiederum die Schaffung der notwendigen organisatorischen und personellen Voraussetzungen, deren Wirksamkeit und Leistungsfähigkeit durch regelmäßige Audits überprüft wird. Damit soll eine dauerhafte Verbesserung der Umweltschutzleistung erreicht werden und wie sollen deren Postulate offensiv nach innen und außen vertreten werden.

Die Dokumentation erfolgt in **Ökobilanzen**, die mithilfe naturwissenschaftlich-technischer Methoden Energie- und Materialflüsse quantifizieren, sowie in Risikoanalysen, die Eintrittswahrscheinlichkeiten und Schadenpotenziale von Störereignissen erfassen. Im Ergebnis soll somit eine mehr als unvermeidbare Beeinträchtigung der Umwelt verhindert werden. Die betriebliche Umweltpolitik wird durch Geschäftsleitung und Umweltmanagementbeauftragte/-koordinatoren verkörpert.

Umwelt bezieht sich dabei nicht nur auf die natürliche Umwelt, etwa in Bezug auf Emissionen in die Natur oder Immissionen auf Menschen/Mitarbeiter, sondern auch auf die technologische Umwelt, deren Stand der Technik für den Umweltschutz genutzt werden soll, die gesellschaftliche Umwelt in Bezug auf das Umweltbewusstsein in der Bevölkerung und die rechtliche Umwelt, also die Umweltschutzgesetzgebung.

Die volle Einhaltung und strikte Anwendung der Umweltschutzrichtlinien wird durch turnusmäßige Systemprüfung, Leistungsbewertung und Rechtskonformitätsabgleichung abgesichert, die typischerweise sowohl als Eigen-Review wie auch als Fremd-Review durchgeführt werden. Den dafür anfallenden Kosten stehen neben positiven externen Effekten auch erhebliche individuelle Nutzen gegenüber wie Risikominderung, Stärkung der Verhandlungsposition etc. So ist ein Umweltfokus auch abgesehen von unverzichtbaren sozialen und ethischen Aspekten betriebswirtschaftlich vorteilhaft. Gesamtwirtschaftlich entstehen vor allem die Vorteile der effizienten Nutzung endlicher Ressourcen sowie die Verringerung von Verschmutzungen verschiedener Art und Abfällen, die aufwendig zu entsorgen sind (vgl. Pepels 2017a, S. 1006 ff.).

 Nachhaltiges und umweltschonendes Wirtschaften zahlt sich betriebswirtschaftlich aus! Zudem steigt das entsprechende Bewusstsein in der Gesellschaft, was sich wiederum positiv auf Absatzzahlen auswirken kann.

Dabei stellt sich die Frage der Beziehung von ökologischen zu ökonomischen Zielen. Naheliegend ist es, einen Konflikt zwischen beiden zu unterstellen, der dann zugunsten eines Teilziels zu entscheiden wäre. Dabei werden ökologische Prinzipien nur insoweit berücksichtigt, wie dies gesetzlich durch Gebote und Verbote vorgeschrieben ist. Hier wäre es dann Sache des Staates, durch Rahmenbedingungen die Verwirklichung ökologischer Ziele zu sichern. Eine solche Defensivstrategie ist jedoch viel zu kurz gedacht. Wer mittel- und erst recht langfristig denkt, erkennt, dass damit entscheidende Erfolgspotenziale unternehmerisch ungenutzt bleiben. Dann kommt es vielmehr zu einer Harmonie zwischen Ökologie- und Ökonomiezielen.

Forderungen gehen so weit, den ökologischen gegenüber den ökonomischen Zielen Priorität einzuräumen. Das Verhältnis beider Teilziele kehrte sich dann um, die ökonomischen Anforderungen sind nur mehr Rahmenbedingungen. Dies ist uneingeschränkt wünschenswert, inwieweit dies jedoch von erwerbswirtschaftlich gesteuerten Akteuren verlangt oder auch nur erwartet werden kann, ist fraglich, denn zweifellos erzielen Unternehmen, die ökologische Ziele hintanstellen, gegenüber ökologisch verantwortungsbewusst agierenden Unternehmen kurzfristig Vorteile, dies gilt im übertragenen Sinne auch für den Wettbewerb unter Ländern. Länder, die ökonomische Ziele priorisieren, verschaffen sich damit einen individuellen Wettbewerbsvorteil vor solchen, die sich freiwillig ökologisch restringieren.

Insofern lassen sich ökologische Belange nicht auf einzelwirtschaftlicher bzw. nationaler Basis allein durchsetzen, weil die Anreize kontraproduktiv wirken. Vielmehr sind diese Ziele nur auf gesamtwirtschaftlicher und internationaler Basis durchsetzbar. Dass dazu die Notwendigkeit besteht, ist offensichtlich. Es ist jedoch festzustellen, dass diese Erkenntnis aus kurzfristigen bzw. egoistischen Gründen immer wieder unterlaufen wird und Akteure, die dies versuchen, damit auch immer wieder zulasten aller durchkommen (z. B. Dieselabgase, Fischfangquote, Walschutzabkommen).

1.3.2 Gesellschaftliche Einbindung

Nachhaltigkeit ist zentraler Bestandteil der Unternehmensethik, die Glaubwürdigkeit für das Unternehmen durch verantwortliches, proaktives und kommunikatives Handeln herstellen will. Dabei wird übergreifend die Anforderung der Corporate Citizenship gestellt, d. h., dass ein Unternehmen sich als „gutes" Mitglied der jeweils standortansässigen Gesellschaft verhalten soll. Allerdings treten starke Konflikte zu rein betriebswirtschaftlichen Interessen auf, die im Zeitalter des Shareholder Values von Managern bei der Umsetzung Zivilcourage erfordern.

Nach dem **Shareholder-Value**-Konzept (Rappaport 1986) hat die Unternehmensleitung die Aufgabe, alle Entscheidungen unter der Maxime zu treffen, dass dadurch die Einkommens- und Vermögensverhältnisse der Eigenkapitalgeber verbessert werden. Es wird behauptet, dass dies zugleich auch allen anderen Beteiligten am Wirtschaftsgeschehen maximalen Nutzen stiftet. Dieses Konzept ist in neuerer Zeit starker Kritik unterworfen. Aktuelle Fehlentwicklungen wie Unternehmens- und Wirtschaftskrisen angesichts des Postulats des Shareholder Values scheinen dies zu unterlegen. Daher wird verstärkt ein alternatives Konzept vertreten, das des Stakeholder Values.

Nach dem **Stakeholder-Value**-Konzept (Freeman 1984) hat die Unternehmensleitung vielmehr die Aufgabe, ihre Entscheidungen so zu treffen, dass alle Interessengruppen in angemessener Weise von Unternehmenshandeln und -erfolg profitieren, nicht nur die Anteilseigner, sondern auch alle anderen, die durch das Unternehmenshandeln in irgendeiner Weise tangiert sind, und das ist praktisch jeder. Stakeholder stellen Ansprüche an das Unternehmen und können Machtmittel zu deren Durchsetzung einsetzen. Das Problem besteht nunmehr darin, dass diese Interessen vielfach konfliktär sind und die Gruppen vom Einsatz ihrer Macht egoistisch (man sagt, opportunistisch) Gebrauch machen, wenn sie der Ansicht sind, dass ihren Interessen unternehmensseitig nicht angemessen nachgekommen wird. So legen kleine Arbeitnehmergruppen (Lokführer, Fluglotsen, Müllwerker etc.) Großunternehmen lahm, um unverhältnismäßige Lohnerhöhungen durchzusetzen.

Im Einzelnen können interne, transaktionale und interaktionale Stakeholder unterschieden werden (Bild 1.3). Zu den **internen** Stakeholdern (im Unternehmen) gehören folgende:

■ Mitarbeitende, sie fordern z. B. leistungsgerechte Bezahlung und produktive Arbeitsatmosphäre. Ihre Machtmittel sind Streik, Inanspruchnahme von Mitbestimmungsrechten, Aktivierung des Betriebsrats, Senkung der Arbeitsqualität, Mobilisierung anderer Anspruchsgruppen.

- Führungskräfte, sie fordern z. B. hohe Vergütung, Übertragung von Verantwortung und Handlungsfreiheit. Ihre Machtmittel sind Abwanderung zur Konkurrenz, „innere Kündigung", Politik und Ränkespiele in der Organisation.
- Eigenkapitalgeber, sie fordern z. B. höhere Dividenden und Kurspflege der Aktien. Ihre Machtmittel sind Ausübung von Stimmrechten, Rückforderung von Finanzmitteln, Verweigerung zusätzlichen Kapitals, Forderung überhöhter Gegenleistungen, externe Prüfung der Geschäftsaktivitäten.
- Fremdkapitalgeber, sie fordern z. B. pünktliche Zins- bzw. Tilgungszahlungen und Bonitätssicherung. Ihre Machtmittel sind Rückforderung von Darlehen/ Streichung von Kreditlinien, falls Zahlungen ausbleiben, Verweigerung zusätzlicher Kredite etc.

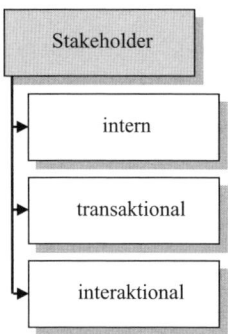

Bild 1.3 Gruppen von Stakeholdern

Zu den **transaktionalen** Stakeholdern (mit Geschäftsbeziehung) gehören folgende:

- Kooperationspartner, sie fordern z. B. Know-how-Einbringung und faire Ertragsverteilung. Ihre Machtmittel sind Blockade, Wechsel zu Marktgegnern, Parallelaktivitäten etc.
- Gewerbliche Endabnehmer, sie fordern z. B. faire Geschäftspraktiken und zuverlässige Lieferungen und Leistungen. Ihre Machtmittel sind Kauf von Konkurrenzprodukten, Lieferantenboykott, Inanspruchnahme von Vertragsrechten, zögerliche Erfüllung vertraglicher Vereinbarungen, Publikmachung von Mängeln.
- Lieferanten, sie fordern z. B. regelmäßigen Auftragseingang und Verzicht auf den Einsatz von Nachfragemacht. Ihre Machtmittel sind Belieferung von Konkurrenten, Inanspruchnahme gesetzlicher Rechte, Zurückweisung/Verschleppung von Aufträgen, versteckte Verminderung der Qualität von Leistungen, Variation der Konditionen, Realisation eines eigenständigen Produktangebots.
- Absatzmittler, sie fordern z. B. zeitgemäße Leistungen zu wettbewerbsfähigen Preisen und Qualitäten, die hohe Nachfrageakzeptanz aufweisen. Ihre Machtmit-

tel sind Lieferantenwechsel bei schlechten Vertragsbedingungen, Boykott von nicht reagierenden Zulieferern etc.

- Private Endverbraucher, sie fordern z.B. Schutz sozialer Werte und Risikominderung. Ihre Machtmittel sind Ausübung von Druck auf Regierungsstellen, Sanktionen gegenüber einzelnen Unternehmen, Mobilisierung der öffentlichen Meinung etc.

Zu den **interaktionalen** Stakeholdern (nur mit Kommunikationsbeziehung) gehören folgende:

- Medien, sie fordern z.B. bessere Informationsbereitstellung und mehr Kontrolle der Unternehmenstätigkeit. Ihre Machtmittel sind Veröffentlichungen, die das Publikum negativ beeinflussen können („runterschreiben"), Zurückweisung von Werbeeinschaltungen etc.

- Konkurrenten, sie fordern z.B. solide Marktstrategien und stärkere Branchensolidarität. Ihre Machtmittel sind Isolation des Konkurrenten in der Branche, Nachahmung von Produkten, Abwerbung seiner Kunden, gezielte Preisunterbietung/Qualitätsüberbietung, Inanspruchnahme gesetzlicher Rechte.

- Staatliche Stellen, sie fordern z.B. bessere Steuermoral, wirtschaftliche Entwicklung, Beschäftigung ortsansässiger Arbeitnehmer, Rücksicht auf Umwelt und Infrastruktur. Ihre Machtmittel sind Erteilung von Genehmigungen, Anordnung von Verboten, Erhebung/Erhöhung von Abgaben bzw. Streichung/Kürzung von Subventionen, Androhung von Gesetzeskonsequenzen, Mobilisierung anderer Anspruchsgruppen.

- Verbände/Interessenvertretungen, sie fordern z.B. nachhaltigere Unterstützung bei der Anpassung an veränderte Umfeldbedingungen und mehr Solidarität. Ihre Machtmittel sind Ingangsetzung von Streiks bzw. Aussperrungen, Ächtung des Unternehmens, Ausschluss von bestimmten Gruppen, Veröffentlichung negativer Aspekte, Initiierung von Sanktionen/Boykotten.

 Zwischen den widerstrebenden Kräften der unterschiedlichen Stakeholder ist eine dynamische Balance zu halten, um jeder Anspruchsgruppe gerade so viel wie erforderlich zu entsprechen, ohne andere Anspruchsgruppen negativ zu tangieren. Dies ist wahrlich herausfordernd.

■ 1.4 Konstituierung als junges Unternehmen

Alle Deutschen, aber auch alle EU-Bürger, haben grundsätzlich das Recht, Beruf und Arbeitsplatz frei zu wählen, wobei die Berufsausübung durch Gesetz oder auf-

grund eines Gesetzes geregelt werden kann **(Gewerbefreiheit)**. Zur Berufsausübung zählen auch die Ausübung eines Gewerbes und die Errichtung eines Gewerbebetriebs.

Eine Regulierung wird durch die Gewerbeordnung geschaffen. Danach kann zwar
jedermann ein Gewerbe ohne besondere behördliche Erlaubnis betreiben, sofern
nicht ausnahmsweise eine solche Erlaubnis im Interesse der Allgemeinheit vorgeschrieben ist. Solche Erlaubnisse werden Konzession, Bewilligung oder Genehmi-
gung genannt und sind meist an persönliche, fachliche und/oder räumliche Voraussetzungen bzw. den Betrieb bestimmter Anlagen gebunden.

Persönliche Erlaubnisse sind unter anderem erforderlich im Pfandleihe- und Bewa-
chungsgewerbe, für Versteigerer, Makler oder Bauträger. Voraussetzung ist hierbei, dass der Betreiber persönlich zuverlässig ist und in geordneten wirtschaftlichen Verhältnissen lebt. Räumliche Erlaubnisse gelten etwa für Krankenanstalten,
Alterspflegeheime oder Gaststätten. Fachliche Erlaubnisse gelten unter anderem
für Handwerksbetriebe, bei denen im Grundsatz die Qualifikation einer Meister-
prüfung gegeben sein muss.

Die Ausübung des Gewerbes kann untersagt werden, wenn keine Zuverlässigkeit
des Gewerbetreibenden oder einer mit der Leitung des Gewerbebetriebs beauftrag-
ten Person vorliegt und die Allgemeinheit oder die Beschäftigten geschützt werden
müssen. Denkbare Gründe dafür sind Straftaten, schwere Ordnungswidrigkeiten,
Verletzung steuerrechtlicher Pflichten, Unterlassen der Abführung von Sozialver-
sicherungsbeiträgen etc.

Die Aufnahme einer selbstständigen Erwerbstätigkeit muss dem zuständigen
Finanzamt angezeigt werden. Die Anmeldung erfolgt im Allgemeinen bereits automatisch durch die Gewerbeaufsichtsbehörde. Von dort werden auch weitere Be-
hörden informiert wie das Statistische Landesamt, die lokale Industrie- und Handelskammer bzw. die Handwerkskammer, die Berufsgenossenschaft etc. Das
Statistische Landesamt übernimmt Aufgaben der amtlichen Statistik. Die Indus-
trie- und Handelskammern bzw. Handwerkskammern sind Selbsthilfeeinrichtun-
gen der Wirtschaft bzw. des Handwerks nach dem Subsidiaritätsprinzip, und es
besteht grundsätzlich eine Zwangsmitgliedschaft mit Entrichtung verpflichtender
Beiträge.

Zur Anmeldung sind Personalausweis, Meldebescheinigung sowie gegebenenfalls
Erlaubnisnachweis, Führungszeugnis etc. erforderlich. Die Anmeldung erfolgt in
der Regel online, anmeldeberechtigt/-verpflichtet sind Inhaber (bei Personengesellschaft) oder Geschäftsführer (bei Kapitalgesellschaft). Die Berufsgenossenschaft ist Träger der gesetzlichen Unfallversicherung, deren Beiträge vom Unternehmen allein zu tragen sind.

Ein Gewerbe mit Handelsregistereintrag muss beim zuständigen Gewerbeamt gemeldet werden.

Ohne Handelsregistereintrag ist es ausreichend, die selbstständige (freiberufliche) Tätigkeit beim Finanzamt anzugeben.

Das **Handelsregister** ist ein bei den lokalen Amtsgerichten geführtes, öffentliches Register, dessen Zweck die Offenbarung der Zugehörigkeit gewerblicher Unternehmen zum Handelsstand und der wichtigsten Rechtsverhältnisse dieser Unternehmen ist. Das Handelsregister kann von jedermann eingesehen werden. Kaufleute und Handelsgesellschaften sind verpflichtet, ihre Eintragung im Handelsregister zu beantragen. Zuständig ist das Amtsgericht, in dessen Bezirk das Unternehmen seinen Hauptsitz hat. Mit der Anmeldung sind unter anderem die Firma, der Name des Inhabers und der Ort der Niederlassung anzugeben. Die Anmeldung muss (formal) öffentlich beglaubigt sein.

Der Firmenname entspricht dem Namen des Kaufmanns, unter dem er seine Geschäfte betreibt und die Unterschrift abgibt. Die Firmierung muss zur Kennzeichnung des Unternehmens geeignet sein und Unterscheidungskraft besitzen, sie darf nicht irreführend sein. Bei einem Einzelunternehmen ist der Zusatz e. K. bzw. e. Kfm./e. Kfr. zwingend. Sinnvoll ist es, vorab bei der Industrie- und Handelskammer anzufragen, ob die beabsichtigte Firmierung zulässig ist. Ein Blick ins Handelsregister offenbart zudem, ob es bereits eine gleiche oder verwechslungsfähige andere Firma im Amtsgerichtsbezirk gibt, da hierfür der Grundsatz der zeitlichen Priorität gilt. Unabhängig davon können gebietsübergreifend ältere Rechte zur Konkurrenzabwehr gelten.

Kaufmann ist, wer ein Handelsgewerbe betreibt, es sei denn, der Handelsbetrieb erfordert nach Art und Umfang keinen in kaufmännischer Weise eingerichteten Geschäftsbetrieb. „Kaufmännische Weise" bedeutet dabei, dass es eine kaufmännische Ordnung der Vertretung, Haftung, Buchführung und Bezeichnung gibt. Diese Kriterien sind zudem an Größen wie Umsatz, Anlage- und Betriebskapital, Zahl der Beschäftigten, Anzahl der Geschäftsvorfälle und Annahme bzw. Vergabe von Krediten gebunden. Das Gesamtbild ist dabei entscheidend, nicht einzelne Beträge.

Sofern bei gewerblichen Unternehmen die Kriterien für eine kaufmännische Einrichtung nicht bzw. noch nicht erfüllt sind, kann der Unternehmer dennoch freiwillig die Eintragung in das Handelsregister herbeiführen. Er muss sich dann allerdings gefallen lassen, dass er mit allen Rechten und Pflichten eines Handelsgewerbes versehen ist. Er hat dann Kaufmannseigenschaft mit unter anderem kaufmännischer Buchführungs- und Bilanzierungspflicht, Aufbewahrungspflicht von Unterlagen wie Handelsbücher, Jahresabschlüsse, Handelskorrespondenz, Buchungsbelege, Angabe der Firma in allen Geschäftsunterlagen etc. Außerdem genießt ein Kaufmann weniger Schutz im Rechtsverkehr als ein Nichtkaufmann. Dies bezieht sich unter anderem auf den Haftungsmaßstab mit der Sorgfalt eines ordentlichen Kaufmanns, die Kenntnis und Beachtung einschlägiger Handelsbräuche, ggf. das „Schweigen" als implizite Zustimmung im kaufmännischen Geschäftsverkehr, die Übernahme mündlicher Bürgschaften, die kaufmännische Untersuchungs- und Rügepflicht, insbesondere in Bezug auf die Mangelfreiheit erhaltener Lieferungen und Leistungen nach Stichprobenprüfung, die Verzinsung von Zahlungsein- und -ausgängen nach Gesetz und Verzugseintritt, eine Gerichtsstandsvereinbarung am fremden Sitz etc. Die Registereintragung kann auf Antrag des Unternehmers jederzeit wieder gelöscht werden.

Die Gründungskosten bei Einzelunternehmen sind ansonsten gering. Die Formalia umfassen Gewerbeschein, Handelsregistereintrag, notarielle Beglaubigung und Zwangsveröffentlichung (im Bundesanzeiger). Die Kosten hierfür liegen insgesamt bei ca. 500 €. Hinzu kommen freiwillige Rechts- und Steuerberatungskosten in individueller Höhe.

Eine **Scheinselbstständigkeit** ist zu vermuten, falls drei der nachfolgenden fünf Kriterien zutreffen:

- keine Beschäftigten im Betrieb,
- nur ein Auftraggeber,
- Integration in die Betriebsorganisation des Auftraggebers,
- kein eigenunternehmerischer Marktauftritt,
- Übernahme von Aufgaben, die zuvor als Angestellter des Auftraggebers übernommen wurden.

Dann wird der Auftraggeber rechtlich so behandelt, als wenn der Auftragnehmer sein Angestellter gewesen ist. Diese Vermutung ist widerlegbar.

Bei Gründungen im Nebenerwerb, also neben einer hauptberuflichen Tätigkeit, sind außerdem Wettbewerbsverbote und andere arbeitsrechtliche Restriktionen des Arbeitgebers zu beachten.

Ein häufiger Fall ist die Geschäftsübernahme durch Erwerb eines bestehenden Unternehmens oder tätige Beteiligung, etwa im Zuge der Nachfolgeregelung. Dabei muss nicht ein Kauf vorliegen, denkbar ist auch ein Übergang durch Pachtvertrag (kein Eigentumsübergang, stattdessen Nutzungsrecht mit Einbehalt der Erträgnisse). Problematisch ist dabei immer das Haftungsrisiko für Altschulden, hier hilft z. B. eine Bestätigung des Finanzamts, dass keine Steuerrückstände bestehen. Bei einer im Handelsregister eingetragenen Firma besteht zudem das Recht zur Firmenfortführung, eventuell mit einem die Nachfolge mitteilenden Zusatz („Nachf."). Beim Übergang ist unbedingt die Mängelhaftung des Veräußerers festzulegen. Diese bemisst sich beim Sachkauf an deren vereinbartem Wert und beim

Rechtskauf am mangelfreien Bestand von Wirtschaftsgütern. Der Kaufpreis kann als Einmalzahlung oder als Rentenzahlungen übergehen.

Zu klärende operative Inhalte sind dann vor allem folgende:

- Unternehmensentwicklung/Firmenhistorie, bestehende Lieferanten/Großabnehmer, Umsatz-/Gewinnentwicklung, Umsatz-/Gewinnerwartung, erforderliche Änderungen in der Geschäftspolitik, Vermögenspositionen, Investitionsbedarf, Personalbestand/-bedarf, gegebene Vertragsbindungen etc.

Die ökonomischen Grundlagen der Existenzgründung betreffen das Verständnis von Betrieben und Unternehmen sowie den Gegenstand des Wirtschaftens. Wichtig sind jedoch auch die Verantwortung als Unternehmer gegenüber der Gesellschaft und seinen Mitgliedern sowie die verwaltungstechnischen Voraussetzungen für eine Konstituierung als junges Unternehmen.

2 Zwei grundlegende Entscheidungen: Rechtsform und Betriebsstandort wählen

 Die betriebliche Tätigkeit wird in den institutionellen Mantel eines Unternehmens gekleidet. Jeder Existenzgründer hat dafür eine Entscheidung hinsichtlich seiner Wahl der Rechtsform zu treffen. Im Grundsatz stehen dafür die Formen des Einzelunternehmers, der Privatgesellschaft und der Personen- bzw. Kapitalgesellschaft als Handelsgesellschaften zur Verfügung. Diese Formen sind durch jeweils spezifische Merkmale charakterisiert. Die Wahl der Rechtsform des Unternehmens gehört zu den konstitutiven Entscheidungen in der Existenzgründung.

■ 2.1 Wahl der Rechtsform des Unternehmens

2.1.1 Wahlkriterien

Für die Rechtsformentscheidung ist eine Reihe von Überlegungen maßgeblich. Als Gründungsvoraussetzungen sind vor allem eine Mindestzahl von Gründern, deren erforderliche Mindesteinlagen und deren Eintragung in das lokale Handelsregister als Variable zu nennen. Für die Geschäftsführung sind die Beziehungen innerhalb des Unternehmens und die Vertretung des Unternehmens nach außen zu beurteilen. Die Haftung kann sich auf das gesamte Vermögen der Eigentümer erstrecken (Vollhaftung) oder nur auf deren Geschäftsvermögen begrenzt bleiben (Teilhaftung). Bei der Gewinn- und Verlustverteilung ist eine Verteilung nach den Geschäftsanteilen oder nach der Anzahl der Teilhaber (nach Köpfen) möglich. Für die Besteuerung kommen unter anderem die Steuerarten Einkommen-, Körperschaft- und Gewerbesteuer in Betracht. Als Rechtsformen sind Einzelunternehmerschaft, Privatgesellschaft, Personen- und Kapitalgesellschaft zu unterscheiden (siehe Bild 2.1).

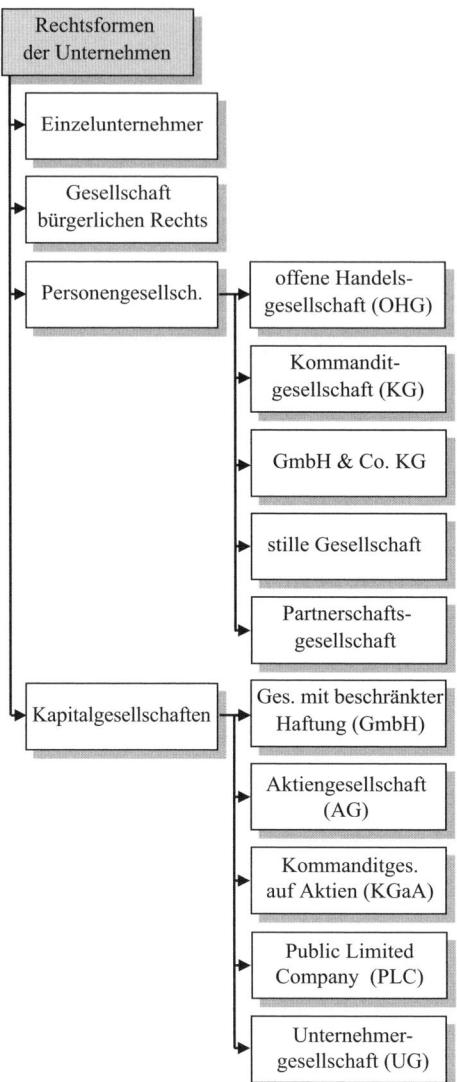

Bild 2.1 Rechtsformen der Unternehmen

Die Arbeitnehmermitbestimmung ergibt sich aus dem Arbeitsrecht (Betriebsver-fassungsgesetz) oder der Unternehmensverfassung (Mitbestimmungsgesetz). Die Publizität ergibt sich aus der Unternehmensgröße und der Rechtsform, hier ist unter anderem der eventuelle Wunsch nach Anonymität der Geschäftstätigkeit be-deutsam. Rechtsformabhängige einmalige Gründungs- und laufende Durchfüh-rungskosten sowie notwendige Formalitäten zur Gründung und Durchführung laufen unterschiedlich je nach Rechtsform auf. Bedeutsam sind zudem die Kapitalbeschaffung und die Eignung zum Fortbestand des Unternehmens unabhängig von einer familiären Nachfolge.

 Kleinunternehmerregelung

Bei besonders niedrigen Umsätzen kann die Kleinunternehmerregelung geltend gemacht werden (§ 19 UStG). Diese Regelung bedeutet, dass Sie wie ein Nichtunternehmer behandelt werden. Sie unterliegen zwar dem Umsatzsteuergesetz, allerdings wird diese Steuer vom Finanzamt nicht erhoben. Die Kleinunternehmerregelung ist bei folgenden Rechtsformen möglich:

- GbR,
- GmbH,
- Einzelunternehmen,
- Freiberufler,
- Unternehmergesellschaft.

2.1.2 Einzelunternehmerschaft

Das Einzelunternehmen hat einen Gründer, der zugleich der Unternehmer ist. Er übt ein Handelsgewerbe aus (§§ 1 – 104 HGB). Ein Einzelunternehmen entsteht automatisch bei der Geschäftseröffnung, wenn keine andere Rechtsform gewählt wird. Sofern kein Handelsgewerbe ausgeübt, keine Firma geführt und kein Handelsregistereintrag vorgenommen wird, handelt es sich um Freiberufler wie Ärzte, Rechtsanwälte, Steuerberater, Wirtschaftsprüfer, Notare, Architekten etc. Für Kaufleute besteht Eintragungspflicht in das Handelsregister, für Kleingewerbetreibende ist dieser Eintrag freiwillig möglich („Kleinunternehmerregelung"). Es ist kein Mindestkapital erforderlich. Rechtsgrundlage für das gewerbliche Einzelunternehmen ist das Handelsgesetzbuch (HGB). Die Firmierung trägt als Zusatz zum Namen des Unternehmers eine Kennzeichnung als eingetragene/r Kaufmann/-frau (e. K.). Dies stellt jedoch keine Rechtsform dar, sondern ist Firmenbestandteil. Die Geschäftsführung liegt beim Einzelunternehmer. Er haftet persönlich, unmittelbar und unbeschränkt, bei ihm wird nicht zwischen Privat- und Geschäftsvermögen getrennt. Und er streicht allein Gewinne ein bzw. hat allein Verluste auszugleichen. Ein Gewinn unterliegt der Einkommensteuer. Je nach Größe besteht zudem Publizitätspflicht der Rechnungslegung.

Ein Einzelunternehmen können Sie nur alleine gründen und das Unternehmen trägt Ihren Namen. Bei der Gründung ist kein Mindestkapital notwendig. Sie haften persönlich. Notwendig sind:

- Anmeldung beim Finanzamt,
- Anmeldung beim Gewerbeamt,
- Beitritt zur IHK oder HWK,
- Buchführung nach der Einnahmen-Überschuss-Rechnung.

Beim Einzelunternehmen fallen Einkommen- und Gewerbesteuer an. Bei der Gewerbesteuer kann ein Freibetrag geltend gemacht werden.

2.1.3 Relevante Formen von Personengesellschaften

Die Personengesellschaft besitzt keine eigene Rechtspersönlichkeit, d. h., sie kann nicht als solche, sondern ausschließlich über ihre Mitglieder Verträge abschließen. Für Existenzgründer sind Personengesellschaften sehr risikoreich, aber vergleichsweise einfach zu gründen (vgl. zum Folgenden Pepels 2017b, S. 40 ff.).

 Sie können alleine oder mit Partnern eine freiberufliche Tätigkeit ausüben. Sie benötigen bei der Gründung kein Mindestkapital und haften persönlich. Notwendig sind:

- Anmeldung beim Finanzamt,
- Buchführung nach der Einnahmen-Überschuss-Rechnung.

Als Freiberufler sind Sie einkommensteuerpflichtig.

Gesellschaft bürgerlichen Rechts

Als Gesellschaft bürgerlichen Rechts (GbR, §§ 705 – 740 BGB) ist sie eine **Privatgesellschaft** und bedarf mindestens zweier Gründer. Ein in kaufmännischer Weise eingerichteter Geschäftsbetrieb ist nicht erforderlich. Zur Gründung ist kein Gesellschaftsvertrag notwendig, es reicht vielmehr ein konkludent übereinstimmendes Verhalten der Beteiligten, jedoch ist ein formfreier Gesellschaftsvertrag allgemein üblich. Die gesetzlichen Bestimmungen sind, soweit sie das Verhältnis der Gesellschafter untereinander betreffen, weitgehend abdingbar, d. h. durch vertraglich abweichende Bestimmungen ersetzbar. Das Gesellschaftsvermögen liegt im Gesamthandeigentum, über das die Gesellschafter nur gemeinsam verfügen können. Es ist kein Mindestkapital zur Gründung erforderlich.

Auch wenn Sie bei einer Gesellschaft des bürgerlichen Rechts nicht zwingend einen schriftlichen Vertrag mit dem Partner/den Partnern machen müssen, so ist dieser dennoch sehr zu empfehlen. Sie wissen nicht, was die Zukunft für Überraschungen bereithält.

Die Geschäftsführung obliegt grundsätzlich gemeinschaftlich allen Gesellschaftern. Die Haftung ist nach außen unbeschränkt und gesamtschuldnerisch, d.h., zur Abdeckung von Gesellschaftsschulden kann jeder Gesellschafter einzeln und auch mit seinem Privatvermögen herangezogen werden. Im Falle der externen Vollstreckung in das Privatvermögen eines einzelnen Gesellschafters hat dieser einen internen Ausgleichsanspruch gegenüber seinen Mitgesellschaftern. Die Gewinn- und Verlustverteilung erfolgt nach Köpfen, die Besteuerung erfolgt durch Einkommen- oder Körperschaftsteuer bzw. Gewerbesteuer. Die Gesellschafter haben eine gleich hohe Einlage zu leisten. Die Kreditwürdigkeit der Gesellschaft hängt somit von der Bonität ihrer Gesellschafter ab. Ein Jahresabschluss muss nicht erstellt werden. Die GbR kann jede Rechtsposition einnehmen und somit eigene Rechte und Pflichten begründen. Sie tritt dabei als von den jeweiligen Gesellschaftern zu unterscheidende Personenmehrheit auf, ist zugleich aber keine juristische Person. Anwendung findet die GbR z.B. bei zeitbegrenzten Projektgesellschaften.

 Eine GbR können Sie nur mit Partnern gründen. Ein Mindestkapital ist nicht notwendig und alle Gesellschafter haften persönlich. Notwendig sind:

- Anmeldung beim Finanzamt,
- Anmeldung beim Gewerbeamt,
- Beitritt zur IHK oder HWK,
- Geschäftskonto,
- Buchführung nach der Einnahmen-Überschuss-Rechnung.

Eine GbR ist einkommen- und gewerbesteuerpflichtig. Bei der Gewerbesteuer kann ein Freibetrag geltend gemacht werden.

Handelsgesellschaft

Bei weiteren Formen der Personengesellschaften handelt es sich um Handelsgesellschaften. Die **offene Handelsgesellschaft** (OHG, §§ 105 – 160 HGB, §§ 705 – 740 BGB) ist eine Personengesellschaft mit gemeinschaftlicher Firma, deren Gesellschafter unbeschränkt mit ihrem gesamten (privaten wie geschäftlichen) Vermögen haften. Als Rechtsgrundlage dienen das HGB und die entsprechenden Bestimmungen des Bürgerlichen Gesetzbuchs (BGB). Die geschäftliche Tätigkeit macht einen in kaufmännischer Weise eingerichteten Geschäftsbetrieb erforderlich. Die Firma muss die Bezeichnung OHG enthalten. Die Gründung erfolgt durch formfreien Vertrag sowie zwingend durch Eintrag in das Handelsregister mit Namen der Gesellschafter, Firma, Sitz und Gegenstand des Unternehmens.

Die Geschäftsführung und Außenvertretung des Unternehmens liegt bei jedem Gesellschafter einzeln bzw. bei allen gemeinschaftlich, diese sind zur Leitung und Kontrolle berechtigt, aber auch verpflichtet. Ein Ausschluss ist nur in Bezug auf bestimmte Aufgabengebiete möglich.

Die Gesellschafter sind Vollhafter, d. h., sie haften für Gesellschaftsschulden mit ihrem Geschäfts- und Privatvermögen unmittelbar und unbeschränkt, sofern sie, was die Regel ist, natürliche Personen sind. Daher wird kein Mindestkapital zur Gründung vorausgesetzt. Es sind mindestens zwei Gründer erforderlich. Das Gesellschaftsvermögen ist Gesamthandvermögen. Dies bedeutet aber auch, jeder Gesellschafter haftet nach außen hin für alle Schulden der Gesellschaft einzeln. Neu hinzukommende Gesellschafter haften nach außen hin auch für Schulden, die vor ihrer Zeit als Gesellschafter entstanden sind (Altschulden).

Die Gewinnverteilung erfolgt nach Köpfen, wobei zunächst 4 % Verzinsung auf den jeweiligen Eigenkapitalanteil abzuziehen sind. Die Besteuerung erfolgt durch Einkommen- oder Körperschaftsteuer sowie Gewerbesteuer. Es besteht die Pflicht zur Führung von Büchern und zum handelsrechtlichen Jahresabschluss, eine generelle Prüfung und Publizität ist nicht vorgeschrieben.

 Voraussetzung für das „Funktionieren" einer OHG ist ein enges persönliches, vertrauensvolles Verhältnis der Gesellschafter untereinander.

Kommanditgesellschaft

Die Kommanditgesellschaft (KG, §§ 161 – 177 HGB) ist eine Personengesellschaft mit gemeinschaftlicher Firma, bei der mindestens ein Gesellschafter Gläubigern gegenüber für die Verbindlichkeiten der Gesellschaft unbeschränkt auch mit seinem Privatvermögen sowie mindestens ein Gesellschafter nur beschränkt auf seine Geschäftseinlage haftet. Der voll haftende Gesellschafter wird Komplementär genannt, der zum Teil haftende Gesellschafter Kommanditist. Rechtsgrundlage der KG ist das HGB, die Firma muss den Zusatz KG führen. Die Gründung erfolgt durch formfreien Vertrag und Anmeldung beim Handelsregister, dabei werden auch die Höhe der Einlagen und die Namen aller Komplementäre und Kommanditisten erfasst.

Es ist kein Mindestkapital erforderlich. Die Geschäftsführung liegt bei jedem Komplementär einzeln, Kommanditisten haben jedoch ausgebaute Kontrollrechte. Allerdings können durch Gesellschafterbeschluss Komplementäre auch von der Geschäftsführung ausgeschlossen und Kommanditisten in diese aufgenommen werden. Komplementäre haften gesamtschuldnerisch und unbeschränkt, Kommanditisten haften über ihre Geschäftseinlage hinaus nur, wenn die Gesellschaft vor Eintragung in das Handelsregister mit deren Zustimmung bereits ihre Geschäfte begonnen hat. Die Haftung besteht grundsätzlich auch noch fünf Jahre nach Ausscheiden aus der KG. Die Gewinn- und Verlustbeteiligung erfolgt in angemessenem Verhältnis, im Gewinnfall nach Abzug von 4 % Verzinsung auf den jeweiligen Eigenkapitalanteil, sofern nicht zuvor frühere Verluste gegenzurechnen sind. Die Besteuerung erfolgt durch Einkommensteuer bei den Personen und durch Gewerbesteuer bei der Gesellschaft. Die KG ist verpflichtet, Bücher zu führen und einen handelsrechtlichen Jahresabschluss zu erstellen. Es gibt jedoch keine generelle Prüfungs- und Publizitätspflicht.

GmbH & Co. KG

Die GmbH & Co. KG (Gesellschaft mit beschränkter Haftung und Compagnie Kommanditgesellschaft) ist ein Mischtyp, deren Vollhafter, also Komplementär, eine GmbH und deren Teilhafter, also Kommanditist, eine KG ist. Die Gesellschafter der GmbH und die Kommanditisten der KG können personenidentisch oder -verschieden sein. Im Grundsatz handelt es sich jedoch um eine KG. Im Mittelpunkt der Motivation zur Gründung einer GmbH & Co. KG steht die umfassende Haftungsbeschränkung, hinzu kommen steuerliche Vorteile aus der Entschädigung der GmbH für die Übernahme von Risiko-, Kapitaleinsatz- und Geschäftsführungsaufgaben. Rechtsgrundlage sind das HGB, dort wiederum die Bestimmungen zur KG, sowie das GmbHG. Die Firmierung muss den Namen mindestens eines Komplementärs in der Rechtsform GmbH sowie den Rechtsformzusatz & Co. KG tragen. Zur Gründung bedarf es mindestens zweier Gesellschafter, ein Mindestkapital ist nicht erforderlich. Allerdings gibt es Mindestanforderungen an die Gründung der Komplementär-GmbH. Die Geschäftsführung erfolgt durch die Komplementärin. Die Komplementär-GmbH haftet für Verbindlichkeiten des Unternehmens nur mit ihrem Gesellschaftsvermögen. Die Gewinn- und Verlustverteilung kann individuell geregelt werden. Die Besteuerung erfolgt durch Körperschaftsteuer bei der Komplementär-GmbH, durch Einkommen- oder Körperschaftsteuer bei den Kommanditisten und durch Gewerbesteuer bei der gesamten Gesellschaft. Die GmbH & Co. KG eignet sich z. B. für die Gestaltung einer Holdingkonstruktion. Diese kann in gleicher Weise, jedoch praktisch seltener, auch als AG & Co. KG (Komplementär ist eine AG) ausgebildet sein.

Stille Gesellschaft

Die Stille Gesellschaft (§§ 335 – 342 HGB) ist eine Personengesellschaft, bei der eine Person als stiller Gesellschafter am Handelsgewerbe einer anderen Person im Rahmen einer Innengesellschaft, also nicht nach außen auftretend, mit einer Einlage beteiligt ist, die in das Vermögen des Gesellschafters des Handelsgewerbes und nicht in das Vermögen der Gesellschaft übergeht. Dies gleicht einer Kreditvergabe, jedoch mit der Möglichkeit zur gleichzeitigen Kontrolle der Geschäftstätigkeit. Es kommt zu einer Bilanzverlängerung, bei den Aktiva durch Vermögenszugang, bei den Passiva durch Eigenkapitalzugang. Die Stille Gesellschaft führt keine eigene Firma und hat keine Handelsregisterpublizität. Die Gründung erfolgt formlos durch Vertrag mindestens zweier Gesellschafter. Die Haftung liegt allein beim Inhaber, wird eine Verlustbeteiligung des stillen Gesellschafters ausgeschlossen, hat er im Insolvenzfall sogar Anspruch auf Rückgewährung seiner Einlage (analog einem Privatdarlehen). Eine Gewinnbeteiligung ist hingegen vorgeschrieben.

Man unterscheidet die typische Stille Gesellschaft, die den stillen Gesellschafter nur zur Bilanzeinsicht berechtigt, und die atypische Stille Gesellschaft, die für ihn auch eine Geschäftsführungsbeteiligung vorsieht.

Die Stille Gesellschaft ist zur Führung von Büchern und zum handelsrechtlichen Jahresabschluss verpflichtet. Eine Prüfungs- und Publizitätspflicht besteht nicht.

> Mit einer Stillen Gesellschaft können Sie bei Ihrer Existenzgründung die Kapitalbasis erweitern, ohne auf Entscheidungskompetenz verzichten zu müssen.
>
> Auch für Existenzgründungsförderer, also Business Angels, ist diese Form interessant, weil sie eine Gewinnbeteiligung ermöglicht, ohne für Verbindlichkeiten zu haften oder Verluste notwendigerweise zu übernehmen.

Die Form der GmbH & typisch Still (GmbH mit stillem Gesellschafter) wird in der Praxis selten umgesetzt.

Partnerschaftsgesellschaft

Die Partnerschaftsgesellschaft ist eine Personengesellschaft mit ausschließlich natürlichen Personen als Gesellschaftern (PartG). Sie ist Freiberuflern vorbehalten, dazu sind mindestens zwei Gründer erforderlich. Es ist kein Mindestkapital notwendig und es wird kein Handelsgewerbe verfolgt. Rechtsgrundlage ist das Gesetz über Partnerschaftsgesellschaften Angehöriger Freier Berufe (PartGG). Die Regelungen sind ähnlich denen der GbR bzw. der OHG. Die Firma enthält den Namen mindestens eines Partners, den Rechtsformzusatz sowie die Bezeichnung der vertretenen Berufe.

Die Gründung erfolgt durch schriftlichen Vertrag mit Angaben zu jedem Partner und durch Anmeldung zur Eintragung in das Partnerschaftsregister beim Amtsgericht am Geschäftssitz. Jeder Partner kann die Gesellschaft grundsätzlich einzeln vertreten und deren Geschäfte führen. Gesellschafter haften neben dem Vermögen der PartG für Verbindlichkeiten der Gesellschaft als Gesamtschuldner persönlich. Für Fehler in der Berufsausübung haftet jedoch allein derjenige, der den Fehler begangen hat. Freiberufler, deren Haftung durch Berufsgesetze und -verordnungen beschränkt ist, müssen daher eine ergänzende Haftpflichtversicherung abschließen. Die Gewinn- und Verlustverteilung ist durch Gesetz nicht geregelt.

2.1.4 Relevante Formen von Kapitalgesellschaften

Kapitalgesellschaften sind **Körperschaften**, bei denen mehrere natürliche Personen einen Teil ihres Vermögens auf eine juristische Person übertragen, die selbstständiger Träger von Rechten und Pflichten ist. Gesellschafter können ihre Anteile nicht an die Gesellschaft, sondern nur an Dritte zurückgeben. Zur Handlungsfähigkeit beauftragt die Gesellschaft natürliche Personen, die nicht Gesellschafter sein müssen, für sie entsprechende Verfügungen zu treffen (Geschäftsführer/Vorstände).

Gesellschaft mit beschränkter Haftung

Die Gesellschaft mit beschränkter Haftung (GmbH) ist eine Kapitalgesellschaft mit Rechtsgrundlage im GmbHG. Die Firma muss immer den Zusatz GmbH tragen. Die Gründung erfolgt durch notariell beurkundeten Vertrag. Zur Gründung reicht bereits ein Gesellschafter aus (Einmann-GmbH). Der Vertrag enthält mindestens die Firma, den Gegenstand der Gesellschaft, das Stammkapital (derzeit mindestens 25.000 €) und den Geschäftsanteil (mindestens 100 €). Einlagen sind als Geld- oder Sacheinlagen möglich, dabei kann eine Nachschusspflicht vereinbart werden. Mindestens 50 % des Stammkapitals müssen eingezahlt sein. Der Verkauf von Anteilen bedarf der notariellen Beurkundung sowie eventuell der Zustimmung der anderen Gesellschafter.

Die Geschäftsführung kann durch die Gesellschafter selbst oder durch Dritte erfolgen. Die Gesellschaft haftet als juristische Person mit ihrem gesamten Geschäftsvermögen, die Gesellschafter haften als natürliche Personen nur mit ihren Gesellschaftsanteilen. Die Gewinn- und Verlustverteilung erfolgt grundsätzlich nach Geschäftsanteilen. Eine Ausschüttungssperre besteht bei Unterschreiten des Stammkapitals.

Die GmbH weist als juristische Organe die Geschäftsführung, die Gesellschafterversammlung und gegebenenfalls den Aufsichtsrat auf, der bei über 500 Arbeitnehmern zu einem Drittel aus Vertretern von Belegschaftsmitgliedern besetzt ist und bei über 2000 Arbeitnehmern mit der Hälfte aus Vertretern von Belegschaftsmitgliedern. Die Leitungsbefugnis liegt bei der Geschäftsführung, die Kontrollkompetenz bei der Gesellschafterversammlung. Das Stimmengewicht richtet sich grundsätzlich nach den jeweiligen Stammkapitalanteilen. Die Geschäftsführung wird durch die Gesellschafterversammlung bestellt und entlastet. Sie kann auch von angestellten Geschäftsführern übernommen werden, deren Handlungsspielraum durch die Gesellschafter exakt abgesteckt werden kann. Die Geschäftsordnung kann Rechtsgeschäfte bestimmen, die vorab der Zustimmung der Gesellschafter bedürfen. Die Gesellschafterversammlung stellt den Jahresabschluss fest, die Ergebnisverwendung sowie die Bestellung, Abberufung, Prüfung und Überwachung der Geschäftsführer. Die Besteuerung erfolgt durch Körperschaft- und Gewerbesteuer. Es bestehen Prüfungs-, Publizitäts- und Mitbestimmungsregelungen, abhängig von der Größe der GmbH.

Die Fremdkapitalbeschaffung ist für die GmbH aufgrund der beschränkten Haftung aufwendiger. Kreditgeber achten z. B. auf private Sicherheiten oder vergeben nur private Kredite, für welche die Gesellschafter dann auch mit ihrem Privatvermögen haften. Persönliche Haftung besteht ebenso bei Verstößen gegen die Regeln für das GmbH-Kapital sowie bei Durchgriffshaftung (infolge Unterkapitalisierung, Vermögensvermischung, Rechtsformmissbrauch).

Eine GmbH können Sie alleine oder mit Partnern gründen. Sie benötigen zur Gründung ein Mindestkapital, und es sind auch Sacheinlagen möglich. Sie haften bei dieser Rechtsform nicht persönlich. Notwendig sind:

- Geschäftskonto,
- Gewerbeanmeldung,
- Eintrag im Handelsregister,
- Anmeldung beim Finanzamt,
- notarielle Beglaubigung,
- Beitritt bei der IHK oder HWK,
- Bilanzierung,
- Offenlegung des Jahresabschlusses.

Bei einer GmbH fallen Körperschafts- und Gewerbesteuer an.

Eine GmbH erlaubt eine freie Wahl des Unternehmensnamens mit dem Zusatz GmbH. Diese Rechtsform bietet sich auch für Investoren an.

Unternehmergesellschaft

Die Unternehmergesellschaft (UG, haftungsbeschränkt) ist als „Mini-GmbH" schon mit 1 € Barstammkapital zu gründen. Erforderlich sind zudem ein notariell beurkundeter Gesellschaftsvertrag und eine Errichtungsurkunde. Deren Mindestinhalt sind Firma der Gesellschaft (immer mit Zusatz UG), Sitz der Gesellschaft, Gegenstand des Unternehmens, Stammkapital mit maximal 24 999 € voll eingezahlt (danach erfolgt automatisch der Übergang zur „normalen" GmbH), Nennbeträge der Stammeinlagen und Namen der Gründungsgesellschafter (maximal drei). Dafür gibt es ein Musterprotokoll mit Mindestinhalten. Es erfolgt eine Eintragung im Handelsregister. Auch kann ein Geschäftsführer bestellt werden. 25 % des Jahresgewinns müssen zur Sicherheit als Rücklage so lange angesammelt werden, bis 25 000 € Stammkapital erreicht sind.

 Eine Unternehmergesellschaft können Sie alleine oder mit Partnern gründen. Sie benötigen zur Gründung ein Mindestkapital nur 1 €, und es sind Sacheinlagen möglich. Sie haften nicht persönlich. Notwendig sind:

- Gewerbeanmeldung,
- Eintrag im Handelsregister,
- Anmeldung beim Finanzamt,
- notarielle Beglaubigung,
- Beitritt bei der IHK oder HWK,
- Geschäftskonto,
- Bilanzierung,
- Offenlegung des Jahresabschlusses.

Es fallen Körperschafts- und Gewerbesteuer an.

Eine Unternehmergesellschaft erlaubt die freie Wahl des Unternehmensnamens (mit Zusatz UG). Diese Rechtsform bietet sich auch für Investoren an.

Public Limited Company

Die Public Limited Company (PLC) benötigt zur Gründung zwei Personen sowie einen Direktor und einen Sekretär, die aber auch personenidentisch sein können. Die Geschäftsfähigkeit entsteht mit Aushändigung der Gründungsurkunde durch das Gesellschaftsregister, eventuell auch als Schnellgründung binnen 24 Stunden. Das Mindestkapital beträgt 1000 Pfund Sterling, wovon nur zwei Pfund eingezahlt werden müssen. Die PLC hat eine eigene Rechtspersönlichkeit und haftet nur mit ihrem Firmenvermögen. Die Direktoren werden durch die Gesellschafterversammlung bestellt und entlassen. Als Direktoren können auch Treuhänder fungieren, womit die eigentlichen Geldgeber dann anonym bleiben. Diese Gesellschaftsform wird allerdings häufig als wenig seriös eingeschätzt.

Aktiengesellschaft

Die Aktiengesellschaft (AG) ist eine Kapitalgesellschaft, deren Grundkapital in Anteilsscheine zerlegt ist. Nennbetragsaktien lauten auf einen Euro-Betrag (mindestens 50 €), Stückaktien auf einen Anteil am Grundkapital. Stammaktien gewähren Stimmrecht in der Hauptversammlung, bei Vorzugsaktien geht dieses Stimmrecht zugunsten eines erhöhten Gewinnanteils verloren. Inhaberaktien sind anonym, Namensaktien lauten auf den Namen des jeweiligen Aktionärs, letztere werden im Aktienregister geführt und können möglicherweise nur beschränkt veräußert bzw. übernommen werden (vinkulierte Aktien). Rechtsgrundlage ist das AktG. Die

Firma muss den Zusatz AG tragen. Die Gründung erfolgt durch notariell beurkundeten Gesellschaftsvertrag, darin sind umfängliche Mindestangaben verpflichtend, sowie zusätzlich durch Eintrag in das Handelsregister. Insgesamt ist der Gründungsaufwand recht hoch.

Das Grundkapital, das bei der Gründung aufzubringen ist, beträgt mindestens 50 000 €, es ist in Aktien gestückelt. Mindestens 25 % des Grundkapitals müssen eingezahlt sein. Die Gesellschaft haftet mit ihrem gesamten Vermögen, die Aktionäre haften nur mit ihrer Einlage, also in Höhe des Aktiennennbetrags.

Die Organe der AG sind der Vorstand, der Aufsichtsrat und die Hauptversammlung:

- Der **Vorstand** wird auf maximal fünf Jahre vom Aufsichtsrat bestellt und kann aus wichtigem Grund von diesem auch wieder abberufen werden. Er übernimmt die Geschäftsführung der AG, erstellt den Jahresabschluss und berichtet darüber regelmäßig an den Aufsichtsrat. Er ist allerdings nicht an die Weisungen von Aufsichtsrat oder Hauptversammlung gebunden. Bei Dissens kann er jedoch vom Aufsichtsrat abberufen bzw. von der Hauptversammlung nicht entlastet werden. In Montanbetrieben ab 1000 Mitarbeitern ist zudem ein Arbeitsdirektor als Vorstandsmitglied vorgesehen.

- Der **Aufsichtsrat** besteht aus mindestens drei, höchstens 21 Mitgliedern. Ihre Amtszeit beträgt vier Jahre. In Montanbetrieben sowie ab 2000 Arbeitnehmern gibt es eine paritätische Mitbestimmung im Aufsichtsrat. Vorstand und Aufsichtsrat einer AG können nicht personenidentisch sein, wie das etwa außerhalb Deutschlands möglich ist (monistisches System). Die Hauptversammlung entlastet gegebenenfalls den Aufsichtsrat.

- Die **Hauptversammlung** wird aus allen Aktionären gebildet, sie stimmt über alle wichtigen Geschäftsinhalte mit Mehrheit ab. Dabei gibt es mehrere Abstufungen (jeweils bei nur theoretisch vollständiger Anteilspräsenz), ab 25 % der Stimmanteile können wichtige Entscheidungen, die der Dreiviertelmehrheit bedürfen, blockiert werden, ab 50 % der Stimmanteile sind alle anderen Entscheidungen mit einfacher Mehrheit möglich, ab 75 % der Stimmanteile können wichtige Entscheidungen beschlossen werden, ab 95 % der Anteile können Aktionäre gegen angemessene Abfindung aus dem Gesellschafterkreis gedrängt werden. Die Hauptversammlung bestellt den Aufsichtsrat, beschließt über die Verwendung eines eventuellen Bilanzgewinns auf Vorschlag des Vorstands mindestens bis zur Hälfte des Jahresüberschusses, bestellt die Abschlussprüfer und beschließt über Satzungsänderungen bzw. Kapitalerhöhungen oder -herabsetzungen. Die Besteuerung erfolgt durch Körperschaft- und Gewerbesteuer.

Die Eigenkapitalbasis der AG kann durch Kapitalerhöhung im Wege der Emission junger Aktien erweitert werden. Diese stehen den Altaktionären jeweils im Verhältnis ihres Kapitalanteils zu. Darauf erhalten sie ein Bezugsrecht, das sicherstellt, dass der prozentuale Anteil jedes Aktionärs am Grundkapital auch nach der Kapitalerhöhung unverändert bleibt. Besteht kein Interesse am Bezug junger Aktien, kann das Bezugsrecht als unabhängiger Wert an Interessenten veräußert werden, denen dann die jungen Aktien zustehen. Die Emission wird häufig durch ein Bankenkonsortium begleitet. Dies geschieht auch bei erstmaligem Börsengang einer AG als Initial Public Offering (IPO), wobei zur Kursfindung für die Emission meist das Bookbuilding-Verfahren eingesetzt wird. Ist die Emission überzeichnet, d.h., gibt es mehr Nachfrage als Angebot nach den neuen Aktien, erfolgt eine Zuteilung, ist eine Emission unterzeichnet, übernimmt das Konsortium in der Regel die neuen Aktien in eigenen Bestand und gibt sie später kursschonend an den Markt ab.

 Für kleine Aktiengesellschaften ist die Gründung einer Ein-Mann-AG möglich, sie bedarf nicht mehr mindestens fünf Gesellschaftern. Zugleich entfallen der Gründungsbericht bei der IHK, die Vollversammlungseinberufung, die Mitbestimmung bis zu 500 Beschäftigten und die Abschlussprüferbestellung. Dennoch ist die AG für Existenzgründungen wenig geeignet, da die formalen Regelungen zu aufwendig sind.

Kommanditgesellschaft auf Aktien

Die Kommanditgesellschaft auf Aktien (KGaA) ist eine Kapitalgesellschaft als Mischform, bei der mindestens ein Gesellschafter wie ein Komplementär voll und mindestens einer wie ein Kommanditist zum Teil haftet. Es handelt sich um eine KG, deren Grundkapital in Aktien zerlegt ist, sodass Börsenfähigkeit besteht. Rechtsgrundlage ist das AktG (§§ 278–290). Die Firma muss den Zusatz KGaA tragen, zusätzlich muss erkennbar sein, wenn keiner der Gesellschafter unbeschränkt haftet. Die Gründung erfolgt durch notariell beurkundeten Vertrag mit mindestens fünf Gründern und 50 000 € Gründungskapital. Die Haftung ist analog zur KG bzw. AG, d.h., die Gesellschaft haftet mit ihrem gesamten Geschäftsvermögen, der oder die Komplementäre haften darüber hinaus mit ihrem Privatvermögen, die Kommanditisten haften nur mit ihrem Geschäftsvermögen. Die Gewinn- und Verlustverteilung erfolgt auf Beschluss der Hauptversammlung und mit Zustimmung des Komplementärs.

Organe der KGaA sind die Hauptversammlung und der Aufsichtsrat. Die Geschäftsführung liegt bei den persönlich haftenden Gesellschaftern (analog zur AG). Die Besteuerung erfolgt durch Körperschaft- und Gewerbesteuer. Die Kommanditaktionäre üben ihr Stimmrecht in der Hauptversammlung aus, welche die Mitglieder des Aufsichtsrats bestellt, haben eine Gewinn- und Verlustbeteiligung und dürfen ihr Geschäftsvermögen nicht entnehmen. Der Komplementär hat Leitungskompetenz für die Gesellschaft, verfügt über ein Vetorecht bei wichtigen Hauptversammlungsentscheiden und darf durch den Aufsichtsrat nur eingeschränkt kontrolliert werden. Diese Gesellschaftsform bietet sich für große Familiengesellschaften an (z. B. Henkel KGaA).

2.1.5 Wechsel der Rechtsform

Der Rechtsformwechsel selbst kann auf zwei **Wegen** vollzogen werden. Bei der formellen Liquidation des bisherigen Unternehmens gehen dessen Vermögensgegenstände und Schulden im Wege der Einzelübertragung auf das neue Unternehmen über. Probleme entstehen dabei allerdings durch Bewertungsunklarheiten und die Notwendigkeit zur Auflösung stiller Reserven, die Steuerpflichten hervorrufen. Bei der Umwandlung folgt das neue Unternehmen dem alten im Wege der Gesamtrechtsnachfolge nach. Es kann daher darauf verzichtet werden, die einzelnen Vermögens- und Schuldenpositionen zu ermitteln und zu übertragen. Stille Reserven bleiben erhalten.

Für einen Wechsel der Rechtsform eines Unternehmens können interne oder externe **Gründe** ursächlich sein. Als innerbetriebliche Gründe sind vor allem folgende zu nennen:

- Ein bisheriger Teilhaber scheidet aus dem Gesellschafterkreis aus. Für ihn gibt es keinen Nachfolger. Dadurch verschieben sich die Eigentumsanteile und machen eine Neuordnung erforderlich.
- Ein neuer Teilhaber steigt in den Inhaberkreis ein. Für ihn gab es keinen Vorgänger. Dabei sind die Interessen des hinzukommenden Teilhabers und der bestehenden Teilhaber in Bezug auf Führung, Haftung etc. abzustimmen.
- Der oder die Eigentümer haben den Wunsch nach einer Beschränkung des Haftungsrisikos. Dann bietet sich ein Wechsel von einer Personen- in eine Kapitalgesellschaftsform an.
- Es besteht die Absicht zur Erweiterung der Kapitalbasis durch Aufnahme neuer Gesellschafter. Dies erfordert womöglich, jedoch nicht notwendigerweise, eine Kapitalmarktnotierung (AG-IPO).

Als außerbetriebliche Gründe für einen Wechsel der Rechtsform sind etwa folgende zu nennen:

- Es bestehen Änderungen im Gesellschaftsrecht, z. B. in Bezug auf die Haftung. Diese bewegen den oder die Inhaber dazu, die Rechtsform zu ändern.
- Es bestehen Änderungen im Arbeitsrecht, z. B. in Bezug auf die Mitbestimmung. Dies trifft bei Überschreiten „kritischer" Grenzwerte (Umsatz, Bilanzsumme, Mitarbeiterzahl) zu.
- Es bestehen Rechtsänderungen in der Unternehmensbesteuerung. Dann geht es um eine legale und legitime Minimierung der Steuerlast.

- Es bestehen Änderungen in Bezug auf mögliche Rechtsformen, z. B. durch neue „europäische" Rechtsformen (z. B. SE), die eine bessere Verwirklichung der Unternehmensziele erlauben.

■ 2.2 Wahl des Betriebsstandorts

Bei der Standortwahl kann es sich um einen oder mehrere Betriebsstandorte sowie um internationale, nationale oder lokale Standorte handeln. Der Standort wird in der Makrosicht nach Ländern bzw. Regionen gewählt, in der Mikrosicht nach Kommunen bzw. Arealen.

Standort durchdacht wählen

Der Standort ist allgemein der geografische Ort, an dem der Anbieter zum Zweck der Erreichung seiner Ziele Produktionsfaktoren zur Leistungserstellung kombiniert.

Mögliche Anlässe für die Standortwahl sind die Neugründung eines Betriebs, die Umsiedlung ohne Veränderung der Betriebsgröße, die Verlagerung mit Erweiterung/Verkleinerung der Betriebsgröße, die räumliche Ausweitung der Geschäftstätigkeit, die räumliche Differenzierung der Geschäftstätigkeit, die Zusammenlegung unabhängiger Betriebe oder die Schließung von Betrieben.

Für die Standortwahl sind vor allem folgende Faktoren als **Beurteilungskriterien** von Bedeutung:

- Die Struktur des betrieblichen Standorts dient dem Anbieter zur Bestimmung dessen Absatzpotenzials. Faktoren sind hier Bevölkerungsstand und -verteilung, Bevölkerungskennzeichen, Erwerbs- und Sozialstrukturen, Einkommensverhältnisse und -verwendung, Einzugsgebiet, Lebensstandard, Konsumgewohnheiten, Mentalität etc.

- Das Umfeld bezieht sich auf die Harmonie des betrieblichen Standorts mit dem Image des Betriebs. Dies gilt vor allem für Leistungen mit Vertrauensgutcharakter, bei denen aus den Umfeldfaktoren, wie I-a-Lage, mangels anderer Anhaltspunkte auf die Leistungsfähigkeit eines Anbieters geschlossen wird. Faktoren sind hier Betriebsbestand und -formen, Geschäftsstättenpräferenz, Infrastruktur, Lage, Personal- und -nebenkosten, Personalqualifikation, gesetzliche Bestimmungen, Immissionen etc.

- Die Konkurrenz kann zu einer Meidung konkurrierender Betriebe führen (Evitation) oder gerade zu einer Suche der Nähe solcher anderen Betriebe (Agglomeration), um an der gemeinsam höheren Anziehungskraft des betrieblichen Standorts zu partizipieren oder im Falle der Zusammenarbeit von kurzen Wegen zu profitieren.

- Die Erreichbarkeit betrifft die Zugänglichkeit des betrieblichen Standorts. Faktoren sind hier Topografie, Verkehrsanbindung etc.

- Der Raum orientiert sich an den Raumkosten (Mietzins, Bauinvestitionen etc.), an der Raumqualität (Architektur, Grünflächen etc.) und der Raumkapazität (Gesamtfläche, Lagerfläche etc.). Faktoren sind hierbei Betriebsraum und -fläche, Gebäude, Unterhalt, Beschaffung, Logistik etc.

Die Standortwahl selbst kann nach verschiedenen Verfahren erfolgen, wobei sich grob drei Gruppen unterscheiden lassen:

- **Nutzwertanalysen** dienen der Operationalisierung zumeist vorzufindender qualitativer, kategorialer Kriterien wie Infrastruktur, Kultur, Risiken etc. durch deren Übersetzung in eine Nutzenfunktion und Gewichtung der Kriterien. Dazu werden für jedes Kriterium Zustände als Fälle (ja/nein) oder alternative Bereiche (von – bis) definiert, denen jeweils Punktwerte zugeordnet sind. Jede Option wird hinsichtlich dieser Kriterien getrennt bewertet, entsprechend bepunktet und aufaddiert. Dadurch ergeben sich metrisierte, kardinale Werte, die untereinander direkt vergleichbar sind. Sofern nur metrisierbare (quantitative) Kriterien vorliegen, kann gleich ein Scoring-Verfahren (Punktwertanalyse) angewendet werden. Eine nutzwertbezogene Umrechnung ist dann entbehrlich.

- **Checklist-Techniken** mit Auswahlkriterien als Muss-, Soll- oder Kannkriterien umfassen input-, output- und abgabenorientierte Faktoren wie Transportkosten in Beschaffung und Absatz, Kosten der Arbeitskräfte, Wechselkurseffekte bzw. Zinskosten, zu zahlende Steuern bzw. erhaltene Subventionen, Energiekosten etc. Problematisch ist dabei, dass Faktorkategorien einander inhaltlich überlappen (Redundanz, daher ist ein Abgleich der Faktoren nötig) und nicht unbedingt gleich bedeutsam sind (dann ist eine Gewichtung der Faktoren nötig). Zudem handelt es sich um eine (statische) Momentaufnahme, die um perspektivische/ dynamische Aspekte ergänzt werden muss. Auch sind viele Faktoren qualitativer Natur und daher von subjektiver Schätzung abhängig.

- **Scoring-Verfahren** finden bei metrischen, kardinalen Kriterien Anwendung. Jedes Kriterium wird dabei in Bezug auf einen Standortfaktor innerhalb einer vorgegebenen Spanne qualifiziert bepunktet, die Punkte werden addiert (eventuell mit zusätzlicher Gewichtung nach Kriteriumsbedeutung), und derjenige Standort hat als der beste zu gelten, dem die höchste Punktzahl zukommt. Problematisch ist dabei, dass qualitative Kriterien vorab umgerechnet werden müssen, ebenso sind die Vollständigkeit, Relevanz und Signifikanz der Kriterien nur schwierig sicher zu stellen. Insofern wird jedoch häufig nur eine Scheingenauigkeit hervorgerufen, da subjektive Verzerrungen vorliegen, die nicht hinreichend ausgewiesen werden.

Die Standortwahl ist praktisch vielfältigen Restriktionen unterworfen. Zu nennen sind hier die Baunutzungsverordnung, das Landesplanungsgesetz, das Gesetz zur Landesentwicklung, das Bundesraumordnungsgesetz, das Baugesetzbuch etc. Da dem Standort konstitutiver Charakter zukommt und eine spätere Änderung immer aufwendig ist, will die Wahl gut überlegt sein. Vor allem sind alle Restriktionen zu beachten.

 Zu den Entscheidungen, die einmal gut überlegt werden müssen und dann nicht mehr ohne Anlass geändert werden sollten, gehören die Wahl der Rechtsform des Unternehmens und die des Betriebsstandorts. Beide sind von vielfältigen individuellen Anforderungen abhängig und können daher nicht generalisiert werden.

3

Drei zentrale Erfolgsfaktoren: Geschäftsmodell, Kernkompetenz und Absatzquelle

 Die Aktivitätenbasis des jungen Unternehmens schafft das Fundament der unternehmerischen Tätigkeit. Am Beginn steht die Bestimmung des Geschäftsprozessmodells. Es gibt vor, wie die einzelnen wirtschaftlichen Elemente ineinander verzahnt sind, um den beabsichtigten Erfolg Wirklichkeit werden zu lassen. Damit dieser im Marktumfeld tragfähig ist, bedarf es der Nutzung der Kernkompetenz des jungen Unternehmens. Daraus ergeben sich dessen komparative Angebots- und Wettbewerbsvorsprünge im Markt.

◼ 3.1 Geschäftsmodell bestimmen

Ein Geschäftsmodell bildet die Strukturen und Abläufe derjenigen Unternehmensaktivitäten ab, die erklären, wie werthaltige Leistungen durch Integration von Potenzialbasis, Transformationsprozess und Nutzenergebnis (siehe Bild 3.1) entstehen, um durch deren innovative Konfiguration komparative Wettbewerbsvorteile zu erreichen, Kernkompetenzen auszuschöpfen und Wissensvorräte zu nutzen (in Anlehnung an Wirtz 2010).

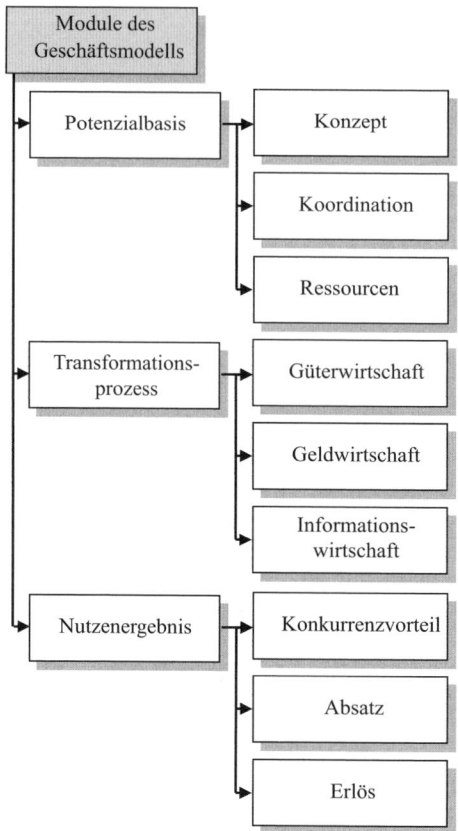

Bild 3.1 Module des Geschäftsmodells

Ein Modell ist dabei allgemein ein vereinfachtes, strukturgleiches oder -ähnliches Abbild eines Ausschnitts der Realität. Ein Geschäftsprozess bezieht sich konkret auf ausgewählte Aspekte des Ressourceneinsatzes im Unternehmen sowie seiner Austauschbeziehungen mit Transaktionspartnern.

Die **Potenzialbasis** besteht im Einzelnen aus dem Konzeptmodul, dem Ressourcenmodul und dem Koordinationsmodul. Das **Konzeptmodul** gibt an, wie ausgehend von der gegenwärtigen Situation die Zielsituation des Geschäftsbetriebs aussehen soll. Dazu bedarf es vor allem folgender Festlegungen:

- Bestimmung der Ziele, die ein Unternehmen verfolgt, denn ohne die Fixierung operationaler Ziele ist eine planmäßige Unternehmensentwicklung nicht möglich.
- Analyse der Istsituation (Diagnose), derer sich ein Unternehmen gegenübersieht, denn diese schafft spezifische Möglichkeiten und Grenzen für Aktivitäten.

- Strategieentwicklung und -bewertung, diese dient als verlässlicher Kompass für das Unternehmen, um durch die Untiefen der Wirtschaft zu navigieren.

Das **Koordinationsmodul** gibt an, wie die Arbeitsteilung in einem Unternehmen und mit externen Dritten erfolgen soll. Dazu sind wiederum vor allem zwei Entscheidungen zu treffen:

- Kernkompetenz, diese gibt vor allem den Fokus der Aktivitäten als wirtschaftliche Verfügung vor und betrifft Werthaltigkeit, Seltenheit, Nichtimitierbarkeit und Unternehmensspezifität der Geschäftstätigkeit (VRIO/Barney)).
- Wertkettengestaltung in Struktur als Abfolge und Produktivität, Breite als Anteil an der gesamtwirtschaftlichen Wertkette und Tiefe als Eigenerstellung oder Fremdbezug dieser Leistungen in Form rechtlicher Verfügungen.

Das **Ressourcenmodul** gibt an, welche Produktionsfaktoren und Finanzmittel zur Umsetzung bereitstehen. Dazu sind drei Variable gegeben:

- Finanzen, die aus Eigen-, Fremd-, Innen- und Außenfinanzierung bestehen und vor allem in der kritischen Start-up-Phase von zentraler Bedeutung sind.
- Personal, das in dispositiver oder exekutiver Funktion zur Verfügung steht und als wesentlicher Produktivitätsträger zu gelten hat.
- Immaterielle Ressourcen, vor allem Wissen/Rechte als vierter Produktionsfaktor und Zeit als konstitutiver Wettbewerbsvorteil, die größte Erfolgsanteile auf sich vereinen.

Der **Transformationsprozess** besteht im Einzelnen aus dem güterwirtschaftlichen Modul, dem geldwirtschaftlichen Modul und dem informationswirtschaftlichen Modul. Das **güterwirtschaftliche** Modul gibt an, wie Produktionsfaktoren konkret wertschöpfend genutzt werden sollen:

- Beschaffung, Materialwirtschaft, Produktion und Qualität bestimmen die Inputfaktoren der Wertschöpfung und limitieren damit den Aktivitätshorizont.
- Betriebsmittel stehen als Potenzialfaktoren längerfristig im Betrieb zur Verfügung, es handelt sich im Wesentlichen um Anlagen, Maschinen, Geschäftsausstattung, Werkzeuge etc.
- Werkstoffe stehen als Verbrauchsfaktoren kurzfristig zum Einsatz zur Verfügung, es handelt sich im Wesentlichen um Roh-, Hilfs- und Betriebsstoffe sowie indirekte Produkte (also solche, die nicht in das Endprodukt eingehen).

Das **geldwirtschaftliche** Modul gibt an, wie die zur Verfügung stehenden Finanzmittel eingesetzt werden sollen. Dies betrifft:

- Investitionen des Unternehmens, gerechnet nach Zielgrößen wie Gewinn, Rendite, Amortisation und Liquidität, diese Geldmittel sind längerfristig im Betrieb gebunden.

- Kosten des Unternehmens, gerechnet nach fixen und variablen bzw. direkten und indirekten Kosten, der Kostenblock muss durch Erlöse zumindest kurzfristig gedeckt sein, um die Existenz zu sichern.

Das **informationswirtschaftliche** Modul gibt an, wie die Lenkung und Steuerung der Transformation (Controlling) angelegt sein soll. Dazu gibt es vor allem drei Aspekte:

- Planung und Entscheidung der Geschäftsprozesse, nur dadurch kann eine systematische und erfolgsorientierte Unternehmensführung eingehalten werden.
- Kontrolle (Überprüfung/Überwachung) der Aktivitäten im Sinne der Effektivität und Effizienz, denn Planung ohne Kontrolle ist genauso wenig sinnvoll wie Kontrolle ohne Planung.
- Informationelle Vernetzung durch Hardware als technische Ausstattung und Software als Betriebs- und Anwendungssysteme, Medien zum fremdgesteuerten Transport („Paid") und Kanäle zum eigengesteuerten Transport („Owned").

Das **Nutzenergebnis** besteht im Einzelnen aus dem Konkurrenzvorteilsmodul, dem Transaktionsmodul und dem Erlösmodul. Das **Konkurrenzvorteilsmodul** weist aus, warum eine Leistung einen Vorsprung vor anderen am Markt hat. Dafür gibt es drei Elemente:

- Absatzquelle, sie gibt an, wo die Nachfrage/das Budget bzw. die Kaufkraft vorhanden ist, die für ein Unternehmensangebot aktiviert werden soll.
- Zielgruppe, diese kann in einen gewerblichen Bereich (Individual-/Kollektiventscheid) oder einen privaten Bereich (meist nach verhaltenswissenschaftlichen Grundlagen) unterschieden werden.
- Positionierung zur Abgrenzung des eigenen Angebots gegenüber dem Mitbewerb und zur Profilierung bei der Nachfrage mit Positionsentwicklung, -ergebnis und -umsetzung.

Das **Absatzmodul** gibt an, wie der Transfer der Leistungen angelegt wird. Dabei sind vor allem folgende Elemente von Bedeutung:

- Akquisitorisches Absatzsystem durch Absatzkanalbreite, -tiefe, -struktur und -form, dieses erschließt erst den faktischen Markteintritt und schafft damit eine potenzielle Liquidierbarkeit der erbrachten Vorleistungen.
- Logistische Verfügbarkeit über Zeit, Raum, Qualität und Quantität, denn erst die konkrete Präsenz am Ort und zu der Zeit des Bedarfs in der richtigen Güte und Menge erreicht die Monetarisierung des akquisitorischen Potenzials.

Das **Erlösmodul** gibt an, auf welche Art und Weise nennenswerte und nachhaltige Einnahmen aus der Wertschöpfung generiert werden sollen. Denkbare Möglichkeiten sind hierbei:

- Virtuelle Märkte, diese sind nach verschiedenen Kriterien einteilbar und gewinnen als zusätzliche oder auch basale Plattformen steigende Bedeutung.

- Direkte Erlöse aus der Abgabe von Leistungen gegen Berechnung eines Einzelpreises (variabel) oder zeitbezogen im Abo oder auch pauschaliert (fix).
- Indirekte Erlöse durch Einnahmen aus der Schaltung von Werbung im eigenen Verfügungsbereich, der Weiterleitung von Interessenten an Dritte gegen Provisionseinnahme sowie der pseudonymisierten Datenveredelung (Big Data).

Diese Module sind in einem kohärenten Geschäftsmodell innovativ bzw. überlegen zu integrieren. Sie bestimmen die Basis des Unternehmens. Jeder Existenzgründer muss daher klare Vorstellungen darüber haben, wie diese Basis aufgebaut sein soll. Zentral ist dabei die Kernkompetenz (vgl. Pepels 2017a, S. 795 ff.).

Zentrale Fragen bei der Geschäftsmodellentwicklung

- Welche Ziele sollen erreicht werden?
- Wie stellt sich die Istsituation dar und welche Strategie lässt sich daraus ableiten?
- Was ist die Kernkompetenz? Welche Wertsteigerung kann durch diese Kernkompetenz erreicht werden? Welche Vorteile ergeben sich dadurch am Markt?
- Welche Ressourcen stehen zur Verfügung? Und wie lassen sich diese Ressourcen möglichst effizient und effektiv einsetzen?
- Wie soll das Controlling umgesetzt werden?
- Wie sieht die Marktsituation aus? Welche Zielgruppen und Absatzquellen können erschlossen werden? Wie sollte das eigene Angebot idealerweise am Markt positioniert werden? Und wie gestaltet sich der Marktzugang?
- Wie lassen sich Erlöse generieren?

3.2 Kernkompetenz nutzen

Eine Kernkompetenz ist die Kombination mehrerer Ressourcen, durch die sich ein junges Unternehmen langfristig vom Mitbewerb absetzt und durch deren Transfer auf eine Vielzahl von Anwendungen, Produkten und Märkten den heutigen und zukünftigen Kunden ein erheblicher Nutzen angeboten wird. Sie trägt aus Kundensicht wesentlich zur empfundenen Nutzenbeurteilung des Endprodukts und damit zur Wertschöpfung bei. Sie ist vom Mitbewerb nur schwer imitierbar und basiert zumeist auf konsequenter Weiterentwicklung einer Stärke des Anbieters. Sie bietet Zugang zu neuen Geschäftsmöglichkeiten. Eine Kernkompetenz muss geschäftsfeldübergreifend nutzbar sein, über einen längeren Zeitraum Bestand haben und ein für Kunden wichtiges Leistungskriterium betreffen.

 Ihre Kernkompetenz sollte bei Kunden einen Vorsprung generieren und nur schwer von der Konkurrenz imitierbar sein. Ihre Problemlösung sollte also neu oder vorhandenen Lösungen überlegen sein.

Ressourcen können unterschieden werden in

- materielle Ressourcen wie maschinelle Anlagen, Grundstücke, Gebäude, IT-Hardware, Kommunikationsnetze, Logistikfazilitäten etc.,
- organisatorische Ressourcen wie Planungs- und Kontrollsysteme, Struktur- und Prozessorganisation etc.,
- Ressourcen als Rechte in Form von Daten, Markenzeichen, Schutzrechten auf Wissen, Lizenzen, Verträgen etc.,
- immaterielle Ressourcen wie Image, Bekanntheit, Marktstanding, Reputation, Kundenvertrauen etc.,
- Humanressourcen wie Können/Fähigkeiten des oder der Gründer, Motivation, Corpsgeist, Unternehmenskultur, Werthaltung etc.,
- spezifische Unternehmensfähigkeiten wie Beschaffung, Kosteneffizienz, Auslandsmarktbearbeitung, Qualität etc.,
- Metakompetenzen wie Innovations- und Kooperationsfähigkeit, Umsetzungsstärke, Flexibilität etc.

Die Kernkompetenz entspricht dem **Inside-out-Denken** von Unternehmen (ressourcenorientierter Ansatz/Penrose). Dieses wurde als Gegenpol zum Outside-in-Denken (marktorientierter Ansatz/Porter) entwickelt. Letzteres ging davon aus, dass ein Unternehmen sich in seinen Aktivitäten an den Bedürfnissen des Markts bzw. der Marktkräfte auszurichten hat. Ersteres geht hingegen davon aus, dass der Markt seine Bedürfnisse entweder gar nicht kennt, unrealistische Forderungen an Anbieter stellt oder seine Ansprüche ausgesprochen schnelllebig ändert. Folgt man diesen Annahmen, ist eine Ausrichtung des Unternehmens am Markt nicht unbedingt sinnvoll. Vielmehr ist es umgekehrt sinnvoll, besondere, unternehmensspezifische Fähigkeiten zu identifizieren und die Märkte dann so zu gestalten, dass sie die daraus resultierenden Leistungen akzeptieren und vor allem honorieren. Dazu ist im ersten Schritt zu bestimmen, welche Unternehmenskapazitäten überhaupt kernkompetenzfähig sind. Im zweiten Schritt geht es darum zu prüfen, inwieweit die Märkte entsprechend diesen Fähigkeiten tatsächlich beeinflusst werden können. Kernkompetenzen gehen deutlich über den Branchenstandard hinaus, sie sind wettbewerbsstärker als bloße Schlüsselfähigkeiten und leisten, anders als Leistungspotenziale, einen hohen Beitrag zum Kundennutzen.

Zur Bestimmung der Kernkompetenzfähigkeit gilt das **VRIO**-Schema (Barney) als Checklist. Danach sind Voraussetzungen für Kernkompetenzfähigkeiten folgende (siehe Bild 3.2):

- Relevanz und Dauerhaftigkeit für den Bedarf einer genügend großen Nachfragergruppe am Markt (**V**alue),
- hinreichende wettbewerbliche Alleinstellung und fehlende Substitutionsgefahr durch Heterogenität der Ressourcen (**R**areness),
- wirtschaftliche Hebelwirkung durch eingeschränkte/fehlende Nachahmbarkeit und Faktormobilität (Imperfect **I**mitability),
- Fit mit der Unternehmenskultur durch hohe Spezifität der Fähigkeiten (**O**rganisational Specificity).

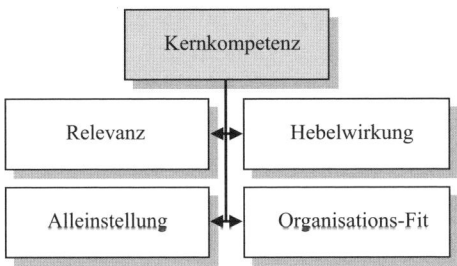

Bild 3.2 Elemente der Kernkompetenz

Kernkompetenzen sind darüber hinaus dauerhaft in ihrer Wirkung, wirtschaftlich verwertbar, für Außenstehende nur schwer durchschaubar und beruhen auf komplexen Ressourcenbeziehungen. Fähigkeiten, die kumulativ diese Voraussetzungen erfüllen, sind kernkompetenzfähig, ob sie dann vom Markt tatsächlich auch als solche angesehen werden, zeigt der Markt. Fähigkeiten, die aber diese Voraussetzungen nicht durchgängig erfüllen, bieten allenfalls die Möglichkeit zur passiven Marktanpassung.

Wichtig ist, dass eine Kernkompetenz immer eine neue oder überlegene Problemlösung darstellt, aber keinesfalls ein Produkt. Denn Produkte unterliegen Lebenszyklen, und Kernkompetenzen, die über Produkte definiert werden, drohen damit am Ende ihres jeweiligen Lebenszyklus unterzugehen. Doch Unternehmen müssen deutlich länger leben können als Produkte. Das Erfordernis zur Problemlösung bleibt dabei im Wesentlichen immer gleich, die Produkte, mit denen diese dann erreicht wird, hingegen verändern sich. So gab es immer den Bedarf für Logistiklösungen (Raum-/Zeitüberbrückung), die Produkte, mit denen diesem Rechnung getragen wurde, wechselten jedoch stetig und werden auch in Zukunft stetig wechseln. Vielfach wird hier ein entscheidender Fehler begangen, indem Kernkompetenzen immer noch produktorientiert definiert werden. Dann ist eine Existenzgründung in höchstem Maße gefährdet.

 Identifizieren Sie Ihre besonderen, unternehmensspezifischen Fähigkeiten und beeinflussen Sie dann den Markt so, dass Ihre Lösung nachgefragt und honoriert wird.

■ 3.3 Absatzquelle aktivieren

Unter Absatzquelle versteht man die für ein Angebot im Markt zu aktivierende Kaufkraft (B-to-C) bzw. das Budget dafür (B-to-B). Ansonsten fehlt es an der Erreichung von Erlösen, die allein ein Unternehmen langfristig am Markt halten. Denkbar sind hier verschiedene Optionen wie vor allem die nachfolgend genannten:

- **Problemweckung**, d. h. die Generierung eines Problems, das für Nachfrager relevant ist und durch den Anbieter kompetent gelöst werden kann. Dabei handelt es sich um latente, derzeit noch nicht erkannte und erst recht nicht bearbeitete Bedarfe von Nachfragern.

- **Zusatzverkäufe** entstehen durch Arrondierung eines Angebots um leistungsergänzende Sach- und Dienstleistungen (Zubehör, Kundendienste etc.). Diese werden oft zu einer zentralen Erlösbasis wie z. B. Kaffeekapseln/Nestlé, Druckerpatronen/HP. Denkbar ist auch ein Bundling dieser Produkte.

- **Gebietsausdehnung** durch Bedienung räumlich neuer Märkte. Jedoch ist dies mit erheblichen Risiken versehen und bedarf der Verdrängung dort ansässiger Wettbewerber (z. B. Internationalisierung).

- **Marktschaffung**, d. h. die Kreierung von Nachfrage, die seither noch nicht vorhanden war. Dies aktiviert Kaufkraft/Budget, das vordem gespart oder anderweitig ausgegeben/investiert wurde. Dies ist sehr selten der Fall, Beispiele sind aber Post-it-Zettel/3M, Senseo-Portionskaffeemaschine/Philips-Douwe Egberts oder Mobiltelefon/Nokia.

- **Präsenzstreckung** durch Bedienung zeitlich neuer Märkte. Dies betrifft z. B. häufig nur saisonal angebotene Produkte, mit denen durch zeitliche Ausdehnung zusätzlicher Umsatz geschöpft werden kann (z. B. Überraschungsei/Ferrero von der Osterspezialität zur Ganzjahressüßware).

- **Produktwandel** durch im Wesentlichen wahrnehmungsbezogene Veränderung eines bestehenden Produkts, um dadurch neue Zielgruppen zu aktivieren (z. B. Jägermeister als Longdrink anstelle von tradiertem Kräuterlikör, Fahrrad als Freizeiterlebnis anstelle von bescheidenem Beförderungsmittel).

■ **Set-Alternative** bedeutet, dass das eigene Produkt neben anderen zu den zum Kauf präferierten des Relevant Sets einer möglichst großen Vielzahl von Zielpersonen gehört und im Wechsel mit diesen anderen, also nicht unbedingt exklusiv, gekauft werden soll (z.B. alkoholfreies Bier von Clausthaler: Nicht immer, aber immer öfter).

 Das Geschäftsmodell bestimmt die DNA des jungen Unternehmens. Es besteht aus einer Vielzahl einzelner Stellgrößen, die geprüft und überlegt werden müssen. Zentral sind die Bestimmung der Kernkompetenz und deren interne Nutzung. Extern ist die Aktivierung einer Absatzquelle unerlässlich, die Kaufkraft/Budget am Markt abschöpft.

4 | Innovation als Voraussetzung für die Marktexistenz?

 Existenzgründungen bedingen entgegen landläufiger Meinung keineswegs eine innovative Geschäftsidee, sie können auch einfach auf Nachahmung, Rationalisierung, Differenzierung etc. beruhen. Durch Innovationen steigen jedoch im günstigsten Fall die Erfolgschancen. Allerdings sind auch die Risiken erheblich höher als bei der Nachahmung einer erfolgreich bestehenden Geschäftsidee, wobei es einer punktuellen Differenzierung bedarf.

■ 4.1 Innovationsdimensionen

Innovationen können nach mehreren Dimensionen eingeteilt werden (siehe Bild 4.1):

- Eine (objektive, absolute) **Marktinnovation** ist gegeben, wenn ein entsprechendes Angebot erstmals überhaupt am Markt verfügbar gemacht wird, eine (subjektive, relative) **Unternehmensinnovation** ist hingegen gegeben, wenn ein Angebot nur für das betreffende Unternehmen neuartig ist, nicht aber für den Markt (Für wen neu?).

- Um eine **Produktinnovation** handelt es sich, wenn ein neues, vermarktungsfähiges Angebot am Markt eingeführt wird, um eine **Prozessinnovation** handelt es sich, wenn es sich um ein neues Verfahren in der oder für die Erstellung von Produkten handelt (Was ist neu?).

- Nach dem **Umfang** der Innovation handelt es sich um eine grundsätzliche Neuerung als **Elementarinnovation** oder um Detailveränderungen an Produkten bzw. Prozessen als **Inkrementalinnovation** (Wie neu?). Meist sind Letztere vorzufinden.

- Nach der **Herkunft** spricht man von einer **Potenzialinnovation**, wenn diese aus einer neuen Technologie entspringt, und von einer **Umsetzungsinnovation**,

wenn eine bereits bekannte Technologie auf ein neues Anwendungsgebiet übertragen wird (Worauf basiert?).

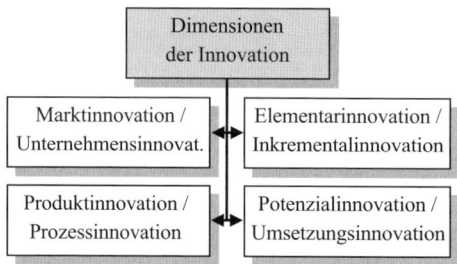

Bild 4.1 Dimensionen der Innovation

Was als Neuheit zu betrachten ist und was nicht, ist letztlich ein Messproblem und
abhängig davon, aus wessen Sicht man urteilt und welchen Anforderungsgrad
man dabei anlegt. Allgemeine Erfolgsindikatoren sind vor allem der relative, wahrgenommene Vorteil, den eine Innovation im Vergleich zu herkömmlichen Problemlösungen bietet, deren Kompatibilität mit den Wertvorstellungen, Erfahrungen und
Bedürfnissen potenzieller Nutzer, die Komplexitätsbeherrschung zum Verständnis
und Einsatz der Innovation sowie Möglichkeiten zum Test vor dem Kauf bzw. zur
Beobachtung der Neuerung bei anderen.

 Ihre Innovation sollte für potenzielle Kunden einen Nutzen bieten, den andere Angebote nicht bieten.

Innovationen haben nur dann eine Berechtigung am Markt, wenn sie einen wahrgenommenen Nutzenvorteil gegenüber bestehenden Lösungen bieten und zu gesellschaftlichen Wertvorstellungen kompatibel sind. Tatsächlich stellen aber die
meisten so behaupteten Innovationen nur marginale Verbesserungen dar, also
eher Produktmodifikationen oder -aufwertungen.

Die Innovation ist gegebenenfalls Ausgangspunkt für eine **Geschäftsidee**. Sie
kann von Außenstehenden entwickelt und übernommen werden, erfolgverspre-
chender ist es aber, wenn sie von Personen entwickelt wird, die Erfahrung in der
betreffenden Branche, im Wirtschaftsgebiet und in der Technologie haben. Insofern bietet es sich als potenzieller Gründer an, zunächst einige Jahre Berufserfahrung zu sammeln, um ein Beziehungsnetzwerk aufzubauen und zumindest die
gröbsten Fehler vermeiden zu können. Hilfreich ist es zudem, die Idee mit erfahre-
nen Managern zu diskutieren, die vielleicht den Advocatus Diaboli spielen. Außerdem braucht eine Geschäftsidee Zeit, um zu reifen. Man sollte an ihr arbeiten, sie
zwischendurch zur Seite legen und nach einiger Zeit wieder aufnehmen, um sie zu

überprüfen und zu verändern, so lange, bis sie vor dem eigenen kritischen Urteil Bestand hat. Meist besteht kein unmittelbarer Zeitdruck, und wichtig ist, dass man in der Regel nur einen einzigen Anlauf finanzieren und durchhalten kann. Dieser muss also passen. Erfolg versprechend ist eine Verfolgung in der Regel nur, wenn man sich vollständig auf die Geschäftsidee konzentriert und für sie brennt, um das Feuer in anderen entflammen zu können.

 Kunden können schon frühzeitig eingebunden werden. Mit deren Feedback können Sie Ihre Innovation schrittweise, inkrementell und iterativ weiterentwickeln bzw. verbessern (Ries 2012).

Für eine Innovation gibt es mehrere Wege der Annäherung. Dazu können **interne** Informationen, also solche, die dem potenziell Gründenden vorliegen oder verfügbar sind, ausgewertet werden. Zu denken ist etwa an Anregungen von Kolleginnen und Kollegen, Daten aus der Kostenrechnung/Nachkalkulation, Ergebnisse aus der Forschung und Entwicklung, Markt- und Konkurrenzstudien, Anregungen aus Blogs, Wikis, Chats etc. Darüber hinaus gibt es **externe** Informationen Dritter, die beschafft und ausgewertet werden müssen. Dabei handelt es sich um Quellen wie statistische Amtsdaten, Empfehlungen von Beratern, Daten aus kommerziellen Informationsdiensten, Kunden-/Lieferantenanregungen, Informationen über Konkurrenten, Patentauswertung, Crowdsourcing, Datenbankanalyse, Trendprognose etc.

Bei beiden Arten handelt es sich um **Desk Research**, also um die Sammlung, Sichtung und Schlussfolgerung bereits bestehender Daten und Fakten. Meist reicht dies schon vollständig aus. Aber selbst wenn die Auswertung zu keinem unmittelbar verwertbaren Ergebnis führt, ist es dennoch unerlässlich, diese Informationen zunächst zu prüfen, bevor man eigenständig Informationen sammelt.

Danach, oder wenn keine ausreichende Daten- und Faktenbasis gegeben ist, ist **Field Research** erforderlich, also die originäre Sammlung von Informationen. Dies kann im Wesentlichen auf zwei Arten erfolgen. Erstens durch Marktforschung im Wege mündlicher, fernmündlicher und schriftlicher Erhebungen bei geeigneten Zielpersonen. Die Erhebung erfolgt persönlich, computergestützt oder onlinebasiert. Zweitens durch Nutzung von Ideengenerierungsverfahren, welche die Schöpfung neuer Geschäftsideen unterstützen. Deren Bedeutung dürfte allerdings weithin überschätzt werden. Dennoch sei ein kurzer Blick darauf geworfen.

■ 4.2 Verfahren zur Ideenfindung von Neuerungen

Kreativität ist allgemein die menschliche Fähigkeit, Ideen hervorzubringen, die in ihren wesentlichen Merkmalen neu sind. Dies bedarf spezifischer Persönlichkeitseigenschaften. Allerdings gibt es zahlreiche Hindernisse für die Entfaltung dieser Kreativität. Dazu zählen vor allem Gewohnheiten, Expertentum (Denkblockade), Angst zu scheitern und vorschnelle Bewertung. Gerade in Organisationen gibt es vielfache „Killerphrasen" von selbstzufriedenen Verwaltern ihrer Posten. Nicht zuletzt deshalb wird immer häufiger eine Entrepreneur-Denkweise in Unternehmen (Intrapreneurship) gefordert, die Risikobewusstsein und das Zulassen von Kreativität bedingt. Das gilt gerade auch für Gründer.

Um die Ideenfindung zu forcieren, sind verschiedene Kreativitätstechniken einsetzbar. Bei den **intuitiv-lateralen** Verfahren handelt es sich z.B. um Brainstorming, Brainwriting, Synektik etc. Brainstorming ist eine spezielle Form der Gruppensitzung, in der durch ungehemmte Diskussion mit fantasievollen Einfällen kreative Leistungen erschaffen werden. Brainwriting arbeitet idealtypisch mit sechs Gruppenmitgliedern, die jeweils drei Lösungsvorschläge eines vordefinierten Problems innerhalb von fünf Minuten in ein Formblatt eintragen und dieses dann jeweils an ihren Nachbarn weiterreichen, der seinerseits drei neue Vorschläge hinzufügt, dies insgesamt fünfmal. Bei Synektik handelt es sich um die gesteuerte Verfremdung einer Problemstellung durch Bildung zielgerichteter natürlicher, persönlicher, symbolischer und direkter Analogieketten sowie deren erzwungenen Rückbezug auf das vordefinierte Ausgangsproblem.

Bei den **logisch-diskursiven** Verfahren handelt es sich z.B. um den Morphologischen Kasten oder die Funktionalanalyse. Im Morphologischen Kasten finden die Aufgliederung eines Problems hinsichtlich aller Parameter und die Suche nach Möglichkeiten, diese neuartig zu kombinieren, statt. Die Funktionalanalyse betrifft die Aufgliederung eines Problems in Einzelfunktionen und die Suche nach denkbaren alternativen Optionen für jede Funktionserfüllung.

Bei den **systematisch-adaptiven** Verfahren handelt es sich z.B. um Eigenschaftsliste, Fragenkatalog, Bionik, Crowdsourcing etc. Die Eigenschaftsliste geht von einer bekannten, bestehenden Problemlösung aus und listet deren wichtigste Eigenschaften auf. Diese werden dann schrittweise zur Leistungsverbesserung modifiziert. Der Fragenkatalog impliziert die gedankliche Modifikation eines Ausgangsproblems durch systematische Infragestellung der Eigenschaften bestehender Lösungen. Bionik strebt die Übertragung biologischer Systeme auf technische Anwendungen an, um zu überlegenen Problemlösungen zu gelangen. Und Crowdsourcing nutzt das „Wissen der Vielen„, um neue Ideen zu erschaffen (im Regelfall internetgestützt).

Gleich welche Kreativitätstechnik eingesetzt wird, es ist immer die Phase der Ideengenerierung von jener der Analyse und Bewertung der Ergebnisse zu trennen. Nur dann kann vorurteilsfrei (naiv) an die Lösung herangegangen werden. Die Auswertung erfolgt gemeinhin in zwei Phasen. Zunächst kommt es zu einer **Ideensichtung** (Screening), d. h., die vorliegenden Ideen werden einer ersten Analyse unterzogen. Offensichtlich nicht realisierbare Ideen werden dabei verworfen. Es besteht jedoch die Gefahr, dass gerade diese, auf den ersten Blick unrealistischen Ideen ein erhebliches Innovationspotenzial verbreiten und dadurch verloren gehen. Aus der Longlist der Ideen entsteht somit eine Shortlist der als potenzialstark eingeschätzten Ideen.

In einer zweiten Phase folgt dann die **Ideenbewertung** (Scoring). Dabei wird meist ein Anforderungskatalog (Checklist) zugrunde gelegt. Dieser besteht etwa aus Kriterien wie Investitionsbedarf, Marktfähigkeit, Konkurrenzvorteil, rechtliche Unbedenklichkeit etc. Jede der verbleibenden Ideen wird in Bezug darauf beurteilt und bewertet. Sofern es sich bei den Kriterien um quantitative handelt, kann die Punktvergabe unmittelbar erfolgen, sofern es sich um qualitative Kriterien handelt, müssen diese zunächst mittels einer Nutzwertanalyse in quantifizierbare umgerechnet werden. Die Kriterien können zudem gewichtet sein. Die Idee mit der höchsten Punktsumme wird dann zuerst für die Realisierung vorgesehen. Sofern diese Idee sich dabei als nicht realistisch herausstellt, wird die nächstplatzierte Idee weiterverfolgt. Dies so lange, bis der Ideenvorrat zur Neige geht. Dann sind weitere Ideen zu generieren. Die Idee, die Bestand hat, dient dann als Ausgangspunkt für eine Existenzgründung.

Vorausgesetzt, die technischen und wirtschaftlichen Überlegungen fallen im Übrigen positiv aus, muss anhand der Prognose entschieden werden, ob die Umsetzung stattfinden (Go) oder ob sie nicht stattfinden soll (Stop). Denkbar ist auch ein On-Entscheid, d. h., vor der Umsetzung sind noch Veränderungen vorzunehmen. Alles Weitere liegt dann im Schicksal des Marktes. Solange keine belastbare Idee vorliegt, macht ein Gründungsvorhaben keinen Sinn. Und selbst dann scheitern die bei Weitem meisten Gründungen, nur darüber wird in den Medien nicht berichtet, sondern nur über die praktisch extrem seltenen "Einhörner" (mit Unternehmensbewertung über 1 Mrd. US-$).

 Eine gute Idee ist Voraussetzung eines jeden Gründungsvorhabens!

■ 4.3 Wissen als vierter Produktionsfaktor

Im Zuge der Entwicklung von Unternehmen kommt dem Faktor Wissen zentraler Stellenwert zu. Insofern hat sich neben dem marktorientierten (Outside-in-) und dem ressourcenorientierten (Inside-out-)Ansatz der wissensorientierte Ansatz (Knowledge-based View) in der BWL etabliert.

Das Wissensmanagement beabsichtigt, das im Unternehmen explizit, in Dateien dokumentierte, oder implizit, individuell und kollektiv bei Personen, vorhandene Wissen zu sammeln, zu strukturieren, auszuwerten und weiterzuentwickeln. Wissen ist allgemein vernetzte Information, Träger von Wissen sind nur Menschen, Träger von Informationen hingegen können auch beliebige Speichermedien sein. Im Einzelnen können dabei folgende Stufen unterschieden werden:

- Die Wissensidentifikation bestimmt den Bedarf an relevanten Informationen zur Lösung einer Aufgabe.
- Die Wissenssammlung schafft Transparenz über bei Gründern bereits vorhandenes Wissen aus verteilten Quellen.
- Die Wissensstrukturierung organisiert dieses Wissen und identifiziert Potenziale, aber auch verbleibende Lücken.
- Die Wissensentwicklung erfolgt durch Anreicherung und Erweiterung des Wissensstands dort, wo er schwach ist.
- Die Wissensbewertung qualifiziert zukünftige Wissensbedarfe, um Erfolgspotenziale nutzen zu können.
- Die Wissensauswertung betrifft die produktive Nutzung des Bestands an organisationalem Wissen.
- Die Wissensteilung erfolgt innerhalb des Unternehmens zur Verbesserung der Transparenz über den Wissensstand.
- Die Wissensbewahrung soll vorhandenes Wissen unabhängig von Personen für die Organisation konservieren.

Darüber hinaus ist die stete Anreicherung des Wissens aus externen, personalen oder materiellen Quellen unerlässlich, um wettbewerbsfähig zu bleiben. Aus diesem Wissen können die so entscheidenden Kernkompetenzen und Konkurrenzvorteile entwickelt werden. Dazu ist eine leistungsfähige IuK-Technologie erforderlich, die durch die Merkmale Kollaboration zur Verknüpfung, Aggregation zur Fokussierung und intelligente Suche zur Wiederauffindung (Retrieval) von Wissen gekennzeichnet ist. Zunehmend werden auch Wissensgemeinschaften etabliert (verteilte Systeme/Wikis), die als Plattformen für das Wissen der Vielen dienen, das durch Interaktion stetig vorangetrieben wird. Sie können zur Orientierung dienen.

Wissen ist Macht! Achten Sie von Beginn an auf ein leistungsfähiges Wissensmanagement.
Im Zuge der zunehmenden Digitalisierung sollten Sie mit „Big Data" umgehen und diese für sich nutzen können.

Das beständig anwachsende Wissen drückt sich in technischem Fortschritt aus. Dabei gibt es mit zunehmender Gegenwartsnähe und sinkendem Wettbewerbsvorteil Zukunftstechnologien (fern), Schrittmachertechnologien (angestrebt), Schlüsseltechnologien (erreichbar) und Basistechnologien (nah).

Die Halbwertszeit des Wissens schwindet dabei, d.h. die Zeitspanne, innerhalb derer die Hälfte des vormals vorhandenen Wissens nicht mehr dem aktuellen Stand der Technik (State of the Art) entspricht. Zugleich wird der Aufwand zur Generierung neuen Wissens immer höher, sodass sich für Unternehmen ein Dilemma ergibt. Sie müssen immer mehr Ressourcen zur Schaffung von Neuerungen aufwenden, haben aber zugleich immer weniger Zeit, diesen Aufwand am Markt noch zurückzuverdienen. Im Gegenteil, der frühzeitige Umstieg auf die jeweils neueste Technik ist für alle Marktteilnehmer sinnvoll, da damit weitaus höhere Leistungspotenziale aktiviert werden können als durch das Ausreizen alter Techniken (Substitutionszeitkurve/McKinsey & Company).

4.4 Sicherung Gewerblicher Schutzrechte

Um von Neuerungen zu profitieren, müssen diese für Gründer geschützt werden, dazu dienen Gewerbliche Schutzrechte. Sie sollen aus marktwirtschaftlicher Sicht eine optimale Abfolge von Vorstoß und Verfolgung im technischen Fortschritt gewährleisten. Der Wettbewerb wird dabei als Prozess schöpferischer Zerstörung verstanden (Schumpeter), bei dem Innovatoren vorpreschen, um sich Marktvorsprünge zu verschaffen, und Nachahmer nachziehen, um die entstandene Lücke zu schließen (Challenge and Response). Innovatoren sind aber nur bereit, die mit dem Vorstoß untrennbar verbundenen Risiken einzugehen, wenn diesen dazu überproportionale Vorteile gegenüberstehen. Ist dies nicht absehbar, etwa weil Nachahmer unter Vermeidung solcher Risiken das gleiche Angebot schnell und durch Aufwandsreduktion und Risikoprämienverzicht preisgünstiger verfügbar machen können, wird ihr Vorstoß unterbleiben und der Fortschritt stockt. Insofern besteht ein gesellschaftliches Interesse daran, dem Innovator einen wirksamen Schutz vor Nachahmern zu gewähren. Allerdings darf dies nicht zu dauerhaft monopolartigen Stellungen führen, welche die Nachfrageseite übervorteilen.

Daher darf die Zeitspanne zwischen Vorstoß und Verfolgung weder zu kurz noch zu lang sein. Zu kurz bedeutet die Unterlassung des Eingehens von Innovationsrisiken, zu lang bedeutet die Gefahr des Ausnutzens einer marktbeherrschenden Stellung. Als Regulativ dafür fungieren Gewerbliche Schutzrechte. Diese schaffen temporäre Monopole, die sich nach einer definierten Zeit zu Isopolen auflösen. Ein Optimum wird im Konzept des funktionsfähigen Wettbewerbs bei weiten Oligopolen gesehen, die bei hinreichend offenem Marktzutritt leistungsfähigen technischen Fortschritt erzeugen.

Bei den Gewerblichen Schutzrechten handelt es sich um Patente in Bezug auf technische Produkt- und Prozessneuerungen, um Gebrauchsmuster in Bezug auf funktionale Produktneuerungen und um Geschmacksmuster in Bezug auf ästhetische Produkteigenschaften. Ergänzend kommen weitere Schutzrechte hinzu, vor allem der Markenschutz und der Urheberschutz.

Gewerbliche Schutzrechte erfordern eine bewusste Planung, Organisation, Umsetzung und Kontrolle der eigenen Schutzrechtsnutzung. Sie basieren auf der Analyse bereits bestehender Schutzrechte, der Anmeldung neuer Schutzrechte sowie der Freigabe oder Geheimhaltung von Wissen bzw. dem Angriff auf fremde Schutzrechte, etwa durch Einspruch oder Nichtigkeitsklage. Gewerbliche Schutzrechte sind immaterielle Vermögenswerte, die ge- und verkauft sowie ein- und auslizenziert werden können. Die Auswahl des Schutzrechts und dessen Anmeldung stehen jedem „Erfinder" nach Umfang (z. B. Umgehungserfindungen), Gebiet (z. B. ausländische Märkte) und Zeit (z. B. Hinweis auf erfolgte Anmeldung) frei.

Eigene Erfindungen müssen stetig hinsichtlich der Verletzung fremder Schutzrechte überprüft werden, ebenso fremde Erfindungen hinsichtlich der Verletzung eigener Schutzrechte. Außerdem muss eine ungewollte Wissensproliferation verhindert werden, etwa durch Zugangskontrolle im Betrieb, produktionstechnische Einbettung, Selbstzerstörung bei Manipulation etc. Idealerweise kann mit der Veröffentlichung ein Normungsvorhaben (Zulassungs-, Sicherheits-, Konformitätszeichen) angestoßen werden (De-jure-Norm) (siehe Bild 4.2).

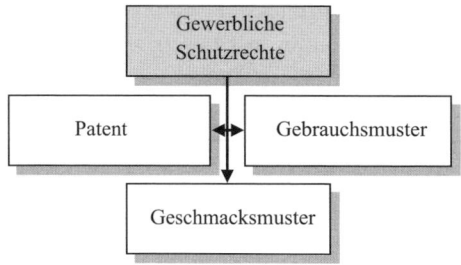

Bild 4.2 Arten Gewerblicher Schutzrechte

Das **Patent** ist das bei Weitem wichtigste Gewerbliche Schutzrecht. Es wird vom DPMA nach Anmeldung und Prüfung der sachlichen Voraussetzungen erteilt. Als Patent können technische Erfindungen geschützt werden, die neu sind, d. h. nicht zum aktuellen Stand der Technik gehören, auf einer erfinderischen Tätigkeit beruhen, d. h. sich nicht für einen Experten in naheliegender Weise bereits ergeben, und gewerblich anwendbar sind, d. h. kommerziell genutzt werden können. Die Erfindungshöhe ergibt sich aus einem deutlichen Abstand zum derzeitigen Stand der Technik. Erfinder können nur natürliche Personen sein.

 Das Deutsche Patent- und Markenamt (DPMA) ist das Kompetenzzentrum für alle Gewerblichen Schutzrechte des geistigen Eigentums (Patente, Gebrauchs- und Geschmacksmuster, Marken): www.dpma.de.

Wird eine Erfindung während eines Arbeitsverhältnisses gemacht und beruht maßgeblich auf der dabei ausgeübten Tätigkeit und den betrieblichen Erfahrungen, gilt sie in der Regel als Diensterfindung, gehört also dem Arbeitgeber. Der Arbeitnehmer hat aber einen Anspruch auf Anmeldung und Vergütung.

Die Patenterteilung bedeutet eine ausschließliche, zeitlich auf 20 Jahre begrenzte Befugnis, eine Erfindung allein zu nutzen und jeden Dritten ohne Zustimmung des Halters von der Nutzung auszuschließen (z. B. Herstellung, Verkauf, Inverkehrbringung, Anwendung, Import, Besitz). Gegenstand der Erfindung sind Vorrichtungen, unbewegliche Sachen, elektrische Schaltungen, Verfahren/Prozesse, neue Einsatzmöglichkeiten etc.

Die Anmeldung erfordert eine spezifizierte und visualisierte Beschreibung des Schutzgegenstands. Das DPMA prüft den Antrag formell und materiell. Bei Erfolg findet die Offenlegung des Patentinhalts statt. Binnen drei Monaten danach kann das Patent angegriffen werden. Während der Patentdauer sind jährlich steigende, absolut aber geringe Gebühren zu entrichten. Über Patentveröffentlichungen informieren spezialisierte Datenbanken (wie DEPATISnet, Espacenet, United States Patent and Trademark Office/USPTO, Delphion etc.).

Da das Prüfungsverfahren länger dauert (ca. eineinhalb Jahre), kann die Anmeldung durch ein ®-Zeichen in Unterlagen kenntlich gemacht werden, sodass etwaigen Nachahmern bekannt ist, dass sie rückwirkend gegen den Patentschutz verstoßen und unterlassungs-, entschädigungs- und schadensersatzpflichtig gemacht werden können. Gegebenenfalls ist auch Strafverfolgung möglich. Bei raschem technischem Fortschritt ist zu prüfen, ob auf eine Anmeldung verzichtet wird und die Nutzung ohne Schutz erfolgt. So kann bei Geheimhaltung eine Patentauswertung durch Konkurrenten verhindert werden. Häufig liegt die Motivation zum Unternehmenskauf durch Dritte darin, damit auch Eigner von diesem zugehörigen, patentierten Wissen zu werden.

Der **Gebrauchsmusterschutz** wird auch als „kleines Patent" bezeichnet. Damit können technische Erfindungen geschützt werden, die neu sind, auf einem erfinderischen Schritt beruhen und gewerblich anwendbar sind. Die Anforderung der erfinderischen Überhöhung entfällt jedoch, sodass auch kleinere Erfindungen schützbar sind, sofern diese nicht nur auf handwerklichem Geschick beruhen. Diese Kriterien werden vom DPMA nur formell geprüft und führen dann zum unmittelbaren Eintrag. Erst bei einem Löschungsantrag durch Dritte aufgrund der Veröffentlichung werden die materiellen Voraussetzungen eingehend geprüft, sofern der Schutzrechtshalter Widerspruch gegen die Löschung einlegt.

Für das Gebrauchsmuster fallen jährliche, geringe Gebühren an, seine Laufzeit ist auf maximal zehn Jahre begrenzt. Schützbar sind mobile Arbeitsgeräte, Gebrauchsgegenstände, Produktfunktionen, Verpackungsfunktionen etc. Nicht schützbar sind hingegen technische Verfahren, chemische Stoffe, Nahrungs-, Genuss- und Arzneimittel, elektrische Schaltungen, unbewegliche Sachen etc.

In der Praxis werden häufig Gebrauchsmuster und Patent parallel angemeldet. Während der Dauer des Patenterteilungsverfahrens ist die Erfindung dann zumindest bereits nach dem schwächeren Schutzrecht abgesichert. Die Anmeldung erfolgt durch Beschreibung, Modell oder Ähnlichem. Bei Erteilung folgt daraus das Recht auf Ausschluss Dritter von der Erfindung und Verhinderung des Zuwiderhandelns. Die Veröffentlichung erfolgt binnen sechs Monaten.

Das **Geschmacksmuster** bezieht sich auf der Augenwahrnehmung zugängliche Farb- und Formgebungen eigentümlicher, zwei- und dreidimensionaler, gewerblich verwertbarer Gegenstände, die grundsätzlich nachbildbar und zum Zeitpunkt der Anmeldung neu sind. Diese dürfen in Fachkreisen weder bekannt sein noch naheliegen. Das eingereichte Foto/Muster/Modell muss über den bekannten geschmacklichen Standard und handwerklich durchschnittliche Gestaltungen hinausgehen, ohne dabei allerdings den Rang eines Kunstwerks zu erreichen. Bei der Anmeldung werden nur die formellen Voraussetzungen geprüft, die materiellen (gewerbliche Verwertbarkeit, Eigentümlichkeit), außer der Neuheit, werden erst im Streitfall geprüft.

Für das Geschmacksmuster sind jährlich steigende, absolut aber geringe Beträge zu entrichten. Daraus ergibt sich das Recht zur alleinigen Nutzung und zum Ausschluss Dritter von der Nachbildung, bei Zuwiderhandeln entstehen weitreichende Rechtsansprüche.

Eine **Lizenz** ist die vertragliche Befugnis des Lizenznehmers (natürliche/juristische Person), Schutzrechte und anderweitig ungeschütztes Know-how des Lizenzgebers gewerblich zu nutzen. Die Vergütung erfolgt als Pauschalgebühr (Lump Sum), als umsatz-/absatzabhängige Zahlungen (Royalties), als einmalige Zugangsgebühr (Down Payment) oder in Kombinationen daraus. Die Lizenz kann nicht ausschließlich, also einfach, oder ausschließlich zur alleinigen Nutzung angelegt sein.

Inhalt der Lizenz können die Herstellung von Produkten und deren Vertrieb, Herstellung, Vertrieb und Know-how-Überlassung sowie die zusätzliche Unterstützungsleistung (Franchise) sein. Die Lizenz kann außerdem zeitlich und/oder räumlich beschränkt sein. Lizenznehmer dürfen gegebenenfalls ihrerseits Unterlizenzen vergeben. Das Unternehmen kann als Lizenzgeber (Licensor) oder Lizenznehmer (Licensee) fungieren.

Ebenso ist zu überlegen, eine Erfindung zu verkaufen (Sell), statt sie selber zu verfolgen (Keep). Dies ist bei hohen Markteintrittsschranken, wie sie verbreitet gegeben sind, eine kluge Wahl. Auf diese Weise haben Großunternehmen häufig einen uneinholbaren Vorteil gegenüber „Einzelkämpfern". Dabei erfolgt also ein **Eigentumsübergang**. Ebenso kann eine Erfindung auch gekauft werden, statt sie selber initiieren zu wollen. Dies verschafft einen hohen Geschwindigkeitsvorteil bei der Umsetzung. Dagegen sind der Kaufpreis bzw. Zins- und Tilgungszahlungen bei Kredit zu rechnen.

 Das Finden einer innovativen Geschäftsidee ist nicht zwangsläufige Voraussetzung für eine Existenzgründung. Vielfach ist die verbessernde Nachahmung einer bereits bestehenden Geschäftsidee die sicherere und ertragreichere Basis.

■ 4.5 Exkurs: Beispiele für Geschäftsfelder

An zwei Beispielen werden im Folgenden Entscheidungsfelder für Geschäftsideen dargestellt. Es handelt sich erstens um die Geschäftsbasis Internet und zweitens um die Geschäftsbasis Dienstleistung.

4.5.1 Beispiel Internetgeschäft

Um mit Online-Angeboten erfolgreich zu sein, wie dies häufig bei Existenzgründungen angeführt wird, ist die Berücksichtigung einer Reihe von Besonderheiten im Internetgeschäft erforderlich.

Ein **Online-Produktangebot** ist vor allem durch folgende Merkmale gekennzeichnet. Es unterliegt Netzwerkeffekten, d. h., der Wert einer Leistung steigt mit deren Verbreitungsgrad im Markt. Dies basiert auf positiven Netzwerkeffekten, im Gegensatz zu traditionellen, negativen Netzwerkeffekten, bei denen der Wert einer Leistung mit deren Seltenheitsgrad ansteigt. Diese Netzwerkeffekte können direkt, also unmittelbar aus der Installation, oder indirekt, also erst aus der Verbindung mit Komplementärgütern, entstehen.

Das Produktangebot weist Lock-in-Effekte auf, d.h., es gibt eine steigende Systembindung bei Interaktion mit einem Anbieter, deren Überwindung oft erhebliche Systemwechselkosten und untergehende Beiträge bedingt. Dadurch ist die Gebundenheit an einen einmal gewählten Anbieter hoch. Weitere Barrieren entstehen aus wirtschaftlichen, rechtlichen oder institutionellen Gründen. Hinzu kommt im Zweifel eine hohe Spezifität, die eine Rücknahme oder Übertragbarkeit der Leistung erschwert.

Es weist Skaleneffekte auf, d.h., die Stückkosten sinken mit steigender Menge erheblich bzw. die erste Leistungseinheit trägt die vollen Kosten der Entwicklung und Umsetzung, danach entstehen einem Anbieter nur kaum mehr spürbare weitere Kosten für die Folgeeinheiten (horizontale Skalierbarkeit). Außerdem besteht auch eine vertikale Skalierbarkeit durch Versioning, d.h. vielfache Kombination von Produkten und Preisen zu immer weiter differenzierten Angeboten.

Das Produktangebot basiert auf Risikoreduktion, d.h., aufgrund der Immaterialität virtueller Angebote entsteht nachfragerseitig ein hohes Risikoempfinden, das durch absichernde Maßnahmen des Anbieters erst wirksam zu reduzieren gesucht werden muss, bevor Bereitschaft zur Transaktion besteht. Daher ist nachfragerseitiges Vertrauen von hoher Bedeutung. Zumal die Herkunft der Produkte nur unvollkommen recherchierbar ist (Fakes) und Schadwirkungen häufig völlig unerkannt bleiben.

Es handelt sich weitgehend um Vertrauensgüter (Credence Goods), deren Leistung im Vorhinein kaum zu beurteilen ist. Daher ist die Reputation des Anbieters/der Marke bedeutsam. Diese ergibt sich im Internet dominant durch Nutzerbewertungen. Allerdings sind diese häufig unvollständig und mangelbehaftet oder fehlen ganz, die Kompetenz der Bewerter ist unklar, und diese können Identitätswechsel vornehmen bzw. Scheinidentitäten annehmen. Zu Verzerrungen kommt es auch durch unzweckmäßige Aggregierung von Urteilen.

Das Produktangebot ist nicht oder im Zweifel nur schwer schützbar. Insofern ist ein rascher Rollout entscheidend. Wem es gelingt, mit seinem Angebot einen De-facto-Standard zu etablieren oder „Top of Mind" zu sein, hat die besten Erfolgschancen. Dazu sind mehrkanalige Kommunikations- und Distributionswege erforderlich sowie das Eingehen hoher Risiken, indem Einnahmeüberschüsse reinvestiert bzw. wiederholt Fremdkapitalmittel investiert werden (Finanzierungsrunden) und der Break-even dadurch in mehr oder minder weite Ferne rückt (oftmals auch gar nicht erreicht wird).

Die **Online-Preisbildung** erfolgt statisch (Katalogpreis) mit Optionsfixierung oder häufig dynamisch mit Bildung von Preisen erst aus der Interaktion (Bietung) von

Anbieter und Nachfrager heraus. Die Bietformen können im Einzelnen nach der Bietseite und der Preisoffenlegung unterschieden werden.

Bei der Lizitation unterbieten sich mehrere Anbieter gegenseitig einem Nachfrager gegenüber im Preis, zu dem sie bereit sind, eine Leistung für ihn zu erbringen. Dabei sind die jeweiligen Preisgebote für alle Teilnehmer sichtbar. Voraussetzung dafür ist ein einheitliches Pflichtenheft, sodass die Leistungen über den Preis unmittelbar vergleichbar sind.

Bei der Ausschreibung (Submission) geben mehrere Anbieter ein befristetes Preisgebot gegenüber einem Nachfrager ab, zu dem sie sich verpflichten, eine Leistung für ihn zu erbringen. Die jeweiligen Preisgebote sind dabei für die anderen Teilnehmer nicht sichtbar. Auch hierbei ist eine Gleichnamigmachung der Leistungen erforderlich. Ausschreibungen sind bei öffentlichen Aufträgen regelmäßig verpflichtend und werden auch im privaten Sektor breit angewendet (Triple Pitch).

Bei der Versteigerung (English Auction) überbieten sich mehrere Nachfrager gegenseitig einem Anbieter gegenüber im Preis, den sie bereit sind, für seine Leistung zu bezahlen. Dabei sind die jeweiligen Preisgebote für alle Teilnehmer sichtbar. Wichtig ist, ob es sich bei diesen Leistungen um Unikate handelt, sodass deren genaue Prüfung erforderlich ist, oder um fungible Produkte, sodass eine aussagefähige Beschreibung oder ein Muster zur Beurteilung ausreichen.

Bei der Einschreibung geben mehrere Nachfrager ein befristetes Preisgebot gegenüber einem Anbieter ab, zu dem sie sich verpflichten, dessen Leistung zu bezahlen. Die jeweiligen Preisgebote sind dabei für die anderen Teilnehmer nicht sichtbar. Auch hierbei ist die Beurteilbarkeit der Leistung entscheidend. Fraglich ist, ob ein einmal abgegebenes Gebot gegen ein besseres getauscht werden kann (z. B. eBay) und ob die Bieter identifizierbar sind oder pseudonymisiert.

Weitere Bietformen sind Zweithöchstpreisauktionen (Vickrey Auction) mit Zuschlag für den Höchstbietenden zum Preis des Nächsthöchstbietenden, holländische Auktionen (Dutch Auctions) mit kontinuierlich fallendem Preis, amerikanische Auktionen mit Einzahlung nur des Bietinkrements (der Kaufpreis kommt daher über mehrere Bieter kumuliert zustande), japanische Auktionen mit festen Bietinkrementen sukzessiv aufsteigend (häufig anzutreffen) oder auch absteigend.

Erlöse ergeben sich im Online-Markt aber nicht nur aus Preisen für Sach- und Dienstleistungen, sondern auch durch subsidiäre Einnahmeformen. Diese können nach direktem oder nur indirektem Angebotsbezug sowie nach Abhängigkeit oder Unabhängigkeit von einer Transaktion wie folgt unterschieden werden:

- **Direkte, transaktionsabhängige** Erlöse entstehen aus Nebenleistungen bzw. für die Ermöglichung des Abschlusses (z. B. Bietgebühr). Die Erlöse weisen unmittelbaren Bezug zum Angebot auf und sind damit variabel.

- **Direkte, transaktionsunabhängige** Erlöse entstehen für die Teilnahmemöglichkeit an Abschlüssen (z. B. fester Preisbestandteil bei Preisbaukästen). Die Erlöse weisen unmittelbaren Bezug zum Angebot auf und sind zumindest zum Teil fix.
- **Indirekte, transaktionsabhängige** Erlöse entstehen für Vorleistungen zur Ermöglichung des Abschlusses (z. B. Upgrade-Leistung). Die Erlöse weisen keinen Bezug zum Angebot auf und sind zum Teil variabel.
- **Indirekte, transaktionsunabhängige** Erlöse entstehen für die Datennutzung aus angebahnten Abschlüssen (z. B. Anmeldegebühr). Die Erlöse weisen keinen Bezug zum Angebot auf und sind zumindest zum Teil fix.

Bei der **Online-Werbung** handelt es sich bei den Mediaträgern um das traditionelle, uni- bzw. bidirektionale Web 1.0 und das moderne, multidirektionale Web 2.0, bei der Mediaherkunft um eigene/owned (Kanäle), bezahlte fremde/paid (Medien) und unbezahlte fremde/earned Quellen (Netzwerke). Daraus lassen sich fünf Kombinationen darstellen:

- eigene Medien im Web 1.0 wie vor allem Corporate Website, E-Mail/Newsletter,
- eigene Medien im Web 2.0 wie vor allem Social-Media-Fanpage, YouTube-Kanal, Twitter-Account, Corporate Weblog,
- bezahlte fremde Medien im Web 1.0 wie Suchmaschinenwerbung, Displaywerbung, Messaging,
- bezahlte fremde Medien im Web 2.0 wie Web-Sponsoring, Native Advertising/PR, Affiliation,
- unbezahlte fremde Medien im Web 2.0 wie Social-Media-Fans/Followers, positive Produktbewertungen/Empfehlungen, positive Nutzerbeiträge/Influencer, Backlinks.

Bei der Corporate Website stehen die Funktionalitäten (Domainname, interaktive Elemente, Gestaltung etc.) im Vordergrund. Wichtig ist die einwandfreie Nutzerführung auf der Website. Bei der Displaywerbung, die häufig zur (Teil-)Finanzierung eingesetzt wird, gibt es verschiedene Arten von Bannern:

- einfache, in die Webseite integrierte Arten wie statische Banner, rechteckig als Halfsize Banner, Full Banner, Super Banner, scrollbar (Scroll Ads) oder nicht scrollbar (Skyscrapers), L-förmig wie Hockey Sticks, mittig auf der Seite (Midpage Banner) etc.,
- elaborierte, in die Webseite integrierte Arten wie animierte Banner, HTML-Banner, Nanosite Banner, Rich Media Banner, Microsites, Transactive Banner (mit Transaktionsmöglichkeit) etc.,
- sich neu öffnende Browserfenster mit Werbung wie Pop-up Ads, Blow-up Ads, Interstitials (müssen weggeklickt werden), Superstitials, Streaming Ads etc.,
- neue Darstellungsebenen für die Werbung wie Floating Ads (schwebend), Expanding Ads (bei Überfahren mit Cursor), Mouse Move Ads (bewegen sich mit dem

Mauszeiger), Comet Cursors, Sticky Ads (optisch fix), Pop-under Ads, Tandem Ads etc.

Die Erfolgsmessung erfolgt jeweils werbeträgerbezogen in Bezug auf die Webseite, werbemittelbezogen in Bezug auf Werbebanner und/oder nutzerbezogen in Bezug auf Website User. Letzteres wird intensiv unterstützt durch verschiedene Formen des Targetings zur zielgruppengenauen Auswahl der Auslieferung der Werbemittel.

Bei der Suchmaschinenoptimierung (SEO) geht es um eine möglichst gute (hohe) Platzierung der eigenen Einträge in den organischen Ranglisten. Dazu können die Webseiten gemäß vermuteter Rankingkriterien gestaltet werden. Dies erfolgt sowohl im sichtbaren wie im unsichtbaren Teil der Webseiten. Bei der Suchmaschinenwerbung (SEA) geht es um die bezahlte Platzierung bei Eingabe relevanter Suchbegriffe. Dabei gilt, je beliebter ein Suchbegriff, desto teurer die Platzierung. Die Abrechnung erfolgt meist mit einem vorab definierten Budget bei Aufruf, so lange, bis dieses Budget erschöpft ist.

Bei den **Web-1.0**-Inhalten lassen sich im Einzelnen fünf Formen unterscheiden:

- Unternehmenspräsentation und -werbung an ein disperses Publikum,
- Unternehmenspräsentation und -werbung an ein selektiertes Publikum,
- unbezahlte (SEO) und/oder bezahlte Einträge (SEA) in Suchmaschinen,
- unbezahlte (Tausch) und/oder bezahlte Werbung (Kauf) auf fremden Webseiten, teils automatisch programmiert (Affiliation),
- Push-Inhalte für Abonnenten, z.B. RSS-Feed, Location Based Service, Instant Messaging.

Bei den **Web-2.0**-Inhalten lassen sich im Einzelnen fünf Formen unterscheiden:

- Netzwerkplattformen zur Selbstpräsentation der Nutzer in offenen oder geschlossenen Nutzergruppen (Social Networks),
- elektronische Tagebücher zur eigenständigen Veröffentlichung von subjektiv als relevant angesehenen Informationen (Weblogs),
- Mediaplattformen für die gegenseitige Teilung von Audio-, Video-, Foto- und Dokumenteninhalten (Mediasharing),
- Kommunikationsforen zum asychronen Austausch von (Halb-)Wissen zwischen Nutzern (Communities/Newsgroups),
- Wissensaggregatoren zur Sammlung, Ordnung und Darstellung verteilten Wissens zu spezifischen Inhalten, auch als Vergleichs-/Bewertungsportale, Bookmarks etc.

Im Rahmen der **Online-Distribution** des eigenen Angebots sind Marktveranstaltungen zentral. Diese finden frei oder organisiert statt. Freie Formen, die jedoch eine geringere Bedeutung haben, sind

- Online-Messen als fremdinitiierte Veranstaltungen zum Matching von Verkaufs- und Kaufinteressenten,
- Online-Märkte als informelle Veranstaltungen zum Verkauf oder Kauf.

Organisierte Formen, denen eine höhere Bedeutung zukommt, werden als virtuelle Marktplätze geführt. Diese lassen sich nach verschiedenen Kriterien einteilen:

- Nach den **Produktgruppen und Branchen**, die dort distribuiert werden, gibt es horizontale Marktplätze (eine Produktgruppe/mehrere Branchen), vertikale (eine Branche/mehrere Produktgruppen), laterale (sowohl mehrere Produktgruppen als auch Branchen) sowie fokussierte (jeweils nur eine Produktgruppe und Branche).
- Nach dem **Betrieb** des Marktplatzes kann dieser von potenziellen Anbietern (1: N), von potenziellen Nachfragern (N: 1/praktisch am häufigsten), von Maklern (Absatzhelfer) oder Mittlern (Händler) vorgenommen werden.
- Nach dem **Zugang** zum Marktplatz kann dieser offen (freier Zugang), nach Anmeldung (registrierter Zugang), geschlossen (Zugang nur nach Zulassung) oder sogar geheim sein (Zugang nur auf Einladung des Marktpartners).
- Nach der **Zeitdauer** des Betriebs kann der Marktplatz einmalig, fallweise sich wiederholend, regelmäßig sich wiederholend oder dauerhaft eingerichtet stattfinden.

Aus der Kombination dieser Formen entstehen praktische virtuelle Marktplätze, denen vor allem im B-to-B-Geschäft enorme Bedeutung zukommt. Online-Transaktionen erfolgen dabei in verschiedenen Geschäftsmodellen wie folgt:

- E-Sales bedeutet den Absatz von Sach- oder Dienstleistungen über das Internet durch Disintermediation traditioneller Absatzstufen.
- E-Sourcing bedeutet den, oft kooperativen Einkauf von Sach- oder Dienstleistungen über das Internet.
- E-Social Commerce bedeutet die Nutzung Sozialer Medien für Transaktionen, meist mobil („Mobile First").
- E-Coordination betrifft die informationelle Unterstützung in Form von Netzen, Plattformen, Technologien etc.
- E-Content bedeutet die Bereitstellung von Inhaltsinformationen für Wissen oder Unterhaltung.
- E-Context betrifft leistungsergänzende Dienste zur Förderung von Transaktion und Nutzerfreundlichkeit, vor allem durch Suchmaschinen und Internetzugang.

Zunehmend erfolgt die Online-Nutzung mithilfe der Mobilkommunikation, also über Telefonnetze auf tragbare Telekommunikationsendgeräte. Dies ermöglicht die Lokalisierbarkeit der Nutzer über GPS/Cell, die Interaktivität und Aktualität der Inhalte (Realtime), die Multifunktionalität durch Nutzung verschiedener Dienste, die Individualisierung der Botschaft über Personalisierung und die jederzeitige Erreichbarkeit (24/7).

4.5.2 Beispiel Dienstleistung

Aus aktueller Sicht sind Dienstleistungen marktfähige Verrichtungen und Leistungsbereitschaften am externen Faktor (Kunde). Sie resultieren kumulativ aus der Bereitstellung interner Leistungspotenziale, der Durchführung kundenintegrierender Leistungsprozesse und dem Angebot immaterieller Leistungsergebnisse. Ihre Logistik, Kapazitätssteuerung und Standardisierung sind eingeschränkt.

Aus der **Intangibilität** (Nichtanfassbarkeit) **des Ergebnisses** folgt der weit überwiegende Vertrauensgutcharakter von Dienstleistungen. Sie werden zudem zuerst verkauft und dann erst produziert. Im Unterschied zu Sachleistungen, die immer zuerst produziert und dann erst verkauft werden. Das bedeutet aber, dass Nachfrager bei Dienstleistungen ein Geldopfer für etwas erbringen müssen, von dem sie zu diesem Zeitpunkt noch nicht wissen, was genau es ist.

Aus der Intangibilität folgen auch die grundsätzliche Nichtlagerfähigkeit von Dienstleistungen und ihre grundsätzliche Nichttransportfähigkeit. **Nichtlagerfähigkeit** bedeutet, dass Dienstleistungen (im Weiteren gilt: außer in digitaler Form) nicht im Voraus produziert und dann bis zum Verkauf zwischengelagert werden können, denn der Verkauf findet vor der Produktion statt. Daher sind die Kapazitäten der zu erwartenden Nachfrage anzupassen oder es ist zu versuchen, die Nachfrage den bereitgestellten Kapazitäten anzupassen. Bei zu knapp bemessenen Kapazitäten entstehen dann Wartezeiten für Kunden, die bei diesen als Unzufriedenheitsstifter wirken. Und bei zu großzügig bemessenen Kapazitäten entstehen Pausenzeiten der personalen und maschinellen internen Produktionsfaktoren mit der Folge von Ineffizienz. Eine flexible Anpassung der Kapazitäten wird durch soziale Restriktionen in Bezug auf den personalen Faktor und technische Restriktionen in Bezug auf den maschinellen Faktor eng begrenzt. Insofern bleibt häufig nur eine stete Leistungsvorhaltung in der Hoffnung auf Verständnis bei Kunden einerseits bzw. andererseits Verteilarbeiten in Produktion und Administration.

Durch die grundsätzliche **Nichttransportfähigkeit** von Dienstleistungen müssen Anbieter und Nachfrager zeitgleich und raumgleich (uno actu) zusammenkommen, damit eine Wertschöpfung möglich ist. Dafür bestehen im Grundsatz drei Möglichkeiten. Erstens kann der externe Faktor sich an den Ort der internen Produktionsfaktoren begeben. Die Leistungserstellung erfolgt dann im Residenzprinzip (z. B. Besuch in der Arztpraxis). Zweitens können sich die internen Produktionsfaktoren an den Ort des externen Faktors begeben. Die Leistungserstellung erfolgt dann im Domizilprinzip (z. B. Arztbesuch zu Hause). Und drittens können sich interne Produktionsfaktoren und externer Faktor an einem gemeinsamen dritten Ort einfinden, um dort die Leistungserstellung zu vollziehen (Treffprinzip). Wenn die internen Faktoren nicht transportabel sind, muss die Dienstleistung an deren Ort stattfinden (z. B. Kfz-Werkstatt). Wenn der externe Faktor nicht transportabel ist, muss die Dienstleistung an dessen Ort stattfinden (z. B. Rasenpflege durch Gärtner). Wenn beide Faktoren nicht transportabel sind, kann eine Dienstleistung nicht stattfinden, es sei denn, es gelingt, sie zu veredeln.

Eine **Veredelung** von Dienstleistungen bedeutet den Versuch zur Überwindung der Nichtlagerfähigkeit und/oder der Nichttransportfähigkeit. Dies gelingt durch Speicherung der Leistung auf Medien sowie durch Übertragung der Leistung in Netzen. Eine Speicherung erlaubt die Überbrückung der zeitlichen Diskrepanz zwischen dem Zeitpunkt der Leistungserbringung und dem Zeitpunkt des Leistungsverbrauchs. Dies erfolgt etwa durch Datenträger, die mediale Dienstleistungen zeitunabhängig verfügbar machen (z. B. Fußballspiel, Rockkonzert, Theaterstück). Eine Übertragung erlaubt die Überbrückung der räumlichen Diskrepanz zwischen dem Ort der Leistungserbringung und dem Ort des Leistungsverbrauchs. Dies erfolgt etwa durch Liveübertragung, Telefon-Hotline. Ob es sich im Falle von Datenträgern (DVD, USB-Stick, SD-Karte etc.) noch um eine Dienstleistung handelt, ist allerdings strittig. Einerseits ist keine Intangibilität mehr gegeben, sondern eine Sachleistung, andererseits ist nicht der Datenträger die Leistung, sondern dessen Inhalt, der nach wie vor intangibel ist. Aber das mutet akademisch an.

Es gibt die Möglichkeit der Zwischenlagerung der internen Produktionsfaktoren (Pausenzeiten) und des externen Faktors (Wartezeiten) und die Möglichkeit der Verbringung der internen Produktionsfaktoren und/oder des externen Faktors. In Bezug auf die zeitliche Harmonisierung können verschiedene Prozesszeiten unterschieden werden:

- die Transferzeit der internen oder des externen Faktors zum Leistungsort,
- die Vorbereitungszeit zur Leistungserbringung der internen Faktoren (Rüstzeit),
- die eigentliche Ausführungszeit der Dienstleistung (Nutzzeit),
- die Nachbereitungszeit der Leistung (Rüstzeit) und
- die Transaktionszeiten zwischen Teilprozessen innerhalb der Produktion (Verteilzeit).

Dabei entstehen Wartezeiten auf Kundenseite, diese können vor oder während des Prozesses anfallen. Von Wartezeiten weiß man, dass sie häufig Unzufriedenheitsstifter sind. Daher wird versucht, sie zu verkürzen. Dies kann auf Faktenebene (linearer Ansatz) erfolgen oder auf Wahrnehmungsebene (prozeduraler Ansatz). Bei Letzterem wirkt Folgendes subjektiv zeitverkürzend:

- aktiv verbrachte Zeit wird von Kunden nicht als Wartezeit, sondern als Nutzzeit erlebt,

- Gewissheit über die Restwartezeit vermittelt willkommene Sicherheit,
- Wartezeiten während des Prozesses werden als kürzer erlebt als Wartezeiten vor dem Prozess,
- interpersonelle Fairness (erlebte Gleichbehandlung) wirkt dissonanzreduzierend,
- je werthaltiger eine Leistung ist, desto eher werden Wartezeiten hingenommen.

Gestaltungen betreffen hier die Warteschlangenpolitik (Anzahl der Schalter/Desks, Anzahl der Warteschlangen/Queues) und eine zweckmäßige Prozesseinteilung (wie Reihenfolge/FiFo für First in – First out, Sonderprozesse).

Dienstleistungen werden zwar produziert wie auch Sachleistungen, nämlich durch die Kombination der betriebswirtschaftlichen Produktionsfaktoren Betriebsmittel, Werkstoffe und dispositive bzw. exekutive Arbeit sowie Informationen. Sie werden jedoch in einem zweistufigen **Prozess** produziert, zunächst als **Vorkombination** der internen Produktionsfaktoren durch Bereitstellung von Leistungsfähigkeiten (Potenzial). Danach erst erfolgt die **Endkombination** mit dem externen Faktor als Gleichzeitigkeit von Produktion (Prozess) und Konsumtion (Ergebnis) der Dienstleistung.

Aus dieser Besonderheit folgen erhebliche Konsequenzen. So ist keine Vorratsproduktion möglich, da es des Kunden bzw. seiner beigestellten Produkte zur Erstellung der Produktion bedarf. Der Arbeitsanfall ist damit fremdbestimmt, d. h., wann produziert wird, bestimmt der Kunde, nicht der Anbieter. Um die Lieferfähigkeit zu erhalten, ist eine stetige Leistungsbereitschaft erforderlich. Daraus wiederum folgt eine hohe Fixkostenbelastung, insbesondere auch ungedeckte Fixkosten (Leerkosten), die, sofern sie pagatorischer Natur (auszahlungswirksam) sind, die Existenz des Unternehmens akut gefährden können. Zumal für gewöhnlich hohe Nachfrageschwankungen am Markt zu verzeichnen sind. Hinzu kommt eine oftmals geringe Angebotsflexibilität, verursacht durch Gesetze, Verordnungen, Tarifverträge etc.

Lösungsmöglichkeiten ergeben sich aus drei Ansätzen. Bei der **Zeitanpassung der Leistungsbereitschaft** geht es um zweierlei. Erstens um die Anpassung von Angebot und Nachfrage. Dies erfolgt durch Zeitfenster, während derer der Anbieter Kapazität für Nachfrager bereithält (z. B. Anmeldung beim TÜV), oder durch Zeitfenster der Nachfrager, während derer Anbieter tätig werden können (z. B. Urlaubstermine). Dadurch kann eine bessere Abstimmung von Angebot und Nachfrage erreicht werden. Zweitens kann anbieterseitig versucht werden, die vorhandenen Kapazitäten effizienter zu nutzen, um Wartezeiten bei Übernachfrage zu vermeiden oder vorhandene Nachfrage mit geringeren Kapazitäten bearbeiten zu können. Dies wird durch kürzere Prozesszeiten erreicht sowie durch eine Homogenisierung des Inputs, der dann rationeller und qualitätstreuer in den gewünschten Output transformiert werden kann. Um Wartezeiten und Unzufriedenheiten entgegenzuwirken, bieten einige Anbieter Servicegarantien zur Selbstbindung (z.B. Commerzbank, UPS).

Anrechtsbelege bei absehbaren Kapazitätsrestriktionen haben zwei Aspekte. Einerseits erhält der Anbieter durch die Reservierung von Kapazität einen Eindruck vom Ausmaß der Nachfrage nach seiner Dienstleistung und kann seine Potenziale und Prozesse gemäß dieser Erwartung einsteuern. So können, wo möglich, Kapazitäten abgebaut werden, wenn weniger Nachfrage absehbar ist, um Fixkosten einzusparen. Oder Kapazitäten ausgebaut werden, wenn mehr Nachfrage absehbar ist, um diese erlösbringend zu bedienen. Andererseits hat der einzelne Nachfrager durch Anrechtsbelege die Gewissheit, die Dienstleistung in Anspruch nehmen zu können, unabhängig davon, wie viele andere Nachfrager diese auch in Anspruch nehmen wollen und wie hoch die Restkapazität auch immer ist. Insofern gewinnen beide Seiten Sicherheit.

Restriktionen für eine Kapazitätsanpassung finden sich zwar vielfältig in internen und externen Faktoren. Dennoch ist sowohl eine quantitative als auch qualitative Anpassung möglich. Quantitativ ist eine **kapazitative** Anpassung bei maschinellen und personalen Kapazitäten darstellbar. Diese erfolgt durch Stilllegung/Entlastung bzw. Aufstockung vorhandener Kapazitäten. Dabei sind allerdings die Konsequenzen bei Wiedereintritt des Normalbeschäftigungsgrads zu prüfen.

Eine **intensitätsmäßige** Anpassung erfolgt durch wechselndes Arbeitstempo. Dabei kann es allerdings zu einer erhöhten Fehlerrate kommen, die Opportunitätskosten bedingt. Eine **zeitliche** Anpassung erfolgt über Kurzarbeit bzw. Überstunden. Hier entstehen remanente bzw. überproportionale Stückkosten.

Qualitativ wird eine **mutative** Anpassung durch Prozessveränderung vorgenommen. Dabei können situative Faktoren wie Raum, Zeit, Arbeitsmittel etc. geändert werden.

Das Uno-actu-Prinzip besagt, dass Endproduktion und Konsumtion zeit- und raumsynchron durch Interaktion von externen und internen Faktoren **(Potenzialintegration)** stattfinden. Der Kunde als externer Faktor ist damit inhärenter Bestandteil der Produktion. Man spricht von Prosumership (Kofferwort aus Producer und Consumer). Reine Dienstleistungen sind ohne Kunden nicht möglich (veredelte hingegen schon). Da jeder Kunde anders ist als der vorherige oder nächste, ist auch jede Dienstleistung im Grundsatz anders als jede vergangene oder nachfolgende. Dienstleistungen sind immer so individuell wie der Kunde, der beteiligt ist. Das bedeutet betriebswirtschaftlich jedoch, dass die Losgröße gleich eins ist. Für jede Produktion entstehen Rüstkosten, die nur für diesen einen Leistungsfall genutzt werden können und für andere Leistungsfälle im Zweifel wieder erneut getragen werden müssen. Dies bedeutet, dass kaum Stückkostendegression erreicht werden kann, die Effizienz der Dienstleistungsproduktion also akut gefährdet ist.

Die Rüstkosten entstehen für Zeiten der Konzeptplanung (z. B. Typberatung bei der Kosmetikerin), der Mittelbereitstellung (z. B. Werkzeugdisposition je Kfz-Typ in der Werkstatt), der Mitteljustierung (z. B. Einstellung des Röntgengeräts beim Arzt), der Wiederherstellung der Betriebsbereitschaft (z. B. Saubermachen beim Friseur) etc. Erst wenn es gelingt, diese Rüstkosten für mehrere gleichartige Leistungsfälle zu nutzen, könnte eine Rationalisierung erreicht werden. Dies setzt jedoch eine Standardisierung der Wertschöpfungsbedingungen voraus. Dafür gibt es mehrere Ansatzpunkte.

Eine **Potenzialstandardisierung** zielt darauf ab, vermeidbare Leistungsschwankungen zu reduzieren. Eine Standardisierung der Betriebsmittel kann etwa durch gleichartige Wartung, gleiche Ersatzteile, gleiche Bedienung etc. einen höheren Leistungsgrad bewirken, d. h. einen höheren Anteil der wertschöpfenden Nutzleistung an der Gesamtleistung (z. B. Wartung einer Flugzeugflotte). Bei Standardisierung der Werkstoffe kann etwa durch gleiche Anwendung, gleiche Handhabung, gleiche Wirkung etc. eine Rationalisierung erreicht werden (z. B. Hamburger-Zubereitung). Eine „Standardisierung„ der Mitarbeiter bezieht sich auf deren Qualifikation und Motivation. Die Qualifikation ergibt sich durch Berufs- bzw. Studienabschlüsse, die ein bestimmtes Leistungspotenzial verbriefen (z. B. als Richter). Die Motivation ist hingegen einer Standardisierung nur schwer zugänglich, übliche Maßnahmen sind Incentives, Veranstaltungen, Prämien.

Eine **Prozessstandardisierung** zielt darauf ab, die Leistungsausführung zu normieren. Dabei spielt das Qualitätsmanagement eine zentrale Rolle, genauer die Qualitätszertifizierung. Diese soll sicherstellen, dass Prozesse in gleichartiger Weise auf hohem Niveau ablaufen. Dazu werden diese Prozesse dokumentiert (QM-Handbuch) und auf Übereinstimmung (Konformität) mit den Anforderungen der Qualitätsnormenreihe hin überprüft. Externe (gewerbliche Kunden, Zertifizierer) prüfen dann stichprobenartig, ob die realen Prozesse mit den vorgegebenen übereinstimmen. Ist dies der Fall, bestätigen sie dies auf Zeit durch ein Zertifikat (meist nach DIN ISO 9001). Eine andere Stellgröße ist die straffe Auslegung der Ablauforganisation. Gemeinhin wird zwar postuliert, dass Mitarbeitern unternehmerische Freiräume zu gewähren sind. Angesichts der Tatsache, dass bei Dienstleistungen oft gering qualifizierte, ungelernte oder temporäre Mitarbeiter betroffen sind, entspricht es jedoch der Erfahrung, dass nur durch direktive Organisation die strikte Einhaltung anspruchsvoller Vorgaben möglich scheint, zumal dieser Personenkreis dies meist nicht als Entmündigung, sondern als konstruktive Handlungs-Guideline empfindet (z. B. Schnellgastronomie, Hotellerie, Einzelhandel).

Eine **Ergebnisstandardisierung** zielt darauf ab, zumindest stabile Leistungsresultate zu erreichen. Dies ist verbreitet durch Service Level Agreements (SLAs) gegeben. Dabei verpflichtet ein Abnehmer seinen Lieferanten zur Einhaltung vorab definierter Leistungsstandards. Dies setzt voraus, dass dafür geeignete Parameter identifiziert und justiert werden. Was dabei wünschenswert ist, definiert sich allein aus der Sicht der Abnehmer. SLAs sind bei Nichteinhaltung mit Sanktionen versehen, und zwar meist verschuldensunabhängig. Damit hat der Abnehmer die erhärtete Gewissheit, dass sein Leistungsbegehren erfüllt wird. Der Dienstleister hat seine Potenziale und Prozesse dann so auszurichten, dass dem entsprochen werden kann.

Eine **Standardisierung des externen Faktors** ist schwierig, da Dienstleistungen immer so individuell sind wie der jeweilige Kunde. Wenn es jedoch gelingt, Kunden mit gleichartigen Bedarfen so anzulegen, dass sie zeitlich und räumlich konzentriert auftreten, können diese mit gleichartiger Produktion bedient werden, wodurch sich der gewünschte Rationalisierungseffekt ergibt. Nun kann ein Unternehmen nur sehr begrenzt über Kunden disponieren. Machbar ist jedoch eine solche Konzentration über Marktsegmentierung. Dabei kommuniziert ein Anbieter gegenüber potenziellen Kunden, welche Leistung er erbringen kann. Kunden mit abweichenden Leistungserwartungen ordnen sich dann anderen Anbietern zu, die signalisiert haben, die gewünschte Leistung zu erbringen. Der Markt teilt sich damit in vergleichsweise homogene Nachfragersegmente auf, die eine hinreichend standardisierte Bearbeitung erlauben. Zugleich ist dabei eine hohe Kundenzufriedenheit erreichbar, weil das Leistungserlebnis der Erwartung entspricht. Kunden mit anderen Leistungserwartungen, die dementsprechend unzufrieden wären, tauchen beim Anbieter erst gar nicht auf, weil sie aus seinem Signaling heraus wissen, dass er die präferierte Leistung nicht bereitzustellen in der Lage oder willens ist.

5 Geschäftsprozesse definieren und Wertschöpfung realisieren

 In modernen Unternehmen dominiert generell die Prozesssicht. Dabei steht die Erreichung der Wertschöpfung im Mittelpunkt, also des Mehrwerts, den ein Unternehmen in toto gegenüber den zugekauften Inputfaktoren erzielt. Der Erfolg ist im Einzelnen abhängig von niedrigen Zukaufpreisen („der Gewinn liegt im Einkauf"), hohen Marktabgabepreisen (Antestung der Preisobergrenze) und niedrigen Prozesskosten für die Eigenleistung. Letztere hängen vor allem von der Gestaltung der Geschäftsprozesse ab, vom Raster der Leistungserstellung und dessen konkreter Umsetzung.

■ 5.1 Wertschöpfungsarchitektur

5.1.1 Idee der Wertkette

Wertschöpfung ist allgemein die Differenz aus den vom Markt dotierten Umsatzerlösen (plus Lageraufbau, sofern vorhanden) **abzüglich des Werts der Material- und Dienstezukäufe sowie Abschreibungen und Sollzinsen.** Sie stellt somit den Mehrwert dar, den ein Unternehmen durch seine Tätigkeit schafft. Für eine Profitabilität hat sie den eigenen Faktoreinsatz und den gewünschten Gewinn abzudecken. Aktivitäten, die nicht vom Markt honoriert werden, sind somit nicht wertschöpfend und zu minimieren (Blindleistung).

Die Wertschöpfung kommt im Rahmen der Prozesse im Zeitablauf entlang einer Wertkette zustande, die vom Unternehmen individuell zu gestalten ist. Unternehmen unterscheiden sich in Bezug auf die Wertkettengestaltung vor allem darin,

- wie sie innerhalb dessen ihre Geschäftsprozesse im Einzelnen vollziehen, also in Bezug auf ihre Wertkettenstruktur,
- wie umfangreich sich die Prozesskette zwischen Input und Output erstreckt, die sie extern abdecken, also in Bezug auf ihre Wertkettenbreite,

- und ob sie diese Prozesse intern selbst erstellen oder fremd erstellen lassen, also in Bezug auf ihre Wertkettentiefe (siehe Bild 5.1).

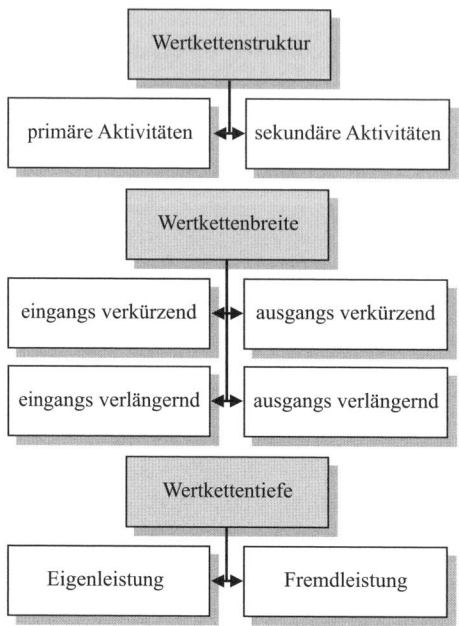

Bild 5.1 Struktur, Breite und Tiefe der Wertkette

Die unternehmerische Wertkette kann in Anbetracht von zwei Erfolgspositionen jedes Unternehmens (Porter-U-Kurve) unter Gesichtspunkten der Kostenführerschaft oder der Differenzierung analysiert werden. Innerhalb der Kostenanalyse ist die günstigste Wertkette zu ermitteln, und ihr sind Kosten und Investitionen zuzuordnen. Innerhalb der Differenzierungsanalyse ist zunächst zu ermitteln, wer die realen Abnehmer der Unternehmensleistung sind. Dies sind nicht Unternehmen, Institutionen oder Öffentliche Haushalte, sondern Personen (allein oder im Kollektiv), welche die allgemeinen Nutzungskriterien interpretieren und Signalkriterien bestimmen (vgl. Pepels 2011, S. 36 ff.).

5.1.2 Wertkettenstruktur

Die Wertschöpfung wird gemeinhin in Form einer Wertkette versinnbildlicht. Jede Wertschöpfung kommt dabei in zwei Bereichen zustande, erstens dem Bereich der **primären** Aktivitäten. Hierbei handelt es sich um die Sektionen:

- Eingangslogistik inklusive Materialwirtschaft, Warenannahme/-kontrolle, Rückgabe von Betriebsmitteln und Werkstoffen, Lagerhaltung von Betriebsmitteln und Werkstoffen, innerbetriebliche Logistik,
- Produktion (Operations) inklusive Montage, Betrieb und Instandhaltung von Anlagen, maschineller Verarbeitung der Werkstoffe, Verpackung,
- Vertrieb und Verkauf mit Angebotszusammenstellung, Preisfestsetzung, Vertriebswegewahl, Werbung, Reisendensteuerung,
- Ausgangslogistik inklusive Transport und Lagerung fertiger Erzeugnisse, Auftragsabwicklung, Terminplanung, Materialtransport, Einsatz der Auslieferungsfahrzeuge,
- kaufbegleitende Services (vor allem Nachkaufkundendienste) wie z. B. Installation/Montage, Ausbildung zur Bedienung, Ersatzteillieferung, Reparatur, Produktanpassung.

Dieser Bereich ist der eigentlich wertschöpfende, da nur hier Aktivitäten erfolgen, die vom Markt honoriert werden, weil sie den wahrgenommenen Wert einer Leistung steigern. Allerdings ist dieser Bereich allein nicht arbeitsfähig. Er bedarf vielmehr der unterstützenden Steuerung. Diese Aktivitäten aber sind selbst nicht wertschöpfend, sondern nur Voraussetzung für die Wertschöpfung im primären Bereich. Es handelt sich dabei um **sekundäre** Aktivitäten wie

- Beschaffung der Leistungsfaktoren durch Marktsichtung, Anfrageneinholung, Angebotserstellung, Anbietervergleich, Auswahl der Lieferanten, Verfahrensregeln für Einkaufsverhandlungen, Bestellmenge und -zeitpunkt,
- Technologieentwicklung durch Forschung und Entwicklung, IuK-Technik, Einrichtung und Wartung maschineller Anlagen,
- Informationsflüsse, also Hardware, Software und Netze sowie Kanäle, Medien und Multiplikatoren (Netzwerke) des Unternehmens,
- Geschäftsinfrastruktur, d. h. Administration (General Management/Geschäftsführung), Rechnungswesen, Finanzwirtschaft, Investition, Personalwirtschaft.

Dieses Modell von Porter war insofern revolutionär, als die vordem als wichtig erachteten Tätigkeiten des Managements nur noch als „notwendiges Übel" ausgewiesen (sekundär) und die vordem gering geschätzten Tätigkeiten in der Operative vielmehr als zentral angesehen wurden (primär).

Ziel ist es, durch Zusammenwirken der primären und sekundären Aktivitätsbereiche eine Wertschöpfung zu erzielen, welche die Kosten der eigenen Prozesse abdeckt sowie einen Gewinn erlaubt. Ein Gewinn entsteht aber nur, wenn das, was das Unternehmen den bezogenen Vorleistungen an Wert hinzuaddiert, höher ist als die für diese Anreicherung entstehenden Kosten. Der Gewinn kann gesteigert werden, indem die Kosten der Inputfaktoren und der eigenen Prozesse gesenkt werden oder die Preisbereitschaft am Markt erhöht wird.

5.1.3 Wertkettenbreite

In Bezug auf die Optimierung ist jedes Unternehmen frei in der Gestaltung des Ausschnitts aus der gesamtwirtschaftlichen Wertkette, den es selbst nach außen hin abdecken will (= Wertkettenbreite). Man kann sich die gesamte Wirtschaft dazu als eine Aneinanderreihung einzelbetrieblicher Wertketten vorstellen, bei der jedes Unternehmen bestimmen muss, welchen Ausschnitt dieser Kette es nach außen hin abdecken will und welche Ausschnitte andere übernehmen sollen. Die jeweils vorgelagerten Wertkettenstufen liefern den Input für die jeweils nachgelagerten. Das Unternehmen kann seine Wertkette nach Wahl ausdehnen oder reduzieren. Eine Ausdehnung bedeutet, dass der Anteil der einzelbetrieblichen Wertschöpfung an der gesamtwirtschaftlichen Wertschöpfung steigt, eine Reduzierung bedeutet, dass der eigene Anteil daran sinkt (Allphasenintegration).

Will das Unternehmen den vorhandenen Ausschnitt ändern, ergeben sich dafür vier Möglichkeiten in zwei Richtungen (in Analogie zu einem Fluss). In jedem Fall geht es um nach **außen** sichtbare Aktivitäten. Eine (verlängernde) Spreizung kann **rückwärts**, also in Richtung auf die Sicherung und Beeinflussung der Vorleistungsquellen erfolgen (Upstream, z. B. Reiseveranstalter in Richtung Flugtransfer, Hotel, Vor-Ort-Betreuung, Destinationserschließung). Oder sie kann **vorwärts**, also zur Sicherung und Beeinflussung der Absatzstellen (Downstream) erfolgen (z. B. Autobauer in Richtung Kfz-Dienstleistungen, Gebrauchtwagenhandel, Benzin-/ Diesel-/Stromtankstellen, Entsorgung). Beides kann Sinn machen, etwa wenn es darum geht, die Bezugsbasis in Form der zur Leistungsausführung erforderlichen Rohstoffe oder die Absatzbasis zum direkteren Kundenkontakt zu sichern. Denn die Ansprüche der Nachfrager führen dazu, dass die Distribution sich zunehmend zum Engpass für den Unternehmenserfolg entwickelt. Eine integrierte Wertschöpfung gilt heute als zu unbeweglich, um der Dynamik spezialisierter Märkte folgen zu können. Gegenteilige Signale gehen allerdings von der New Economy aus (z. B. Google, Amazon).

Für die (verkürzende) Kappung ergeben sich ebenfalls zwei Alternativen. **Eingangs** bedeutet eine Abgabe von Aktivitäten an vorgelagerte Wirtschaftsstufen (z. B. IBM, Software statt wie früher Hardware), **ausgangs** eine Abgabe von Aktivitäten an nachgelagerte Wirtschaftsstufen (z. B. PayPal von eBay). Diese Separierung kommt häufig auf Druck von Shareholdern zustande, die sich durch Fokussierung des Geschäfts eine höhere Rendite ihres eingesetzten Kapitals versprechen und in vor- oder nachgelagerten Aktivitäten nur eine suboptimale Bindung von Ressourcen sehen. Dies widerspricht der traditionell propagierten Integration von Wertschöpfungsstufen unter einem Dach (unter anderem zum Einbehalt von Zwischengewinnen, z. B. BASF) und entspricht dem modernen Denken in Komplexitätsreduktion. Dies führt zur Wertkettentiefe.

5.1.4 Wertkettentiefe

Die Wertkettentiefe betrifft das Ausmaß der einzelwirtschaftlichen Verschränkung der eigenen Wertkette mit vor- bzw. nachgelagerten Wertkettenstufen (Make or Buy) nach **innen**.

Zunächst scheint eine möglichst hohe Wertkettentiefe (Make-Alternative) erstrebenswert. Aber dies bedeutet nicht zwangsläufig auch ein Mehr an Gewinn, nämlich dann nicht, wenn Leistungen hoher Qualität extern kostengünstiger beschafft als intern selbst erstellt werden können. Da vielfältige Lerneffekte (Economies of Scope, synergieabhängig) und Erfahrungseffekte (Economies of Scale, mengenabhängig) vorhanden sind, ist die Wertschöpfung höher, wenn jeder Prozess, der nicht Kernprozess ist, stattdessen an darauf spezialisierte Anbieter ausgelagert wird. Es kommt zur Verringerung der Tiefe, zu weniger Wertschöpfung, aber zu mehr Gewinn, weil das Einkaufsvolumen unter den eigenen Opportunitätskosten liegt.

Eine hohe Fertigungstiefe bedeutet also, dass ein Unternehmen das Gros der Transformationsprozesse selbst vollzieht, und eine niedrige Fertigungstiefe, dass ein Unternehmen das Gros der Transformationsprozesse fremd zukauft (Outsourcing). Letzteres führt, konsequent zu Ende gedacht, zur Bildung **virtueller** Unternehmen, d. h. von Unternehmen weitgehend ohne eigene primäre Aktivitäten. Diese können bis nahe 0 % gehen, wenn praktisch alle primären Aktivitäten fremdvergeben werden. Stattdessen beschäftigen sie sich fokal mit dem Aufbau und Unterhalt eines Strategischen Netzwerks.

Vorgelagert bedeutet, dass Vorleistungen vom Outsourcing betroffen sind. Hier ist das Beschaffungsmanagement gefordert, verschiedene Möglichkeiten von Systempartnerschaften abzuwägen, welche die gewünschte, symbiotische Wirkung erzeugen. Dabei wird meist eine Hierarchie der Zulieferer zugrunde gelegt. Der B-to-B-Abnehmer (OEM) steht unmittelbar nur in Kontakt mit der Tier-1-Ebene der Systemlieferanten, trägt jedoch durch entsprechende Zertifizierungen dafür Sorge, dass auch die Tier-2-Lieferanten von Komponenten seinen Anforderungen genügen (dies setzt sich über die weiteren Ebenen Tier 3 bis Tier n für Teile fort). Jeder Zulieferer steht daher vor der Entscheidung, sich mit der Bereitstellung auch bislang sachfremder Leistungen zu befassen und sich damit als kompetenter Systemlieferant zu qualifizieren oder ins zweite oder dritte Glied zurückzutreten. Dies betrifft das weite Feld des Supply Chain Managements (SCM).

Nachgelagert bedeutet, dass Folgeleistungen vom Outsourcing betroffen sind. Dies entspricht auf beiden Seiten dem Konzept der Konzentration auf die Kernkompetenz. Um eine Absicherung der Verschränkung zu gewährleisten, werden die Partner etwa durch Kooperationsabkommen fest eingebunden. Die bisher dort investierten eigenen Kapazitäten werden freigesetzt oder in Kernaktivitäten eingebracht. Dadurch entstehen wieder übersichtliche, gut beherrschbare Prozesse, die eine verstärkte Marktdurchdringung ermöglichen. Somit entwickeln sich Wertschöpfungspartnerschaften als Win-win-Konstellationen.

Im Rahmen des Business Process Outsourcings (BPO) bezieht sich diese Verlagerung nicht mehr nur auf primäre, sondern auch auf sekundäre Aktivitäten. Es ist aber auch ein Insourcing möglich (begrifflich nicht das Gegenteil von Outsourcing, das wäre Re-Outsourcing), indem Wertschöpfungsaktivitäten Dritter in die eigene Produktion aufgenommen werden, z. B. durch Werkvertragsarbeitnehmer mit eigener Arbeitsstelle beim Abnehmer.

Beim Outsourcing darf nicht vergessen werden, dass dafür vielfältige direkte und indirekte Kosten anfallen, so im Einzelnen für:

- Informationssuche nach Lieferanten, Konfiguration des Daten-/Informationsaustauschs, Versandkosten, Registrierungsgebühren, Entwicklungs-/Designleistungen, Qualitätsaudits, Zeitkosten, Reisekosten, Telekommunikationskosten, Werkzeugkosten, IT-Systeminvestitionen bei Lieferanten, Lagererweiterung, Personalrekrutierung, Abbau redundanter Kapazitäten, Vorbereitung zur Mitarbeiterentsendung, Steuern, Importzölle, Zahlungskonditionen, Wechselkursschwankungen, Zahlungsabwicklung, Bankgebühren, Transportkosten, Versicherung, Konventionalstrafen aus verspäteter Lieferung, Qualitätsprüfung, Verpackung, Lagerhaltung, Kapitalbindung, Rücksendungen, Nachlieferungen, Nachbesserungen, Entsorgung defekter Produkte, Abfallentsorgung, Produktionsstillstand, Gewährleistungen, Lieferantenentwicklung, Übersetzungen, juristische Prüfung, Videokonferenzen, Infrastrukturschaffung vor Ort, Plagiatsfolgekosten etc.

■ 5.2 Prozessumgebung

5.2.1 Geschäftsprozess

Die moderne Sicht der Ablauforganisation stellt Prozesse in den Mittelpunkt. Diese werden nach ihrer Komplexität unterschieden in

- Geschäftsprozesse auf der Gesamtunternehmensebene (auch Schlüssel- oder Hauptprozesse),
- Teilprozesse auf Bereichs-/Hauptabteilungsebene (auch Subprozesse),
- Elementarprozesse (Aktivitäten) auf Abteilungsebene.

Prozesse laufen nicht isoliert ab, sondern sind untereinander in vertikalen Prozessketten verbunden, d. h., Aktivitäten sind Teil von komplexeren Subprozessen, die wiederum Teil von noch komplexeren Schlüssel-/Hauptprozessen sind. Jedes Unternehmen braucht beherrschbare Prozesse (vgl. Pepels 2017a, S. 723 ff.).

Ein Prozess ist allgemein eine Abfolge von Aktivitäten, die aus einem bestimmten Input einen bestimmten Output erzeugen. Bei einem Geschäftsprozess wird der Input durch die Anforderungen des Kunden definiert und der Output entspricht einer Leistung für den Kunden. Dazwischen findet eine wertschöpfende Aktivität statt (Schmelzer/Sesselmann 2013).

Mit Prozessmanagement können Sie flexibel auf Veränderungen reagieren und schnell Anpassungen vornehmen ohne an Kompetenz oder Effizienz einzubüßen.

Ein Geschäftsprozess ergibt sich aus verknüpften Einzeltätigkeiten zur Erreichung eines unternehmerischen Ziels. Geschäftsprozesse sind wegen der aufbauorganisatorischen Dominanz der Vergangenheit betrieblich häufig nicht hinreichend dokumentiert, sodass zunächst eine Istbestandsaufnahme erforderlich wird, z.B. in Form der ereignisgesteuerten Prozesskette (Blueprint). Auf Basis dieser Informationen kann dann ein zielgerichtetes Geschäftsprozessmanagement angestrebt werden. Dabei wird vor allem nach folgenden Verbesserungspotenzialen gesucht:

- Strukturverbesserungen wie ein möglichst seltener Wechsel der befassten Organisationseinheit durch Bündelung bei Process Ownern, dadurch kommt es zur Verminderung von Informationsverlusten, Liegezeiten, Mehrarbeiten etc.,
- Steuerungsverbesserungen wie im Rahmen teilautonomer Arbeitsgruppen (Teams) möglich,
- Ablaufverbesserungen wie das Parallelisieren seither sequenziell ablaufender Prozesse, das Standardisieren oder Eliminieren von Prozessen, die keine weiteren Aktivitäten auslösen oder abschließen,
- möglichst geringe informationstechnische Brüche durch vollelektronisch geführte Datenverarbeitung mit enger informationeller Vernetzung (ERP),
- Unterdrückung von Ereignissen, die nicht wertschöpfend sind (= Blindleistungen),
- Vergleich unternehmenseigener Prozesse mit unternehmensfremden, maßstabsetzenden Prozessen (Best Practice).

Prozessmanagement ist immer auch Querschnittsmanagement. Dazu gehört insbesondere, die Geschäftsprozesse zunächst ausreichend zu dokumentieren (z.B. durch Blueprinting) und entlang dieser Prozesse ein Qualitätsmanagement aufzubauen. Die Modellierung der Prozesse erfolgt meist grafisch als Programmablauf- oder Flusspläne.

Es steht gute kostenfreie Prozessmodellierungssoftware zum Download zur Verfügung. Nutzen Sie zur Einschätzung entsprechende Vergleichsportale.

5.2.2 Prozessmodell

Jegliche Leistungserstellung erfolgt in Prozessen bzw. Prozessketten. Bei einem Geschäftsprozess handelt es sich speziell um die planvolle Transformation von Input zu Output unter Einbringung von Eigen- und Fremdleistungen derart, dass die Selbstkosten dafür niedriger sind als der Markterlös und somit ein Differenzialgewinn verbleibt. Solche Geschäftsprozesse sind eine Folge von einzelnen Funktionen bzw. Aufgaben oder Aktivitäten, die nacheinander, seriell, oder nebeneinander, parallel, sich gleichartig wiederholend abfolgen. Sie werden von Ereignissen ausgelöst und durch Ereignisse abgeschlossen. Sie laufen üblicherweise bereichsübergreifend ab und sind durch ihre Wiederholung einer Standardisierung zugänglich.

Die Anforderungen an Geschäftsprozesse sind vielfältig (siehe Bild 5.2). Der Prozess soll so kostengünstig wie möglich erfolgen, d.h., die Kosten der Wertschöpfung sollen minimiert werden, um bestmögliche Gewinnvoraussetzungen zu schaffen. Bei den **Prozesskosten** handelt es sich sowohl um leistungsmengeninduzierte Kosten, genauer die relativen Einzelkosten des Prozesses, als auch leistungsmengenneutrale Kosten als Gemeinkostenanteil des Prozesses. Ziel ist hier eine Maximierung der Kapazitätsauslastung zur Vermeidung von Leerkosten.

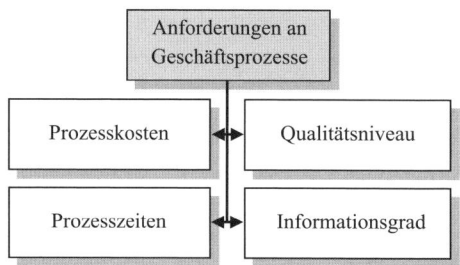

Bild 5.2 Anforderungen an Geschäftsprozesse

Der Prozess soll so beschleunigt wie möglich ablaufen, d.h., die Zeitspanne, die zur Wertschöpfung benötigt wird, soll minimiert werden, dadurch werden die Kapazitäten besser ausgeschöpft und die Fixkosten verteilen sich. Bei den **Prozesszeiten** ist zu unterscheiden in die eigentliche Durchführungszeit und dazu unvermeidliche Rüstzeiten sowie Verteilzeiten durch (innerbetriebliche) Verbringung und Lagerung. Diese Verteilzeiten bedeuten Kapitalbindung im Umlaufvermögen und sind daher unbedingt zu minimieren.

Der Prozess soll sich absolut mangelfrei vollziehen, d.h., die Qualität des Prozesses soll maximiert werden, denn Fehler werden vom Markt beinahe unnachsichtig bestraft. Beim **Qualitätsniveau** geht es um die Erfüllung der technisch-objektiven

Qualität, mehr aber noch um die Erfüllung der wahrnehmungsbezogen-subjektiven Qualität. Die Prozessqualität wird durch Zertifizierung (DIN ISO 9000 ff.) objektiviert geprüft und bestätigt.

Der Prozess soll auch auf bestmöglichem Informationsstand stattfinden, damit Ineffizienzen vermieden werden können. Beim **Informationsgrad** soll ein möglichst hoher Anteil der in der Organisation tatsächlich verfügbaren an allen überhaupt vorhandenen Informationen erreicht werden. Dadurch ist eine potenziell bessere Entscheidungsfindung erreichbar.

Diese Anforderungen sind allerdings zueinander konfliktär, d. h., die Erreichung eines dieser Teilziele, geringe Kosten, kurze Zeit, hohe Qualität und viel Information, behindert womöglich die Erreichung der anderen.

5.2.3 Prozessgestaltung

Ein Prozess ist eine allgemein logisch zusammenhängende Abfolge von Aktivitäten, die eine bestimmte Leistung zielgerichtet innerhalb eines vorgegebenen Zeitraums nach reihenfolgebezogenen Regeln erstellen. Der Prozess ist inhaltlich abgeschlossen, hat ein definiertes, internes oder externes Ausgangsereignis (Quelle), eine definierte Transformation (Einsatz von Produktionsfaktoren als Ressourcen) und ein definiertes Ergebnis (Senke). Durch Kombination von Input und eigenen Ressourcen entsteht somit eine betriebliche Wertschöpfung.

Ziel der Prozesssteuerung ist die Optimierung unter Einbeziehung von direkten und indirekten Aktivitäten im Hinblick auf erhöhte Effektivität, gesteigerte Effizienz, schnellere Adaptationsfähigkeit und verbesserte Kostentransparenz. Diese erfolgt bereichsübergreifend und unter Beachtung der gegenseitigen Abhängigkeiten. Die partielle Zielmaximierung wird damit zugunsten einer die Interdependenzen berücksichtigenden umfassenden Verantwortung überwunden.

Prozesssteuerung ist anspruchsvoll! Sie erfordert ein ganzheitliches Denken und Handeln, verstärkte Eigeninitiative, zunehmende Verantwortungsbereitschaft und ein internes Kunden-Lieferanten-Denken.

Zunächst ist dazu die **Verantwortlichkeit für Prozesse** festzulegen (Process Ownership). Dabei muss bereichsübergreifend der gesamte Prozess mit seinen komplexen Wirkzusammenhängen beurteilt werden können. Dazu gehören die Definition der Prozesse und Teilprozesse, die Identifikation der Schnittstellen zwischen Prozessen verschiedener Strukturen, die Spezifikation der Input-Output-Beziehungen, die Dokumentation der Prozesse, die Bestimmung von Anforderungen an jeden Prozess und die Abstimmung mit Kunden und Lieferanten sowie die Festlegung von Messgrößen, Messpunkten und Methoden der Erfolgsmessung. Weiterhin sind die Zusammenstellung eines Koordinationsteams und die Beschreibung des Istzustands notwendig.

Danach folgt eine **Schwachstellenanalyse**. Fehlerquellen sind ausfindig zu machen und Ursachen dafür zu bestimmen. Entsprechend ist der Prozess so zu verändern, dass er verbessert abläuft. Dabei ist eine Aufwand-Nutzen-Analyse erforderlich, die im Zweifel besagt, den Prozess nicht zu verändern, sondern völlig neu zu definieren (Reengineering). Anschließend sind die neuen, veränderten Prozesse zu beobachten und erforderlichenfalls rechtzeitig zu korrigieren. Ziel ist ein gegenüber Störeinflüssen unempfindlicher Prozess (Robust Design). Dazu dienen statistische Kennzahlen zum Ausweis der Prozessbeherrschung und Prozessfähigkeit. Erstere ist durch die Erreichung der Niveau- und Mittenlage eines Prozesses gekennzeichnet (die Ergebnisse schwanken dann lediglich zufallsbedingt um ihren wahren Wert). Letztere ist durch die Gleichförmigkeit funktionserfüllender Prozesse innerhalb vorgegebener Toleranzen definiert. Toleranzeinhaltung bedeutet aber noch nicht Fehlerfreiheit, sondern nur die Hinnahme einer niedrigen Fehlerquote bei allerdings stabiler Wiederholbarkeit.

Die Prozesseinführung erfolgt zumeist als Pilot oder zumindest in schrittweiser Umsetzung nach Abteilungen, Bereichen, Standorten etc. Dies erhöht zwar die Kosten gegenüber einer abrupten Umstellung (Big Bang/„Scharfschaltung"), vermindert jedoch erheblich das Risiko bei beinahe unvermeidlichen Suboptimalitäten.

Nach der Einführung ist eine stetige **Prozessoptimierung** angezeigt. Diese erfolgt durch Abgleich der entwickelten Prozesslandschaft mit den tatsächlichen Prozessabläufen. Insofern handelt es sich nicht um einen in sich abgeschlossenen Vorgang, sondern vielmehr um einen revolvierenden. Ziel ist eine Maximierung des wertschöpfenden Nutzleistungsanteils am gesamten Prozess zulasten der nicht wertschöpfenden, aber unvermeidlichen Stützleistung, der vermeidbaren Blindleistung und der unbedingt zu verhindernden, wertvernichtenden Fehlleistung. Dies führt im Ergebnis zu einem hohen Wirkungsgrad.

 Suboptimal gestaltete Prozesse haben gravierende Nachteile für den Unternehmenserfolg. Zu nennen sind unter anderem:
- niedrige Produktivität, hohe Fehlerquote, häufiger Nachbesserungsbedarf, lange Durchlaufzeiten, Kundenunzufriedenheit, hohe Kosten, fehlende Transparenz, mangelnde Termintreue, mangelnde Flexibilität, unausgeschöpfte Erfolgspotenziale, demotivierte Mitarbeiter.

Die Prozesse werden gerade während der Gründungszeit noch weithin informell geregelt. Bei Wachstum des Unternehmens ist eine solche Improvisation dann aber nicht mehr möglich. Daher ist es ratsam, bereits zu Beginn Prozesse sauber und skalierbar zu definieren und nachvollziehbar zu dokumentieren, denn es gibt regelmäßig nur einen Anlauf zum Markterfolg.

Die Geschäftsprozesse im jungen Unternehmen sollten von Anfang an sauber dokumentiert sein. Nur dann ist im Zweifel eine spätere Skalierung möglich. Dies umfasst vor allem die Wertschöpfungsarchitektur in Struktur, Breite und Tiefe sowie die Prozessumgebung zur Realisierung der Wertschöpfung.

6 Funktionen einer Organisation im Zusammenspiel

 Innerhalb der informativ-koordinativen Funktionen sind vor allem die Aspekte Personal und Organisation, Leadership und Entrepreneurship sowie Entscheidungsfindung relevant. Dies umfasst die Steuerung innerhalb des jungen Unternehmens. Mitarbeiter und deren Disposition sind dabei ebenso bedeutsam wie der Gründer/das Gründerteam und deren Unternehmergeist. Dies ist zwar nicht alles, aber ohne dies bleibt alles nichts.

6.1 Personal und Organisation

6.1.1 Kollektive und individuelle Regelungen im Personalbereich

Im Personalbereich ist zwischen kollektiven und individuellen Regelungen zu unterscheiden. Erstere bestimmen die rechtlichen Rahmenbedingungen für eine Vielzahl von Arbeitsverträgen. Letztere befassen sich mit den Arbeitsvertragsinhalten der Mitarbeiter im einzelnen Betrieb (vgl. zum Folgenden Pepels 2011, S. 77 ff.).

Kollektive Regelungen

Kollektiv ergibt sich als Rechtsbasis das Tarifvertragsrecht zwischen Arbeitgeber- und Arbeitnehmervertretern im Flächentarifvertrag (meist Bundesland). Dabei gilt die Tarifautonomie. Arbeitgebervertreter ist der BDA, Arbeitnehmervertreter sind die Einheitsgewerkschaften nach Branchengliederung, bei mehreren Gewerkschaften in einer Branche ist es die teilnehmerstärkste Gewerkschaft in Abstimmung mit den anderen (Tarifeinheitsgesetz).

Der Tarifvertrag legt die Bedingungen von Arbeitsverhältnissen für die Tarifdauer im Manteltarif fest wie z. B. Tarifgruppen, Gruppenmerkmale etc., die Bezahlung wird jeweils für den Ecklohn ausgewiesen, an dem sich die anderen Lohngruppen ausrichten. Abweichungen davon sind nur nach oben möglich (Günstigkeit/außertarifliche Bezahlung), nach unten gilt gesetzlich der Mindeststundenlohn von 9,19 € (Stand Januar 2019). Öffnungsklauseln schaffen bei Zustimmung des Betriebsrats auch Anpassungsspielraum nach unten. Arbeitgeber können ausnahmsweise eigene Tarifabschlüsse tätigen (Haustarif). Arbeitnehmer können aus der Gewerkschaft austreten (der Organisationsgrad ist gerade in modernen Branchen gering), profitieren dann aber meist von einheitlichen Regelungen im gesamten Betrieb. Die Gewerkschaften finanzieren sich aus Mitgliedsbeiträgen.

Bei Streit über die Tarifbedingungen gilt das Arbeitskampfrecht mit Streik und Abwehraussperrung (jeweils unbezahlt). Während der Tarifverhandlungen gilt jedoch Friedenspflicht, allenfalls Warnstreiks sind möglich. Über einen neuen Tarifvertrag stimmen die Gewerkschaftsmitglieder ab, bei Ablehnung (< 75 % Zustimmung) folgen unbefristete Streiks ohne Entgeltzahlung, dann wirkt die Streikkasse finanziell überbrückend. Meist wird vorhergehend ein neutraler Schlichter eingeschaltet, der einen Pilotabschluss zu erreichen sucht. Dieser hat dann Signalfunktion für die anderen Tarifgebiete der Branche. Insgesamt handelt es sich dabei um überholte Rituale „alter Männer" anstelle erforderlicher Partnerschaft zwischen Arbeitgeber und Arbeitnehmern. So ist denn auch die Tarifabdeckung z. B. in Internet- oder Dienstleistungsbranchen gering.

Ansprechpartner im Betrieb ist der Betriebsrat ab fünf ständig wahlberechtigten Beschäftigten. Dieser hat Mitwirkungs- und Mitbestimmungsmöglichkeiten nach Betriebsverfassungsgesetz. Mitwirkungsrechte sind je nachdem Informations-, Vorschlags-, Antrags-, Beratungs- und Anhörungsrechte. Mitbestimmungsrechte betreffen soziale, arbeitsplatzbezogene, personelle und wirtschaftliche Angelegenheiten. Der Betriebsrat ist von großer Bedeutung für den Betriebsfrieden. Er kommt auf Initiative der Arbeitnehmer zustande.

Auf betrieblicher Ebene können Betriebsvereinbarungen zwischen einem Arbeitgeber und dem Betriebsrat des Standorts geschlossen werden. Sie beziehen sich auf Unfallverhütung, Gesundheitssicherung, Umweltschutz, Sozialeinrichtungen, Vermögensbildung in Arbeitnehmerhand, Inklusion/Diversität etc. Bei Dissens greift eine freiwillige Einigungs- bzw. Schlichtungsstelle, bei fortbestehendem Dissens eine Klage beim Arbeitsgericht.

Junge und kleine Unternehmen sind vielfach von den kollektiven Regelungen ausgenommen, um ihre Flexibilität zu erhöhen.

Individuelle Regelungen

Bei individuellen Regelungen ist zunächst eine betriebliche Personalbedarfsanalyse erforderlich, und zwar nach Anzahl und Struktur der Arbeitnehmer sowie den zeitlichen und räumlichen Bedingungen des Einsatzes. Dabei wirken Trends wie demografischer Wandel, Immigrations- und Emigrationswellen. Daraus erfolgt die geplante Besetzung aller Stellen mit Mitarbeitern. Ist dies nicht realisierbar, ist

an Stellenanpassungen zu denken, wenn das nicht hilft, weiterhin an Personalbeschaffung.

Für die **Personalbeschaffung** im jungen Unternehmen sind Stellenanzeigen, Per-
sonalberatung, Arbeitsagentur, aber auch Arbeitnehmerüberlassung oder Perso-
nalleasing möglich. Häufig sind Werkverträge anzutreffen, d. h., es wird keine Arbeitsleistung geschuldet, sondern ein vorvereinbartes Arbeitsergebnis. Immer
sind Ausschreibungsunterlagen erforderlich. Zu den üblichen Angaben dafür
gehören Aufgabenbeschreibung, Kompetenzen und interne Einordnung, Aufstiegs-
chancen, Besetzungstermin, eventuell Ausschreibungsgründe, geforderte Qualifikation, Kenntnisse/Fertigkeiten, Ausbildung/Berufserfahrung, das suchende Unternehmen nach Branche, Standort, Größe, Alter etc., Ansprechperson für
Auskünfte, eventuell Gehalt, freiwillige Sozialleistungen, Weiterbildungsangebote,
Einarbeitungshilfen.

Die eingehenden Bewerbungen sind zu sichten (Bewerbungsschreiben, eventuell
Bewerberfoto, Lebenslauf, Zeugnisse, Personalfragebogen). Dabei darf keine Dis-
kriminierung nach Alter, Geschlecht, Herkunft, Hautfarbe, Gender-Orientierung,
Behinderung etc. erfolgen. Fehlende Angaben können eventuell durch Nachfrage
ergänzt werden, dabei sind unzulässige Fragen zu meiden (für gewöhnlich nach
Schwangerschaft, Vermögensverhältnissen, Gewerkschafts-/Partei-/Religionszu-
gehörigkeiten etc.). Zulässig sind Fragen zu Behinderung, chronischer Krankheit,
Wettbewerbsverbot oder Ähnlichem und alle, die unmittelbar mit der zu erledigen-
den Aufgabe zu tun haben.

Die **Bewerberauswahl** erfolgt durch persönliche oder unpersönliche Verfahren,
erstere in Form von Vorstellungsgespräch (einzeln oder in Gruppen), Stress-
gespräch, Telefon- bzw. Online-Video-(Skype-)Interview, Assessment Center etc.,
letztere in Form von Test, Eignungsuntersuchung etc. Dabei gilt es, denjenigen
Bewerber zu selektieren, dessen Leistungsprofil am besten mit dem Stellenanfor-
derungsprofil übereinstimmt. Dies soll so systematisch wie möglich erfolgen, also
nicht nach „Bauchgefühl", denn Personalentscheide sind zentrale Investitionen
und wichtige Erfolgsfaktoren. In den Mittelpunkt rücken dabei die Schlüsselqualifikationen, also Methoden-, Sozial- und Individualkompetenzen, die häufig höher
als die Fachkompetenz einzuschätzen sind.

Dem bestgeeigneten Bewerber wird ein Arbeitsvertrag unterbreitet.

 Inhalte eines Arbeitsvertrages

Ein Arbeitsvertrag muss den gesetzlichen, tariflichen und betriebsvereinba-
rungsbezogenen Bestimmungen entsprechen. Inhalte sind klassischerweise:

- Vertragsparteien, Vertragsbeginn, Vertragslaufzeit, Tätigkeitsbezeichnung,
  Vergütung, Sozialleistungen, Entgeltfortzahlung, Arbeitszeiten, Urlaubsre-
  gelung, Wettbewerbsverbot, Probezeit, Kündigungsfrist.

Die Arbeitszeit kann flexibel gehandhabt werden als Teilzeit, Gleitzeit mit Kernar-
beitszeit, Vertrauensarbeitszeit (ohne Zeiterfassung), Jahresarbeitszeitkonto (mit
Saldenübertrag), kapazitätsorientierte variable Arbeitszeit (KAPOVAZ) etc. Dabei
sind enge gesetzliche Bestimmungen zu beachten wie Ruhepausen, Nacht-/Sonn-/
Feiertagsarbeitsanteile etc.

Eine später eventuell erforderlich werdende **Personalfreisetzung** kann auf Initiative des Unternehmens oder des Mitarbeiters erfolgen. Am besten sind ein Auf-
hebungsvertrag („im gegenseitigen Einvernehmen") oder eine **ordentliche** Kündigung. Dann kann auch eine Beurlaubung (Freistellung mit Entgeltfortzahlung)
erfolgen. Eine vorübergehende Anpassung des Bestands ist ebenso durch Kurzarbeit, innerbetriebliche Umsetzung, Sonderurlaub, Kündigung von Zeitarbeits-/
Werkverträgen, fehlenden Ausgleich natürlicher Fluktuation etc. möglich. Eine
ordentliche Kündigung entsteht aus drei Gründen.

Eine **personenbedingte** Kündigung liegt vor, wenn die Fähigkeit des Arbeitnehmers zur vereinbarten Erbringung der Arbeitsleistung verloren geht wie z.B.
durch chronische Erkrankung, negative Gesundheitsprognose, hohe Fehlzeiten,
erhebliche Arbeitsbeeinträchtigung.

Eine **betriebsbedingte** Kündigung liegt vor, wenn wirtschaftliche Zwänge eintreten wie z.B. durch Geschäftskrise, Werkstoffmangel, Standortschließung/-verlage-
rung, Betriebsstilllegung, Produktionsumstellung oder Zusammenschluss. Dann
ist eine Abfindung je nach Vertragsdauer zu zahlen (außer bei Leitenden Angestellten). Bei Massenentlassungen ist ein Sozialplan erforderlich, abhängig von der
Größe der Belegschaft, der Anzahl der betroffenen Mitarbeiter und dem Zeitraum
der Entlassung. Dieser wird gemeinsam mit der Agentur für Arbeit erstellt und
soll wirtschaftliche Härten abmildern, z.B. durch staatlich subventionierte Be-
schäftigungs-/Auffanggesellschaften.

Eine **verhaltensbedingte** Kündigung liegt vor, wenn der Arbeitnehmer seine
Pflichten verletzt wie z.B. durch Arbeitsverweigerung, unentschuldigte Fehlzeiten,
eigenmächtige Urlaubsnahme/Urlaubsüberschreitung, notorische Unpünktlich-
keit, Verstoß gegen die Betriebsordnung, vorsätzliche Geringleistung. Eine Abmahnung muss zunächst in jedem Einzelfall auf die Verletzung arbeitsvertraglicher
Verpflichtungen hinweisen und auffordern, das Fehlverhalten abzustellen. Bei
Wiederholung desselben Tatbestands ist dann eine fristgerechte Kündigung möglich. Erforderlich sind dabei eine konkrete, präzise Schilderung des beanstandeten
Fehlverhaltens, die ausdrückliche Bewertung als Vertragsverletzung, die Aufzählung der dagegenstehenden Pflichten des Arbeitnehmers, die Aufforderung zur
Rückkehr zu einem vertragsgemäßen Verhalten und die Androhung von Konse-
quenzen bei Zuwiderhandeln.

Der Kündigungsschutz verschafft zwingende Hinderungsgründe wie fehlende/un-
zureichende Sozialauswahl nach Dauer der Betriebszugehörigkeit, Unterhalts-

pflichten, Schwerbehinderung, Schwervermittelbarkeit etc. der Arbeitnehmer, Vorhandensein einer Weiterbeschäftigungsmöglichkeit an anderer Stelle im Betrieb, fehlender Bezug auf schutzwürdige Personengruppen wie Vertrauensleute, Betriebsratsmitglieder, Auszubildende, Frauen im Mutterschutz, Personen in Erziehungsurlaub oder Ähnliches.

Keinen Schutz durch Sozialplan genießen Leitende Angestellte, sie haben jedoch einen Abfindungsanspruch aus Vertragsdauer und Vertragsrestlaufzeit. Leitender Angestellter ist, wer eigenverantwortlich Personal einstellen und entlassen kann, Geschäftsführungsbefugnis/Generalvollmacht/Prokura hat bzw. weisungsfrei bedeutsame Aufgaben im Unternehmen wahrnimmt. Gelegentlich wird diesem Personenkreis auch ein Coaching zur Wiedereingliederung in den Arbeitsmarkt gewährt (Outplacement).

Denkbar ist aber auch eine **außerordentliche** Kündigung aus wichtigem Grund. Außerordentlich/fristlos kann nur bei Störung des Vertrauensverhältnisses gekündigt werden (z. B. Tätlichkeit gegen den Arbeitgeber, Unterschlagung, schwere Störung des Betriebsfriedens, schwerer Wettbewerbsverstoß), sofern dies binnen zwei Wochen nach Bekanntwerden des Sachverhalts erfolgt und zuvor die Verhältnismäßigkeit der Maßnahme geprüft wurde.

Die betriebliche Organisation besteht aus der Aufbauorganisation zur Strukturierung des Unternehmens durch Stellen und der Ablauforganisation zur Willensbildung.

Zur **Stellenbildung** ist zunächst eine Bestandsaufnahme der erforderlichen Aufgabenerfüllungen erforderlich. Dazu werden die Aufgaben nach Kriterien analysiert wie Verrichtungsart, Objektart, Rang, Phase oder Zweckbeziehung. Dann werden gleichartige Einzelaufgaben zu einer Stelle zusammengefasst. Träger der Stelle sind ein oder mehrere Personen, eventuell auch Maschinen oder Mensch-Maschine-Kombinationen. Die Stellenbildung wird meist grafisch in Form eines Organigramms mit Über- und Unterordnungen dargestellt. Aus der Stellenbildung leitet sich die **Stellenbeschreibung** ab. Ziel ist eine Stellenbesetzung mit einem Fit zwischen Leistungsprofil des Stellenträgers und Anforderungsprofil der Stelleninhalte. Besteht kein Fit, ist eine Anpassung der Kompetenzen des Stelleninhabers durch Schulung/Training erforderlich.

Hüten Sie sich davor, Stellen „um Personen herum" zu definieren, denn wenn diese Personen das Unternehmen verlassen, ist kaum eine gleichartige Besetzung mehr möglich. Insofern ändert sich der Zuschnitt dieser Stelle und ändern sich damit auch weitere Stellenzuschnitte innerhalb des Unternehmens im Dominoeffekt.

6.1.2 Organisationsstruktur

Die Organisation bestimmt die Aufteilung der Aufgaben in einem Unternehmen. Sie baut auf Aufgabenanalyse und -synthese auf und bildet daraus Weisungsstellen (Instanzen), Ausführungsstellen und Hilfsstellen (Stäbe), für die jeweils eine Beschreibung der Teilaufgaben angibt, welcher Ausschnitt der Gesamtaufgabe dort erledigt wird und welche Kompetenzen der/die jeweilige Stelleninhaber/in dafür haben soll.

Die **Aufbauorganisation** kann nach mindestens drei Dimensionen hin bestimmt werden (siehe Bild 6.1):

- Die Spezialisierung gibt an, ob der Stelle gemeinsame Verrichtungen oder gemeinsame Objekte zugrunde liegen.
- Die Konfiguration gibt an, wie die einzelnen Stellen innerhalb des Unternehmens zueinander hierarchisch angeordnet sind.
- Die Koordination gibt an, wie die einzelnen Stellen miteinander zusammenarbeiten.

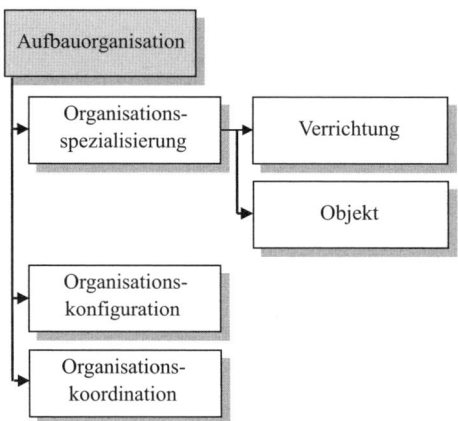

Bild 6.1 Dimensionen der Aufbauorganisation

Die **Spezialisierung** nach **Verrichtungen** führt zur Organisation nach einzelnen Funktionen wie Beschaffung, Produktion, Absatz, Administration etc. Die Spezialisierung nach **Objekten** kann sich etwa auf Produkte/Produktgruppen/Teilprogramme, Absatzgebiete/Regionen/Länder oder Kunden/Kundengruppen/Branchen richten. Dies führt in Reinform (Primärorganisation) dann zur **Produktorganisation**, zur **Gebietsorganisation** oder zur **Kundenorganisation**. Diese Formen zeichnen situative Vor- und Nachteile aus. In der Praxis sind jedoch solche Reinformen selten zu finden, häufig wird vielmehr eine Sekundärorganisation ab der dritten Führungsebene genutzt (die erste Führungsebene bildet die Geschäftsleitung, die zweite die Funktionsorganisation). Denkbar sind eine Verrichtung an einem Objekt, mehrere Verrichtungen an einem Objekt, eine Verrichtung an mehreren Objekten oder mehrere Verrichtungen an mehreren Objekten.

Die **Konfiguration** ist durch die Linie als Weisungs- und Berichtsweg gekennzeichnet. Die Leitungstiefe ergibt sich aus der Anzahl der Hierarchiestufen in der Organisation (tendenziell sinkend), die Leitungsspanne gibt spiegelbildlich die Anzahl der direkt (also auf der Folgeebene) unterstellten Stellen an (spiegelbildlich steigend). Als Ausprägungen kommen dafür in Betracht die **Einlinienorganisation** als Regelfall (ein Anweisungs- und Berichtsweg zwischen vorgesetzter und nachfolgender Stelle), die **Mehrlinienorganisation** als Ausnahmefall mit Mehrfachunterstellungen, die **Stablinienorganisation** mit den Instanzen zugeordneten Leitungshilfsstellen ohne Weisungsbefugnis (Stabsstellen) und die **Kreuzlinienorganisation** (Matrix/Tensor) mit zwei-/dreidimensionalen Verflechtungen zum Clearing von Interessenkonflikten an den organisationalen Schnittstellen. Dabei ist zu beachten, dass der Organigrammkopf im Zweifel zur Rechenschaft gezogen wird, daher muss es ihm auch möglich sein, letztlich die Entscheidung zu treffen. Davon können weder Delegation noch Mitbestimmung entbinden.

Die **Koordination** betrifft die Abstimmung zwischen den Stellen/Abteilungen. Dafür kommen folgende Formen in Betracht. Die **Projektorganisation** unterlegt zeitlich begrenzte, komplexe und neuartige Aufgaben, die von Projektkoordinator (Stabsstelle), Projektverantwortlichem oder gemeinsamem Projektkoordinator abgestimmt werden. Sind die Aufgaben kontinuierlich, parallel zueinander und crossfunktional angelegt, kommt die **Teamorganisation** zum Zuge. Ein Team arbeitet grundsätzlich hierarchieneutral, hat aber einen Teamsprecher. In der **Gremienorganisation** sind Entscheidungen hoher Tragweite aus der Linie herausgenommen und obliegen nunmehr Leitungsgruppen/Taskforces/Komitees, die anlassbezogen oder dauerhaft angelegt sind. Man verspricht sich davon vor allem eine bessere Entscheidungsqualität. Die **Zentralbereichsorganisation** unterteilt alle Aufgaben in marktnahe, die in Divisions/Sparten organisiert sind, sowie administrative, die in Shared Service Centern organisiert werden. Fraglich ist allerdings die Form der Zusammenarbeit, die im Einzelnen obligatorisch oder fakultativ ausgelegt sein kann.

Die Aufbauorganisation eines Unternehmens besteht aus der Kombination von Primär- und Sekundärorganisation. In neuerer Zeit hat sich der Fokus jedoch auf die **Ablauforganisation** gerichtet, die quer zur Struktur verläuft und auf die darin ablaufenden Prozesse abhebt (siehe oben). Dazu ist zunächst eine Arbeitsanalyse mit Zerlegung aller Arbeiten in Elementaraufgaben und Gangelemente (Cases) erforderlich und danach eine Arbeitssynthese nach sachlichen, personalen, lokalen oder temporalen Aspekten. Die Willensbildung in der Organisation erfolgt dann retrograd (top-down), progressiv (bottom-up), im Gegenstromprinzip (top-down, bottom-up, top-down), über das Middle Management als Scharnier oder über Managementkerne (informelle Gruppen im Betrieb).

■ 6.2 Leadership und Entrepreneurship

Leadership (Führung) dient der betrieblichen Zielerreichung mithilfe der Koordination von Mitarbeitern. Die direkte Führung erfolgt über interpersonelle Kontakte, die indirekte über Organisationsmittel (Medien), die formelle Führung erfolgt durch Hierarchie, die informelle durch Gruppeneinfluss. Führung bedeutet immer asymmetrische soziale Interaktion. Unternehmertypen zeichnet dabei Leadership-Fähigkeit aus, d.h., sie sind zur Führung organisationaler Gruppen befähigt.

Für Führungsstile gibt es vielfache Ansätze, so über Charisma, ein für Gründer häufiges Merkmal, also über charakterliche Eigenschaften wie Dominanz, Initiative, Stetigkeit und Gewissenhaftigkeit, über ein-, zwei-, drei- und mehrdimensionale Führungsstile, vor allem aber über praktische **Führungstechniken**. Denkbare Ausprägungen sind dafür unter anderem folgende:

■ Der Vorgesetzte entscheidet nur bei Ausnahmefällen, ansonsten entscheiden die Mitarbeiter eigenständig (Management by Exception), fraglich ist dabei, wie diese Ausnahmefälle angemessen zu definieren sind.

■ Der Vorgesetzte delegiert alle Verantwortungen an die dafür niedrigstmögliche Mitarbeiterebene (Management by Delegation), dies bürgt jedoch nicht gerade für beste Entscheidungsqualität.

■ Der Vorgesetzte führt anhand von Zielvereinbarungen, die einvernehmlich mit jedem Mitarbeiter geschlossen werden und von diesem auch einzuhalten sind (Management by Objectives).

■ Der Vorgesetzte führt anhand quantitativer Ergebnisgrößen, die verbindlich sind, die Wege zur Zielerreichung sind im Einzelnen freigestellt (Management by Results), was jedoch bedenkliche Konsequenzen haben kann (z.B. Bankenbranche).

Der **Führungsstil** wiederum kann autokratisch (autoritär) oder demokratisch (partizipativ), jeweils mit verschiedenen Abstufungen dazwischen, ausgelegt sein. Viele erfolgreiche Existenzgründer zeichnen autokratische Züge aus. Dabei liegen Menschenbilder des Führenden gegenüber den Geführten zugrunde. Diese beruhen auf physiologischen, psychologischen und soziologischen Dimensionen.

 Die agile Arbeitsweise basiert auf Selbstorganisation und stärkt das Verantwortungsbewusstsein der Beteiligten. Wird in einem Unternehmen eine agile Arbeitsweise umgesetzt, lautet die Annahme, dass besser mit der zunehmenden Komplexität umgegangen wird sowie flexibel und schnell auf Veränderungen oder neue Anforderungen reagiert werden kann.

Die **Organisationskultur** besteht im Wesentlichen aus dem Führungsstil des Unternehmens, den geteilten Werten und Kernüberzeugungen, dem Mitarbeiterengagement sowie Fähigkeiten und Wissen des Unternehmens. Starke Unternehmenskulturen erleichtern die Zusammenarbeit, geben ein enges Wir-Gefühl, sind attraktiv für affine Mitarbeiter, vermeiden Konflikte und Missverständnisse und führen somit zu positiven Rationalisierungs- und Gewinneffekten. Allerdings erschweren sie auch die im Zeitverlauf unvermeidliche Anpassung des Unternehmens an Veränderungen im Umfeld, weil sie Mitarbeiter anziehen, die für die dann überholte Kultur stehen und zugleich für Veränderung notwendige neue Mitarbeiter abschrecken.

Statt eines Kontinuierlichen Veränderungsprozesses (Kaizen) ist dann eine radikale Veränderung (Business Process Reengineering/BPR) unumgänglich, die jedoch vielfältig dysfunktional wirkt. Die Unternehmenskultur ist von außen nur anhand von Symbolen (Perceptas) einschätzbar wie Rituale, Sprachstil, Kleiderordnung etc. Diese lassen aber gültig und zuverlässig auf die anderweitig unsichtbar bleibenden Ebenen der Verhaltensnormen und -standards sowie der Grundannahmen und Werte schließen (Conceptas).

Bei Entrepreneurship **(Unternehmertum)** gelten kaum überzubewertende, persönliche Voraussetzungen für Existenzgründer, so dass sie unter anderem

- mit Konflikten und Krisen konstruktiv umgehen können,
- ein hohes Maß an Ungewissheit und Unsicherheit tolerieren können,
- Mut und starke Innovationsbereitschaft mitbringen,
- Zuversicht und Selbstwertgefühl für ihre Person und ihre Geschäftsidee haben,
- sehr hohe Arbeits- und Einsatzbereitschaft zeigen,
- ein hohes Maß an Beharrlichkeit an den Tag legen,
- entscheidungs- und handlungsfreudig sind, ohne dabei aktionistisch zu wirken,
- flexibel auf Umfeldveränderungen eingehen können,
- über Verhandlungsgeschick verfügen,
- einstellungs- und verhaltensbestimmte Führungsqualitäten mitbringen.

Darüber hinaus gelten unvermindert fachliche Voraussetzungen für Existenzgründer, sie müssen

- die betriebswirtschaftlichen und einschlägigen rechtlichen Grundlagen beherrschen,
- über ein Minimum an spezifischem Berufs- und Branchenwissen, meist aus eigener Erfahrung, verfügen,
- über ein Minimum an Markt-, Kunden-, Wettbewerbs- und Produktkenntnissen verfügen,

- netzwerken können und kontaktfreudig sein, um Geschäftsbeziehungen aufzubauen,
- über verlässliche Promotoren und belastbare Ansprechpartner verfügen.

Jedoch längst nicht jeder ist zum Existenzgründer berufen. Es gibt Menschen, für die Sicherheit und geordnete Bahnen Werte in sich sind. Diese werden sie in der Selbstständigkeit nicht vorfinden. Die Marktwirtschaft ist ein Überlebenskampf der Existenzen. In der realen Form der Sozialen Marktwirtschaft ist dieser Kampf zwar etwas abgemildert, aber schon wenn man außerhalb der deutschen Grenzen tätig wird, wirkt dieses Survival of the Fittest umso stärker. Zentrales Element jeder Marktwirtschaft ist der Wettbewerb, und diesem ist immanent, dass es eine gegenseitige Verdrängung gibt. Nur die leistungsfähigsten haben eine Chance, zu überleben. Und dass sie bisher gut überlebt haben, ist keinerlei Gewähr dafür, dass dies auch in Zukunft so sein sollte (siehe Nokia, Kodak, Xerox, Toys „R" Us).

Dies ist deshalb wichtig zu beachten, weil Existenzgründung in den Medien meist einseitig als Spaßveranstaltung dargestellt wird. Sicherlich gibt es auch dieses Element, aber es ist gering im Vergleich zu den täglichen Frustrationen der Selbstständigkeit. Im Wettbewerb wird mit harten Bandagen gekämpft, viele Teilnehmer suchen den eigenen Vorteil nur zulasten anderer. Es entstehen schwer zu verteidigende, freie Rechtsräume. So verbringt man als Gründer große Teile seiner Zeit mit Anwaltsgesprächen, um sich seiner Haut zu wehren. Problematisch ist dabei, dass diese Zeit für produktive Arbeit fehlt, aber kaum dass man aktiv wird, daraus wieder neue Verstrickungen vielerlei Art folgen.

Dies gilt auch in Bezug auf Mitarbeiter. Als Unternehmer stellt man rasch fest, dass viele Einstellungen und Verhaltensweisen, die man als Angestellter selbst gepflegt hat, nunmehr kontraproduktiv sind. Mitarbeiter handeln opportunistisch, was ihnen nicht zu verdenken und Teil ihres persönlichen Survivals ist. Für Unternehmer aber bedeutet dies konkret Ertragseinbußen, die man so kaum hinnehmen kann.

 Starten Sie keine Selbstständigkeit ohne Branchen- und Ökonomieerfahrung! Die restriktiven Umfeldbedingungen geben Ihnen kaum eine Chance für eine angemessene Lernkurve. Insofern werden durch eine überstürzte Existenzgründung womöglich hohe Belastungen für den gesamten weiteren Lebensweg angehäuft. Sammeln Sie zunächst einmal Erfahrungen in dem Sektor, in dem Sie sich später selbstständig machen wollen. Es gilt, ein Netzwerk zu knüpfen und Kontakte zu finden, die den Start entscheidend erleichtern. Es gilt aber auch, sich mit rechtlichen, finanziellen und technischen Anfeindungen vertraut zu machen, um gegen diese bestehen zu können.

Erst wenn Sie die herrschenden Spielregeln durchschaut haben, können Sie selber zum erfolgreichen Player werden. Die „Tellerwäscher"-Storys, die in Medien lanciert werden, mögen zu Teilen sogar wahr sein, im Schatten stehen jedoch um ein Vielfaches häufiger Gründer, die auf Jahre hinaus finanziell ruiniert sind.

Man darf auch nicht unterschätzen, dass man als Existenzgründer alle Dinge, die man vorher als Angestellter selbstverständlich als Service abgerufen hat, nunmehr selber erbringen muss. Dies ist unproduktive Zeit, die nicht dem Geschäftsaufbau dient und auch nicht abrechenbar (billable) ist. Gleiches gilt für mehr oder minder umfangreiche Zeiten bei Wirtschaftsprüfern, Steuerberatern, IT-Consultants etc., die zudem noch Auszahlungen nach sich ziehen. Dies alles blockiert große Teile der Arbeitszeit und bremst den Erfolg. Auch ist davor zu warnen, der Versuchung zu erliegen, durch Finanzierungsrunden zur Verfügung stehende Budgets im indirekten Bereich zu investieren wie übermäßige Geschäftsausstattung, protzige Firmenwagen, hohe Büromieten etc. Dort sind sie unproduktiv gebunden und schaffen keinen marktfähigen Mehrwert. Richtig ist es vielmehr, auf „kleiner Flamme" zu starten und sparsam zu haushalten. Spätestens wenn die erste Durststrecke kommt, sind finanzielle Reserven überlebensnotwendig.

■ 6.3 Entscheidungsfindung

Wirtschaften heißt immer entscheiden. Sofern alle Einflussgrößen und Randbedingungen bestimmbar sind, sind einwertige Entscheidungssituationen gegeben, die es allerdings praktisch nur sehr selten gibt. Meist handelt es sich vielmehr um mehrwertige Entscheidungssituationen. Diese können aufgrund von Erfahrungswissen beurteilt werden, aufgrund von Eintrittswahrscheinlichkeiten berechnet sein oder auch anderweitig völlig ungewiss bleiben (siehe Bild 6.2).

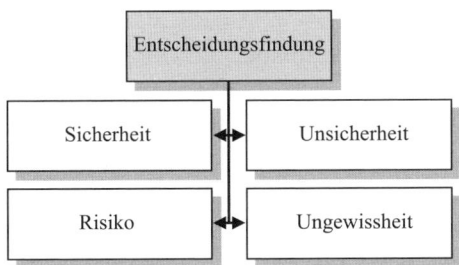

Bild 6.2 Situationen zur Entscheidungsfindung

Entscheidungen unter **Sicherheit** als deterministische Entscheide sind gegeben, wenn alle entscheidensrelevanten Daten und Fakten vorliegen, sodass eine Entscheidung mit Sicherheit im Sinne eines maximalen Ergebnisses getroffen werden kann. Diese klare Situation ist in der Praxis so gut wie gar nicht anzutreffen.

Eine unklare Entscheidungssituation bedeutet, dass die Handlungsgrundlagen und -konsequenzen zwar unbekannt sind, sich jedoch Anhaltspunkte für objektive Eintrittswahrscheinlichkeiten bei Risiko oder zumindest einschlägige subjektive Erfahrungen bei Unsicherheit finden lassen.

Das Entscheidungsfeld ist bei **Risiko** durch den Zustandsraum der möglichen, nicht beeinflussbaren Umweltsituationen und den Aktionsraum der möglichen, beeinflussbaren Handlungen begrenzt. Für jede Kombination aus Zustand und Aktion werden dann die zu erwartenden Gewinnbeiträge ermittelt. Diese werden mit objektiven Eintrittswahrscheinlichkeiten gewichtet. So ergibt sich der Erwartungswert. Die Kombination mit dem höchsten Erwartungswert ist die zu präferierende. Die Streuung der Ergebnisse kann statistisch durch die Standardabweichung erfasst werden. Diese Eintrittswahrscheinlichkeiten geben Aufschluss über die Risikoscheu oder -gierigkeit des jeweiligen Entscheiders. Für gewöhnlich wird für Manager, die mit dem Kapital von Eigentümern und Kreditgebern arbeiten und diesen dafür rechenschaftspflichtig sind, Risikoscheu unterstellt. Inhaber sind demgegenüber typischerweise risikogieriger.

Entscheidungen unter **Unsicherheit**, also solche mit subjektiven Eintrittswahrscheinlichkeiten, sind häufig vorzufinden. Hier kommt es auf die Erfahrung und das Urteilsvermögen des Entscheiders an, denn objektive Eintrittswahrscheinlichkeiten liegen nicht vor. Hier sind Existenzgründer gefährdet, weil sie oft nicht über genügend Erfahrungswissen verfügen, um zweckmäßige Entscheidungen treffen zu können. Dann bietet es sich an, erfahrene Personen/Berater zu konsultieren und ihnen das Entscheidungsproblem vorzutragen. Deren Rat sollte dann sehr ernst genommen werden. Dabei ist darauf zu achten, dass diese Ratgeber über eigene authentische Gründungserfahrung verfügen. Selbst dann bleibt die Erkenntnis, dass man womöglich mit fremdem Geld freigiebiger umgeht als mit eigenem.

Bei Entscheidungen unter **Ungewissheit** als indeterministische Entscheide sind keinerlei entscheidensrelevante Daten und Fakten, weder nach Wahrscheinlichkeit noch aus Erfahrung, bekannt. Dies ist vor allem bei völlig neuartigen Situationen gegeben, wie sie aufgrund erratischer Umfeldveränderungen entstehen oder eben bei Existenzgründung. Dennoch sind diese Situationen bei genauerem Hinsehen selten, denn durch geeignete Recherche und Informationsauswertung lassen sich meist sehr wohl Anhaltspunkte für Entscheide finden, sei es durch historische Analogie, Anwendung allgemeiner Guidelines oder auch nur gesunden Menschenverstands.

Sonderfälle entstehen bei Entscheidungen mit konkurrierenden Zielen, bei Entscheidungen, die nicht von den Umweltzuständen, sondern den Reaktionen der Marktpartner abhängig sind (Wettbewerb als Spielsituation), bei Entscheidungen unter Nebenbedingungen (Restriktionen) und bei Entscheidungen in Kollektiven, die häufig dysfunktional ablaufen.

Für Entscheidungen bei **konkurrierenden Zielen** gibt es vor allem folgende Verfahren:

- **Paarvergleich** (Dominanzprüfung), dabei werden bei mehreren Optionen reihum jeweils zwei von ihnen miteinander verglichen, die Option mit den meisten relativen Überlegenheitsurteilen gilt als die absolut beste.

- **Checklist**-Verfahren, dieses prüft dichotom das Vorhandensein oder Nichtvorhandensein von Kriterien bei jeder Entscheidungsoption (nominal). Dabei können Musskriterien und Sollkriterien unterschieden werden, je nachdem, ob die entsprechenden Kriterien als Ausschluss oder als Wunsch angesehen werden.

- **Punktwertverfahren** (Rating), dieses ist anwendbar, sofern es sich um quantitative (kardinale) Kriterien handelt, sodass sich die bestmögliche Option ergibt. Grundlage ist dabei eine metrische Punktskala.

- **Nutzwertanalyse** (Ranking), diese ist erforderlich, wenn qualitative (kategoriale) Kriterien vorliegen, die zunächst in quantitative umzuwandeln sind. Dazu ist eine Nutzenfunktion erforderlich, die den Nutzwert jedes Kriteriums quantifiziert. Dabei können die ordinalen Kriterien noch subjektiv gewichtet werden.

Bei Entscheidungen in **Kollektiven** wird gemeinhin vermutet, dass Mehrpersoneneinheiten zu besseren Ergebnissen kommen als einzelne Entscheidungsträger. Dies kann so sein, muss aber nicht. Es gibt vielfachen Anlass anzunehmen, dass Kollektive zu Entscheidungsdefekten (Groupthink-Phänomen) neigen. Dafür gibt es vor allem zwei Ursachen. Einerseits können Kollektive zu übertrieben risikoreichen Entscheiden kommen, weil jeder Beteiligte im Falle des Scheiterns nur einen Bruchteil der Konsequenzen daraus zu tragen hat und Risikofreude im Übrigen als sozial attraktive Eigenschaft gilt. Andererseits können Kollektive auch zu übertrieben risikoscheuen Entscheiden kommen, weil die Bedenkenträger sich gegenseitig hochschaukeln und insgesamt auch mehr Risiken offensichtlich werden. Daher sind Kollektiventscheide letztlich wenig robust.

 Die Koordination als betriebliche Grundfunktion erlaubt die Verzahnung der Unternehmensbereiche und betrifft die Engpässe von Personal und Organisation, von Führung und Unternehmertum sowie die Fähigkeit zur damit verbundenen Entscheidungsfindung.

7 Kennen und Lenken der monetären Bereiche eines Unternehmens

 Innerhalb der finanzwirtschaftlichen Funktion können das interne und das externe Rechnungswesen unterschieden werden. Diese umfassen den Geldkreislauf innerhalb des Betriebs in Bezug auf Kostenrechnung, Buchführung, Bilanzierung und Steuern. Dies sind Funktionen von überlebenswichtiger Bedeutung für jedes junge Unternehmen, wenngleich die Materie zunächst sehr komplex erscheint.

■ 7.1 Kostenrechnung und Kalkulation

Ziel jedes Unternehmens ist normalerweise die Gewinnerzielung. Dazu können die Erlöse einerseits oder die Kosten andererseits zu beeinflussen gesucht werden. In Bezug auf die Kosten ist die Unterscheidung in verschiedene **Kostengrößen** erforderlich (vgl. zum Folgenden Pepels 2017a, S. 405 ff.).

Einzelkosten sind die einer Leistung eindeutig unmittelbar zurechenbaren, direkten Kosten wie z. B. Materialkosten. **Gemeinkosten** sind Kosten, die nur mehreren Leistungen gemeinsam zurechenbar sind (echte Gemeinkosten/Overheads wie z. B. Verwaltungskosten). Unechte Gemeinkosten sind Einzelkosten, bei denen aus pragmatischen Gründen (Erfassung, Kostenhöhe etc.) auf einen Einzelausweis verzichtet wird, obgleich dieser durchaus möglich wäre (z. B. bei Energiekosten).

Variable Kosten schwanken in ihrer Höhe mit dem Beschäftigungsgrad, sie werden auch als Grenzkosten bezeichnet. Sie können progressiv steigend, degressiv fallend, proportional oder regressiv zu ihrer Bezugsgröße (Menge) verlaufen. **Fixe** Kosten fallen hingegen unabhängig vom Beschäftigungsgrad stets in gleicher Höhe an (z. B. Gehaltskosten). **Sprungfixe** Kosten sind Kosten, die innerhalb eines Beschäftigungsintervalls fix sind, sich von Intervall zu Intervall aber sprunghaft verändern (z. B. bei kapazitativer Anpassung). Dies gilt bei Ausweitung ebenso wie bei Rückzug, wobei dann allerdings remanente Kosten bestehen bleiben. **Nutzkosten** sind Fixkosten, die infolge Kapazitätsauslastung durch Erlöse abgedeckt werden. **Leerkosten** sind Fixkosten, die bei Unterauslastung von den Erlösen nicht gedeckt werden, sie bedeuten Verlust.

Pagatorische Kosten sind solche, die zu einem Zahlungsmittelabfluss führen, also auszahlungswirksam sind (z. B. Materialbeschaffung). **Nicht pagatorische** Kosten sind solche, die nur durch buchhalterische Verrechnung (kalkulatorisch) anfallen wie z. B. fiktive Mietkosten. Variable Kosten sind überwiegend pagatorischer Natur, fixe nur teilweise.

Die Kosten können nach den Kriterien der Art, der Stelle und des Trägers betrachtet werden (siehe Bild 7.1). Die **Kostenartenrechnung** ermittelt, welche Kosten im Betrieb anfallen. Dabei gelten die Grundsätze der Eindeutigkeit, Einheitlichkeit, Vollständigkeit und Wirtschaftlichkeit. Dazu wird gemeinhin ein Kontenrahmen unterlegt, der in verschiedene Kostenarten differenziert wie Instandhaltung, Abgaben, Mieten etc. Wesentliche Positionen sind folgende:

- Materialkosten für Rohstoffe, Hilfsstoffe (sind nur unwesentlicher Bestandteil im Endprodukt) und Betriebsstoffe (gehen nicht in das Endprodukt ein wie z.B. Energie). Die Erfassung erfolgt durch Verfahren wie Verbrauchsfortschreibung, Inventur, Rückrechnung, Schätzung oder Ähnliches,
- Personalkosten für Löhne/Gehälter, gesetzliche/freiwillige Sozialleistungen, Zulagen etc.,
- kalkulatorische Kosten für Zinsen auf eingesetztes Eigenkapital, Ausgleich eingegangener Wagnisse, Unternehmerlohn für eigene Tätigkeit, Mieten in eigenen Räumlichkeiten, Abschreibungen zur Substanzerhaltung etc.

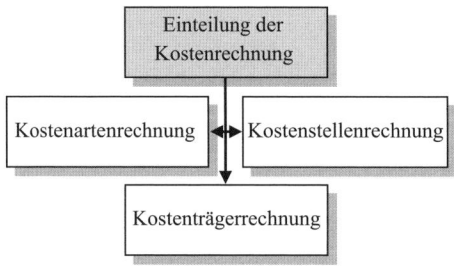

Bild 7.1 Einteilungen der Kostenrechnung

Die **Kostenstellenrechnung** ermittelt, wo die Kosten im Betrieb anfallen. Dazu wird gemeinhin ein Betriebsabrechnungsbogen (BAB) unterlegt, der matrixförmig in Haupt- und Neben-/Hilfskostenstellen einerseits sowie verschiedene Kostenarten andererseits unterteilt ist. Kosten, die einer Kostenstelle spezifisch zugerechnet werden können, werden direkt übertragen. Kosten, die für mehrere Kostenstellen gemeinsam anfallen, müssen vorher geschlüsselt werden, z. B. nach Fläche, Rauminhalt, Verbrauchszähler. Als Einzelkostenarten ergeben sich zumeist Fertigungsmaterial und Fertigungslöhne (Endkostenstellen). Die Gemeinkosten werden diesen dann prozentual zugeschlagen (aus Vorkostenstellen). Aus dem Betriebsabrechnungsbogen ergeben sich die Zuschlagssätze in der Zuschlagskalkulation. Kostenstelleneinzelkosten werden für Fertigung, Verwaltung und Vertrieb angesetzt.

In Bezug auf die **Kostenträgerrechnung** sind mehrere Kostenrechnungssysteme zu unterscheiden, die im Einzelnen der Vor-, Zwischen- und Nachkalkulation dienen:

- **Vollkostensysteme** beziehen sowohl variable als auch fixe Kosten in die Kalkulation ein. **Teilkostensysteme** beziehen nur variable bzw. nur Einzelkosten ein. Denn nur diese sind kurzfristig beeinflussbar bzw. eindeutig zurechenbar und können damit aktiv beeinflusst werden.

- **Istkostenrechensysteme** arbeiten auf Basis der gegenwärtig anfallenden Kosten. Sie erfüllen damit keine Planungsaufgaben. **Normalkostenrechensysteme** arbeiten auf Basis von Durchschnittskostenwerten der Vergangenheit. Sie ermöglichen damit eine historische Abweichungsanalyse (Längsschnitt). **Plankostenrechensysteme** arbeiten auf Basis statistisch, grafisch oder funktional analysierter Kosten. Dabei sind verschiedene Ausprägungen möglich (starr mit einem vorgegebenen Beschäftigungsgrad, flexibel mit mehreren Beschäftigungsgraden, marginal nur mit Teilkosten/GPR).

- **Progressive** Rechensysteme gehen von den einzelnen Kostenpositionen auf den sich ergebenden Preis inklusive Gewinnaufschlag vor. **Retrograde** Rechensysteme gehen vom am Markt für realisierbar gehaltenen Preis auf die einzelnen Kostenpositionen, die dadurch abgedeckt werden können und müssen, zurück, erstere sind für die Ermittlung der Preisuntergrenze geeignet, also betriebsorientiert, letztere für die Ermittlung der Preisobergrenze, also marktorientiert.

Beispiele für **progressive** Kostenrechnungssysteme auf Ist-, Normal- oder Plankostenbasis sind folgende:

- **einfache Divisionskalkulation** (addierte Stückkosten + Stückgewinnaufschlag = Angebotspreis),

- **mehrfache Divisionskalkulation** (Differenzierung der Stückkosten in solche produktiver oder administrativer Art),

- **Äquivalenzziffernkalkulation** zur Verrechnung der Kosten bei der Fertigung verwandter Produktarten,

- **Kuppelkalkulation** zur Verrechnung bei der Fertigung mit einem Haupt- und mehreren Nebenprodukten,

- **summarische Zuschlagskalkulation** mit einem pauschalen Gemeinkostenzuschlagssatz auf die Einzelkosten,
- **differenzierte Zuschlagskalkulation** mit getrennten Zuschlagssätzen für Material, Fertigung, Verwaltung und Vertrieb auf die Einzelkosten.

Beispiele für **retrograde** Kostenrechnungssysteme sind folgende:

- **einstufige Deckungsbeitragsrechnung** (Deckungsbeitrag = Umsatz ./. variable Gesamtkosten), der Deckungsbeitrag muss die gesamten Fixkosten abdecken und einen gewünschten Gewinn übriglassen,
- **mehrstufige Deckungsbeitragsrechnung** (Fixkosten im Deckungsbeitrag werden in mehrere Hierarchiestufen zerlegt), dies dient der differenzierten Analyse der Fixkostenabdeckungen,
- **Deckungsbeitragsrechnung mit relativen Einzelkosten** (Unterscheidung der Kosten in direkt zurechenbare fixe und variable Einzelkosten sowie nur pauschal zurechenbare fixe und variable Gemeinkosten).

Die am häufigsten angewendeten Systeme sind sicherlich die differenzierte Zuschlagskalkulation auf Vollkostenbasis und die mehrstufige Deckungsbeitragsrechnung auf Teilkostenbasis. Daher seien diese hier kurz ausgeführt.

Für die differenzierte Zuschlagskalkulation ergibt sich folgendes **progressive** Schema:

- Materialeinzelkosten (der Kostenstelle) + Materialgemeinkostenzuschlag (aus BAB) = Materialkosten,
- Fertigungseinzelkosten (der Kostenstelle) + Fertigungsgemeinkostenzuschlag (aus BAB) + Sondereinzelkosten der Fertigung = Fertigungskosten,
- Materialkosten + Fertigungskosten = Herstellungskosten,
- Herstellungskosten + Verwaltungs- und Vertriebsgemeinkosten (aus BAB) + Sondereinzelkosten der Verwaltung und des Vertriebs (aus Kostenstelle) = Selbstkosten,
- Selbstkosten + Gewinnaufschlag = Angebotspreis,
- Angebotspreis + Erlösschmälerungen = Nettolistenpreis,
- Nettolistenpreis + Umsatzsteuer = Bruttolistenpreis.

Der BAB (Betriebs-Abrechnungs-Bogen) nimmt eine Schlüsselung aller Gemeinkostenarten auf die einzelnen Kostenstellen vor. Die sich ergebenden Kostenstellengemeinkosten werden in Prozent der Einzelkosten dort ausgewiesen und dann zugeschlagen (Mark up).

Angesichts moderner, sehr fixkostenintensiver Produktion (hohe Abschreibungen, Lohn-/Lohnnebenkosten) entstehen daraus allerdings Gemeinkostenzuschlagssätze von oft mehreren 100 % auf die Einzelkosten, sodass bereits geringe Unschärfen beim Einzelkostenausweis zu Fehlentscheidungen führen. Zudem ist die Kalkulation nicht marktorientiert.

Für die Deckungsbeitragskalkulation ergibt sich folgendes **retrograde** Schema:

- Markterlöse ./. variable Gesamtkosten = Deckungsbeitrag I, zugleich die kurzfristige Preisuntergrenze,

- Deckungsbeitrag I ./. Stellenfixkosten = Deckungsbeitrag II, zugleich Verlust in Höhe der Abteilungs-, Hauptabteilungs-, Bereichs- und Unternehmensfixkosten,

- Deckungsbeitrag II ./. Abteilungsfixkosten = Deckungsbeitrag III, zugleich Verlust in Höhe der Hauptabteilungs-, Bereichs- und Unternehmensfixkosten,

- Deckungsbeitrag III ./. Hauptabteilungsfixkosten = Deckungsbeitrag IV, zugleich Verlust in Höhe der Bereichs- und Unternehmensfixkosten,

- Deckungsbeitrag IV ./. Bereichsfixkosten = Deckungsbeitrag V, zugleich Verlust in Höhe der Unternehmensfixkosten,

- Deckungsbeitrag V ./. Unternehmensfixkosten = Selbstkosten, zugleich langfristige Preisuntergrenze (gewinnlos),

- Markterlöse ./. Selbstkosten = Betriebsergebnis, positiv bei Gewinn, negativ bei Verlust.

An der Höhe des Betriebsergebnisses ändert sich c. p. bei der Teilkostenrechnung gegenüber der Zuschlagskalkulation nichts, aber es sind bessere Entscheidungen möglich. Dazu sind folgende Überlegungen erforderlich. Die fixen Kosten fallen unabhängig von der Beschäftigung an, sie sind daher entscheidungsirrelevant (Sunk Costs), denn Fixkosten sind bei Unterauslastung nicht kurzfristig abbaubar, fallen also im Intervall stets in gleicher Höhe an (sonst wären es keine Fixkosten). Daher ist es sinnvoll, dann auch Preise zu akzeptieren, die nicht vollkostendeckend sind, sondern nur teilkostendeckend, weil diese immerhin zur Verringerung der anderweitig verbleibenden Leerkosten (ungedeckte Fixkosten) beitragen. Bei Überauslastung geht es darum, aus mehreren Aufträgen die profitabelsten auszuwählen. Dazu dient die relative Deckungsspanne (Deckungsspanne = Deckungsbeitrag pro Stück) zur Selektion desjenigen Auftrags, bei dem nach Abzug der variablen Stückkosten bei gegebenen Fixkosten und Preis der höchste Stückgewinn je Engpassbelegungseinheit (Maschinenstunde, Mitarbeiterzeit etc.) verbleibt. Dies ist vor allem sinnvoll, weil die Betriebssituation rasch durch einen enorm hohen Fixkostenblock gekennzeichnet ist. Dieser resultiert aus Abschreibungen auf teure Betriebsmittel, vor allem in der Industrie, sowie hohem Gehalts- und Gehaltsnebenkostenblock, vor allem bei Dienstleistungen. Daher sind Erkenntnisse über zielgerechte Preise, optimale Programmstruktur, differenzierte Preisuntergrenzen und optimale Engpassbelegung erfolgsentscheidend. Allerdings wird Deckungsbeitrag immer wieder mit Gewinn verwechselt, ein positiver Deckungsbeitrag kann aber tatsächlich auch erheblichen Verlust bedeuten.

Daher ist es besser, retrograd auf Vollkostenbasis zu kalkulieren, also sicher alle Kosten einzubeziehen statt nur der variablen Kosten. Dies erfüllt die **Zielkostenrechnung** (Target Costing, hier in der verbreitetsten Form der Market into Company-Fassung) wie folgt:

- Ausgangspunkt ist der am Markt für erzielbar gehaltene Preis (Target Price), bei bestehenden Produkten ist dies der Konkurrenzpreis, bei innovativen Produkten muss man sich durch Marktforschung an diesen möglichen Preis herantasten,
- davon wird zunächst der Plangewinn abgezogen (Target Profit), der Gewinn bleibt also nicht als Residuum, wenn man alles richtig gemacht hat, sondern wird gleich eingerechnet,
- es verbleiben die maximal abdeckbaren Planselbstkosten (Allowable Cost), also die Kosten, die man sich höchstens leisten kann, um zum gegebenen Preis gewinnhaltig anzubieten,
- diese werden mit den vorzufindenden Istselbstkosten verglichen (Drifting Cost), also den Selbstkosten, die im Betrieb aktuell gegeben sind,
- liegen die Planselbstkosten über den Istselbstkosten, wird die Differenz als zusätzlicher Gewinn einbehalten (Surplus Profit) oder kann für eine aggressive Preissetzung instrumentalisiert werden (Discount Pricing),
- liegen die Planselbstkosten aber unter den Istselbstkosten, müssen letztere auf das Niveau ersterer gedrückt werden, bevor ein Marktangebot sinnvoll möglich ist.

Zur Anpassung ergeben sich zwei Alternativen. Erstens kann versucht werden, die wahrgenommene Werthaltigkeit des Angebots zu erhöhen, um einen erforderlichen höheren Preis dafür am Markt zu erzielen, der in der Lage ist, die höheren Kosten abzudecken. Zweitens kann alternativ dazu versucht werden, die Kosten des Angebots zu senken, bis diese der Wertanmutung am Markt entsprechen. Gelingt beides nicht, muss auf das Angebot verzichtet werden, denn der Markt akzeptiert nicht deshalb einen höheren Preis, weil ein Betrieb unwirtschaftlich arbeitet, und ein alternativer Verzicht auf mehr oder minder große Teile des Gewinns ist unternehmerisch nicht akzeptabel.

Die Beeinflussung erfolgt im Einzelnen im Rahmen einer Wertgestaltung (Value Control). Dabei werden die auf einzelne Funktionen des Produkts entfallenden Kosten dem von der Nachfrage dafür wahrgenommenen Wert gegenübergestellt (kann durch Messverfahren wie Conjoint Measurement ermittelt werden). Sind die aktuellen Kosten höher als die Wertanmutung, muss entweder der Kostenblock verringert oder die Wertanmutung gesteigert werden. Sind die Kosten geringer, kann die Funktion aufwendiger gestaltet oder die Differenz als Puffer für andere Funktionen verwendet werden. Erst nach dieser Neugestaltung kann ein Marktangebot gewagt werden.

Interessant ist vor allem der Ausweis derjenigen Absatzmenge, die erstmals ausreicht, alle bis dahin aufgelaufenen Kosten zu decken (**vollkostenorientierte** Sicht = Fixkosten: Deckungsspanne). Diese gewinnlose Situation (Gewinnschwelle/Break-even) kann nur kurzfristig akzeptiert werden. Andere Ausprägungen sind der

- **plangewinnwirksame** Break-even, er erlaubt über die Deckung aller Kosten hinaus auch die gewünschte Gewinnerzielung, Absatzmengen darüber führen zu außerplanmäßigen Gewinnen (Surplus Profits),
- **liquiditätswirksame** Break-even, er erlaubt nur die Deckung aller ausgabewirksamen (pagatorischen) Kosten unter Verzicht auf die Deckung der nicht ausgabewirksamen Kosten und eines Gewinns, ausgabewirksam sind in der Regel alle variablen Kosten und Teile der fixen Kosten.

Einflussgrößen auf den Break-even sind der Preis pro Mengeneinheit (dieser wäre im Zweifel anzuheben), die variablen Stückkosten (diese wären zu senken) und der Fixkostenblock (dieser wäre zu senken, verläuft allerdings häufig sprungfix). Die **Sicherheitsspanne** gibt an, um wie viel Prozent der gegenwärtige Absatz zurückgehen darf, bevor die Vollkosten-/Liquiditätszone verlassen wird (Sensitivitätsanalyse). Ziel ist gemeinhin, bei möglichst niedriger Menge „break-even" zu sein. Limitierend wirkt dabei die Kapazitätsgrenze. Diese theoretische Betrachtung unterliegt allerdings rigiden Prämissen wie fester Beschäftigungsgrad, linearer Kosten- und Erlösverlauf, statische Sicht etc., die in der Praxis hinterfragt werden müssen.

 Sollten Sie sich bei Ihrer Kostenrechnung oder bei Ihren Kalkulationen unsicher sein, holen Sie sich Rat bei Experten ein (Steuerberater, Wirtschaftsprüfer). Auch wenn es gute Softwareunterstützung gibt, so sollte hier ein ganz sicherer Weg gewählt werden. Experimente sind nicht zu empfehlen!

■ 7.2 Finanzierung und Investition

Die Finanzierung ist durch Eigenkapital, das dem Unternehmen/Unternehmer gehört, oder Fremdkapital, das von ihm zugeliehen ist, möglich, bei beiden gibt es zwei Unterformen (siehe Bild 7.2). Als Quellen für **Eigenkapital** dienen die (interne) Selbstfinanzierung und die (externe) Beteiligungsfinanzierung. Hinsichtlich der **Selbstfinanzierung** ergeben sich wiederum folgende Optionen, die allerdings erst geraume Zeit nach Betriebsaufnahme zur Verfügung stehen und daher hier nur kurz erwähnt werden:

- Bei der stillen Selbstfinanzierung werden operative Gewinne ganz oder teilweise einbehalten (thesauriert) und erhöhen damit den Kapitalstock, der zur Finanzierung von Investitionen zur Verfügung steht.

- Bei der offenen Selbstfinanzierung werden stille Reserven aufgelöst, die aufgrund des gesetzlich vorgegebenen Imparitätsprinzips (Niederstwertprinzip bei Aktiva und zugleich Höchstwertprinzip bei Passiva) in der Bilanz entstehen, etwa bei Neubewertung oder Veräußerung von Vermögensgegenständen bzw. aktuell nicht benötigten Rückflüssen aus Abschreibungen, was voraussetzt, dass diese zum Ersatzbedarfszeitpunkt wieder zur Verfügung stehen.

- Bei der Kapitalfreisetzung wird nicht betriebsnotwendiges Anlagevermögen veräußert und gegebenenfalls zurückgemietet bzw. Umlaufvermögen kapitalisiert, z. B. durch Inkassobeauftragung, Sonderverkäufe. Dadurch kann „totes" Kapital zu arbeitendem Kapital (Working Capital) gemacht werden.

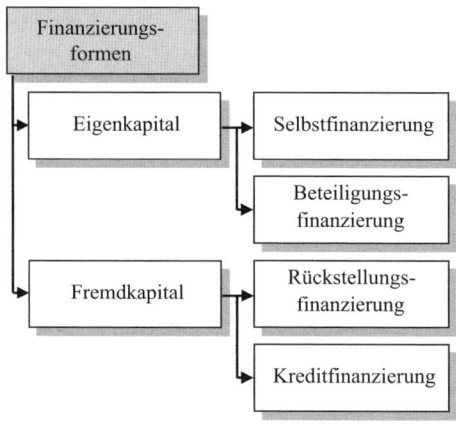

Bild 7.2 Finanzierungsformen

Bei der **Beteiligungsfinanzierung** kommen Einlagen bestehender Gesellschafter zum Zuge, etwa bei einem Börsengang/IPO oder Einlagen durch Aufnahme neuer Gesellschafter aus Kapitalerhöhung, wodurch die Anteile bestehender Gesellschafter gegebenenfalls verwässert werden. Gerade diese Formen sind bei Existenzgründungen als Venture Capital von hoher Bedeutung.

Bei den neuen Gesellschaftern kann es sich um institutionelle Investoren wie Hedgefonds (kurzfristig orientiert) oder Private-Equity-Fonds (langfristig orientiert) handeln. Diese stellen Eigenkapital zum Wachstum des Unternehmens, zur Überbrückung von Kapitalengpässen und zur Turnaround-Finanzierung bereit und verlangen dafür, häufig aggressiv-aktivistische, Mitspracherechte bei der Unternehmensführung.

Bei den neuen Gesellschaftern kann es sich aber auch um private Investoren als Business Angels handeln. Diese beteiligen sich oftmals als stille Gesellschafter und übernehmen eine Zwitterstellung aus Gläubiger im Insolvenzfall bzw. Teilhaber im Erfolgsfall. Häufig handelt es sich dabei um vermögende Personen, die sich mit ihrer Expertise und ihren Beziehungen einbringen.

So entsteht eine Zwischenform zwischen Eigen- und Fremdkapital als mezzanines Kapital. Konkrete Formen sind unter anderem folgende:

- Gesellschafterdarlehen, die im Ernstfall (Überschuldung) zu Eigenkapital umgewidmet werden können,
- Nachrangdarlehen, die bei Insolvenz gegenüber anderen Gläubigern im Rang zurücktreten,
- patriarische Darlehen, die als Anteil am erwirtschafteten Gewinn bedient werden,
- Genussrechte als definierte Gewinnanteile ohne Stimmrecht,
- Wandelanleihen mit vorbestimmter Umtauschmöglichkeit von Fremd- in Eigenkapital,
- Optionsanleihen mit getrennter Veräußerungsmöglichkeit der Anleihe und Wandlungsrecht,
- Vorzugsaktien mit höherer Dividende gegen Verzicht auf Stimmrecht bei AGs.

Als Quellen für **Fremdkapital** dienen die (interne) Rückstellungsfinanzierung und die (externe) Kreditfinanzierung. **Rückstellungen** werden für ungewisse Risiken, die zwar nach Höhe und Fälligkeit unbekannt, aber immerhin ihrer Art nach bekannt sind, gebildet. Sie vermindern den Bilanzgewinn und damit die Steuerlast, müssen aber erst im Ernstfall verfügbar sein. Bis dahin können sie im Unternehmen für Finanzierungszwecke genutzt werden.

 Sollten Sie auf Fremdkapital angewiesen sein, dann planen Sie lieber einen höheren als einen zu niedrigen Betrag in Ihrem Finanzierungsplan ein. Eine kurzfristige Nachfinanzierung ist in der Regel sehr teuer und risikoreich.

Eine große Rolle spielt jedoch die **Kreditfinanzierung**. Dafür ergeben sich mehrere Optionen. In Bezug auf taktisches „Kapital" sind folgende zu nennen:

- Beim Eigentumsvorbehalt liegt eine Lieferung oder Leistung im Eigentum des Lieferanten, aber im Besitz des Abnehmers vor. Erst nach vollständiger Bezahlung geht das Eigentum automatisch über. Dafür gibt es sinnvollerweise Ausprägungen wie „verlängert„, „erweitert„ oder „weitergeleitet„, die vereinbart werden sollten, um ein Untergehen des Vorbehalts zu vermeiden.
- Beim Lombardkredit werden Pfandobjekte beliehen, das Pfand bleibt im (unmittelbaren) Eigentum des Schuldners, geht aber in den Besitz des Gläubigers über,

bei Nichtablösung des Kredits erfolgt die Verwertung des Pfands mit Einzug des Werts durch den Gläubiger.

- Bei der Sicherungsübereignung verbleiben beliehene Objekte im Besitz des Schuldners, gehen aber in das Eigentum des Gläubigers über. Bei Nichtablösung hat der Gläubiger einen Herausgabe- und Verwertungsanspruch (dadurch muss das Objekt vorher nicht physisch übergeben werden).

- Beim Sachdarlehen werden Grundpfandrechte vereinbart. Wegen der hohen Formkosten lohnt dies nur bei großen Beträgen, ist aber bei Vorhandensein von beleihungsfähigen Grundstücken oder Gebäuden im nahen Personenkreis beliebt.

- Bei der Forderungsabtretung (Zession) tritt das Unternehmen eigene Forderungen gegenüber Debitoren zahlungshalber an einen Dritten ab, der diese anstelle von Geld bei den Schuldnern einzieht. Dabei gibt es verschiedene Formen. Das Uneinbringlichkeitsrisiko verbleibt dabei beim Unternehmen.

- Beim Factoring werden eigene Forderungen in guter Mischung und mit hohen Beträgen an einen Dritten verkauft, der diese nach Abzügen bevorschusst. Auch dafür gibt es verschiedene Formen. Dies vermindert die Kapitalbindung im Umlaufvermögen. Im Internet sind auch Spezialformen für Existenzgründer zu finden.

In Bezug auf operatives „Geld" sind folgende Optionen zu nennen:

- Beim Lieferantenkredit stundet der Lieferant einer Lieferung oder Leistung deren Zahlungsfälligkeit auf Ziel. Unter Skontoabzug kann vom Abnehmer auch vorzeitig gezahlt werden. Verzichtet man darauf, erhöht sich vorübergehend der Finanzierungsspielraum, jedoch entsteht Zinsentgang.

- Beim Akzeptkredit nimmt der Lieferant anstelle von Geld ein Wechselversprechen des Abnehmers entgegen, das durch die Wechselstrenge eine hohe Besicherung bietet. Bei Zahlungsausfall ist dann ein verkürztes Vollstreckungsverfahren möglich.

- Beim Kontokorrentkredit stellt die Bank ein Überziehungslimit zur Verfügung, das den Finanzierungsspielraum kurzfristig erhöht. Diese Kreditform ist sehr teuer und daher möglichst zu vermeiden, dafür ist sie formlos und flexibel verfügbar.

- Bei der Bürgschaft verspricht ein Dritter, für die Rückzahlung eines Kredits einzustehen, falls das Schuldnerunternehmen nicht zahlen will (selbstschuldnerisch) oder kann (Einrede der Vorausklage). Beim Avalkredit ist dieser Bürge eine Bank. Das Eingehen von Bürgschaften für Private ist im Übrigen unbedingt zu unterlassen.

- Beim Bestellerkredit stellt die Bank des Lieferanten dem Abnehmerunternehmen einen an die Lieferung oder Leistung gebundenen Kredit bereit. Daraus folgt ein erhöhter Kreditspielraum bzw. ein Zinsvorteil bei „geliehener" Bonität. Außerdem wird die eigene Bilanz durch die Absatzfinanzierung nicht belastet.

- Beim Leasing werden Betriebsmittel vom Eigentümer an das Unternehmen verliehen, das dafür Mietzahlungen leistet und das Leasingobjekt nach Ende der Vertragslaufzeit zurückgibt, die Laufzeit dafür verlängert oder das Leasingobjekt zum Teilwert erwirbt. Dafür gibt es verschiedene Formen. Diese vermindern die Kapitalbindung im Anlagevermögen.

Von entscheidender Bedeutung für die Kreditgewährung sind die Kreditwürdigkeit (Bonität) und Zahlungsfähigkeit (Solvenz) des Schuldners. Diese macht sich an den drei C von Character (Zahlungswilligkeit), Capital (Finanzmittelreserven) und Capacity (Ertragsperspektive) fest.

Das Spiegelbild der Finanzierung als Finanzmittelherkunft ist die Investition als Finanzmittelverbleib. Die **Mittelverwendung** erfolgt durch Gründungs-, später auch Erweiterungs-, Umstellungs-, Rationalisierungs-, Ersatz- und Diversifizierungsinvestitionen. Dazu sind folgende Eckpunkte festzulegen:

- Bestimmung der Investitionsziele in Abstimmung mit der Unternehmens- bzw. Gründungsplanung,
- Festlegung des erforderlichen Investitionsvolumens auf Basis der Budgetierung,
- Investitionsanregung für geeignete Einzelobjekte,
- Investitionsprüfung mittels Durchführbarkeitsstudie (Feasibility Study),
- Investitionseignung und -folgenabschätzung (Business Case),
- wirtschaftliche Prüfung anhand von Investitionsrechnungsverfahren (statisch/ dynamisch),
- Koordinierung/Querabstimmung mehrerer Investitionsprojekte im Betrieb,
- Gesamtplanung nach jeweiligen Liquiditäts- und Vermögenseffekten,
- Investitionsentscheid auf Basis relevanter Informationen,
- eigentliche Investitionsdurchführung und -abwicklung,
- Prämissenkontrolle der Investition durch Effektivitätsüberprüfung,
- Ergebniskontrolle der Investition durch Effizienzüberwachung.

Sinnvoll ist es, die Investitionsplanung über drei bis fünf Perioden (meist Geschäftsjahre) fortzuschreiben. Daraus ist ersichtlich, welcher Kapitalbedarf wann entsteht, wie die Liquidität und der Gewinn sich aus bis dahin generierten Erlösen darstellen, wie die Planbilanzen der Perioden strukturiert sind und welche Schlüsselkennzahlen (Key Performance Indicators/KPIs) sich daraus ergeben. In New-Economy-Märkten wird eine solche Planung häufig als nachrangig angesehen, da man ein so beträchtliches Marktwachstum für die Zukunft unterstellt, dass selbst überdimensionale Investitionsbeträge bzw. Amortisationsfristen sich lohnen, damit ein Unternehmen später an diesem Marktwachstum angemessen partizipieren kann. Man rechnet günstigenfalls mit einer Amortisationszeit (Pay-off Period) von sieben Jahren. Zahlreiche Unternehmen sind aber selbst bei Wachstum nicht rentabel zu führen. Dennoch finden sich immer wieder Investoren, die Finanzmittel nachschießen, weil sie an eine erfolgreiche Investment-Story glauben oder um damit ihre bereits untergegangenen Investitionen zu retten (Sunk Costs). In seltenen Fällen gelingt dies, in einer Mehrzahl von Fällen geht dies aber schief. Die Investoren hoffen daher, durch eine breite Streuung ihrer Investments andere, ertragreiche Unternehmen in ihrem Portfolio zu halten, die insgesamt ihre Rendite sichern. Man geht, sehr optimistisch, von einer Erfolgsrate von 10 % aus.

Wichtig sind auch die Auswirkungen auf die Gewinn-und-Verlust-Rechnung (GuV). Durch die Bewegungsgrößen kann ermittelt werden, inwieweit unterjährige Entwicklungen Einfluss auf die Existenz nehmen oder wie Störereignisse den Jahresüberschuss bzw. -fehlbetrag verändern. In den Planbilanzen sind die Investitionen auf der Aktivseite im Vermögen verbucht. Kapitalschonend kann aber auch statt mit Anschaffung über Miete (Leasing) operiert werden. Die absoluten Kosten sind zwar meist höher, dafür wird die Liquidität geschont. Dies wiederum hat Einfluss auf die KPIs, die für Kreditinstitute angesichts restriktiver Kreditvergaberichtlinien zur Bewertung bedeutsam sind. Oft werden Kreditlinien an die Einhaltung solcher Kennzahlen gebunden (Financial Covenants).

Von hoher Bedeutung ist, das Zustandekommen der Planung und die dafür zugrunde gelegten Prämissen deutlich auszuweisen. Problematisch ist, dass durch die Fortschreibung über mehrere Perioden Fehler hoch kumulieren können. Diese wohl unvermeidliche Unsicherheit entbindet jedoch nicht von der Notwendigkeit zur Planung. Im Zweifel ist immer die Tugend der Sparsamkeit einzuhalten. Dies gilt erst recht bei abgeschlossenen Finanzierungsrunden und überschwänglichen Erfolgsaussichten. Reich wird man schließlich nur durch das Geld, das man nicht ausgibt.

Zur exakten **Investitionsrechnung** stehen mehrere statische und dynamische Verfahren zur Verfügung. **Statische** Rechenverfahren wie Gewinn-, Kosten-, Amortisations- und Rentabilitätsvergleichsrechnung gehen für die Beurteilung der Wirtschaftlichkeit einer Investition von einem repräsentativen Jahr mit Auszahlung (Anschaffung) und Einzahlungen (Rückflüsse) aus. **Dynamische** Rechenverfahren wie Kapitalwert-, Annuitäten-, Amortisationszeit- und Interne Zinsfußmethode berücksichtigen demgegenüber die gesamte Laufzeit einer Investition und diskontieren Aus- und Einzahlungen auf einen gemeinsamen Zeitpunkt. Bei qualitativen Beurteilungskriterien kommt eine Nutzwertanalyse in Betracht mit Kriteriengewichtung, Teilnutzwerten je Kriterium und daraus folgend Gesamtnutzwert einer Investition.

Statische Verfahren sind einfach zu handhaben und für kleinere Vorhaben ausreichend. Allerdings sind sie auch ungenau und wenig belastbar gegenüber Abweichungen. Dynamische Verfahren führen hier zu differenzierteren Ergebnissen, allerdings sind sie komplizierter in der Anwendung und spiegeln womöglich wegen der vielfachen, unterlegten Annahmen nur eine Scheingenauigkeit wider.

 Achten Sie darauf, immer und jederzeit zahlungsfähig zu sein!

Entscheidend ist ein Cash-Management zur Sicherung der jederzeitigen **Zahlungsfähigkeit**. Diese bemisst sich aus Kassenbestand und Sichtguthaben sowie unausgeschöpften Kreditlinien und „Near Money Assets" wie Termingeldern, Geldmarktpapieren etc. Ziele sind dabei die Minimierung der Kassenhaltungs- und Zahlungsstromkosten, die Minimierung von Währungs- und Zinsrisiken sowie die Maximierung von Geldanlageerlösen. Dazu dienen die Prognose aller Zu- und Abgänge an Finanzmitteln (Liquiditätsvorschau) und deren kontinuierlicher Abgleich (Liquiditätsstatus). Maßnahmen betreffen vor allem die Beschleunigung (Leading) bzw. Verzögerung (Lagging) von Ein- bzw. Auszahlungen oder, bei Unternehmensverbünden, deren zentrale oder dezentrale Aufrechnung (Cash Pooling/Netting).

■ 7.3 Buchführung und Bilanzierung

 Buchführung und Bilanzierung müssen professionell durchgeführt werden. Fehler können teuer werden und zu Gesetzeskonflikten führen.

Das externe Rechnungswesen ist als doppelte Buchführung (Doppik) ausgelegt, jeder Geschäftsvorfall berührt also mindestens zwei Konten, die Summen auf beiden Seiten eines Kontos sind immer gleich. Dadurch besteht eine eingebaute rechnerische Plausibilitätskontrolle. Die Konten sind als T-Konten ausgelegt, d. h., sie haben eine Sollseite und eine Habenseite. Die Verbuchung erfolgt über einfache Buchungssätze bei zwei angesprochenen Konten oder zusammengesetzte Buchungssätze bei mehr als zwei angesprochenen Konten. Es darf keine Buchung ohne betrieblichen Beleg erfolgen, und kein betrieblicher Beleg darf ohne Buchung bleiben. Die Sollbuchung wird im Buchungssatz vor der Habenbuchung genannt. Bei Aktivkonten werden Zugänge im Soll und Abgänge im Haben verbucht, bei Passivkosten Zugänge im Haben und Abgänge im Soll.

Das elektronisch geführte Hauptbuch enthält alle Geschäftsvorfälle in sachlich-systematischer Ordnung, das elektronisch geführte Grundbuch enthält diese in chronologischer Ordnung. Man unterscheidet Bestandskonten in der Bilanz und Erfolgskonten in der Gewinn-und-Verlust-Rechnung (GuV). Beiden liegt im Regelfall ein Rahmenkontenplan zugrunde, der jedoch unternehmensindividuell ausgefüllt werden kann. Er ist hierarchisch in Kontenklassen, -gruppen, -arten und Einzelkonten aufgegliedert. Die Buchung erfolgt weitgehend computerisiert und wird häufig outgesourct (z. B. DATEV).

In der **Buchhaltung** sind folgende Geldvorgänge möglich, wobei die Begriffe dazu genau zu unterscheiden sind (siehe Bild 7.3):

- **Einzahlungen** erhöhen den Bestand an Zahlungsmitteln, **Auszahlungen** vermindern ihren Bestand, es herrscht also eine pagatorische Sichtweise vor (= Zufluss/Abfluss liquider Mittel in der Periode).

- **Einnahmen** erhöhen den Bestand an Zahlungsmitteln und vermindern den Bestand an kurzfristigen Forderungen, **Ausgaben** vermindern den Bestand an Zahlungsmitteln und erhöhen den Bestand an kurzfristigen Verbindlichkeiten (= Wert aller zugegangenen/abgegangenen Güter in der Periode).

- **Erträge** stellen einen betrieblichen (Zweckaufwand) und neutralen Wertezuwachs dar, **Aufwendungen** stellen einen betrieblichen (Grundkosten) und neutralen Werteverzehr aufgrund gesetzlicher Bestimmungen und bewertungsrechtlicher Konventionen dar (= periodisierte Einnahmen/Ausgaben).

- **Erlöse** stellen einen betrieblichen Wertezuwachs dar, **Kosten** stellen einen betrieblichen Werteabgang dar (= Werteerstellung/Werteverzehr in der Periode).

Die Buchhaltung wird zum Geschäftsjahresende in die Bilanz überführt. Die Bilanz ist die Gegenüberstellung aller Vermögenswerte (= Aktiva) und Schulden (= Passiva) eines Unternehmens zu einem bestimmten Datum (= Bilanzstichtag).

Bilanzierungsfähig sind alle Vermögensgegenstände, die dem Unternehmen einen wirtschaftlichen Vorteil bieten, in seinem Eigentum stehen, voll oder mehrheitlich betrieblich genutzt werden und verkehrsfähig sind (also einen Marktwert haben). Häufig handelt es sich um immaterielle Vermögenswerte wie Kundenwert, Markenwert, Wissen/Mitarbeiter-Know-how, Gewerbliche Schutzrechte etc. Selbstgeschaffene immaterielle Vermögenswerte dürfen allerdings nicht bilanziert werden.

Die **Bilanz** ist auf der Aktiva-Seite nach Liquidisierbarkeit der Vermögenswerte gegliedert, auf der Passiva-Seite nach Frist deren Verfügbarkeit. Die Summen auf beiden Seiten sind immer gleich. Die **Aktiva**-Seite unterteilt sich in:

- **Anlagevermögen**, das dem Unternehmen dauerhaft zur Verfügung steht wie Sachanlagen (z. B. maschinelle Ausstattung), Finanzanlagen (z. B. betriebliches Bankdepot), immaterielle Vermögenswerte (z. B. Marke, Kunden, geistiges Eigentum) etc.,

- **Umlaufvermögen**, das im Unternehmen permanent zirkuliert wie Vorräte (z. B. Fertigwaren), Forderungen, Wertpapiere (mit Trading-Absicht), liquide Mittel (z. B. Bankkonto, Kasse) etc., sonstige Forderungen dienen der Periodenabgrenzung, wenn ein Ertrag zeitlich vor der Einnahme liegt, z. B. bei Vorauszahlung,

- aktive **Rechnungsabgrenzungsposten** dienen zur genauen Periodenzuordnung, eine Ausgabe liegt dann zeitlich vor dem Aufwand.

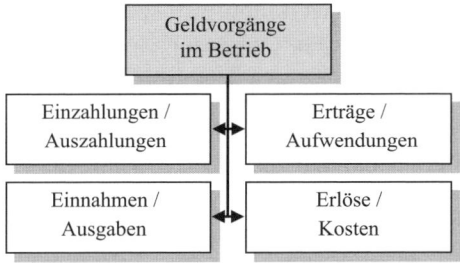

Bild 7.3 Geldvorgänge im Betrieb

Die **Passiva**-Seite unterteilt sich in:

- **Eigenkapital** als gezeichnetes Kapital (Stamm-/Grundkapital), gesetzliche Kapitalrücklagen, Gewinnrücklagen (aus dem Jahresüberschuss bei Kapitalgesellschaften), Rückstellungen etc., letztere sind für Verpflichtungen zu bilden, die zwar dem Grunde nach feststehen, nicht aber nach ihrem Zeitpunkt und ihrer Höhe,
- **Verbindlichkeiten** als Anleihen (Rentenpapiere), erhaltene Kredite, bezogene Lieferungen, akzeptierte Wechsel, erhaltene Anzahlungen etc., sonstige Verbindlichkeiten dienen der Periodenabgrenzung, wenn ein Aufwand zeitlich vor der Ausgabe liegt,
- passive **Rechnungsabgrenzungsposten** zur genauen Periodenzuordnung, wenn eine Einnahme zeitlich vor dem Ertrag liegt.

Transaktionen innerhalb der Bilanz, die sich aus Buchungen im Rahmen der Doppik ergeben, betreffen im Einzelnen:

- den **Aktivtausch** zwischen zwei Aktiva-Positionen (z. B. Kasse an Forderungen bei Barzahlung einer Kundenrechnung, der Kassenbestand steigt infolge der Bezahlung, der Forderungsbestand sinkt entsprechend),
- den **Passivtausch** zwischen zwei Passiva-Positionen (z. B. Verbindlichkeiten an Darlehen bei Umwandlung einer Schuld, der Verbindlichkeitsstand sinkt, der Darlehensstand steigt durch die Umwandlung entsprechend),
- die **Bilanzverlängerung** auf Aktiva- und Passiva-Seite (z. B. Vorräte an Verbindlichkeiten bei Einkauf auf Ziel, der Vorrätestand steigt, der Verbindlichkeitsstand steigt durch den Einkauf),
- die **Bilanzverkürzung** auf Aktiva- und Passiva-Seite (z. B. Verbindlichkeiten an Bank bei Ablösung eines Kredits, der Verbindlichkeitsstand sinkt durch die Überweisung, der Bankbestand sinkt entsprechend).

Die Bilanz wird für gewöhnlich für ein Geschäftsjahr erstellt, dieses muss nicht mit dem Kalenderjahr identisch sein. Außerdem gibt es Sonderbilanzen, so z. B. bei der Gründung. Das Geschäftsjahr endet mit einer Schlussbilanz und das nachfolgende startet mit einer Eröffnungsbilanz, beide Bilanzen müssen identisch sein. Dies gilt auch für Bilanzen aus einem Rumpfgeschäftsjahr je nach Gründungstermin.

Alle Vermögensgegenstände müssen kaufmännisch grundsätzlich einzeln mit ihren Anschaffungs-/Herstellungskosten vermindert um aufgelaufene Abschreibungen bewertet werden. Ausnahmen bestehen bei gleichartigen Vermögensgegenständen (z. B. Vorräte), die in einem der Verbrauchsfolgeverfahren (meist FiFo für First in – First out) bewertet werden können sowie bei der Doppelten Buchführung als Einnahmen-Überschuss-Rechnung.

Die **Gewinn-und-Verlust-Rechnung** ermittelt den Jahresüberschuss bzw. -fehlbetrag durch Gegenüberstellung von Aufwendungen im Soll, wie z. B. für Abschreibungen oder betriebliche Schuldzinsen, und Erträgen im Haben, wie z. B. aus betrieblichen Beteiligungen oder Erlösen. Ist die Sollseite länger als die Habenseite, entsteht zum Ausgleich ein Verlust im Haben, der meist dem Eigenkapitalkonto belastet wird, ist die Sollseite kürzer als die Habenseite, entsteht zum Ausgleich ein Gewinn im Soll.

Neben betrieblichen gibt es auch **neutrale Aufwendungen und Erträge**. Der entsprechende Aufwand ist dann betriebsfremd, z. B. als Spende, periodenfremd, z. B. als Steuernachzahlung, oder außerordentlich, z. B. als Unwetterschaden. Der entsprechende Ertrag kann ebenso betriebsfremd, z. B. als Spekulationsgeschäft, periodenfremd, z. B. als Steuererstattung, oder außerordentlich sein, z. B. als Buchgewinn bei Veräußerung.

Da Anlagevermögen der Abnutzung unterliegt, ist es planmäßig abzuschreiben. Dies kann bilanziell erfolgen, die Wertminderung erfolgt dann auf dem Anlagekonto, wird tatsächlich meist aber in der GuV-Rechnung vorgenommen. Somit bleibt der Anschaffungs-/Herstellungswert in der Bilanz erkennbar. Aus besonderen Anlässen kann auch außerplanmäßig abgeschrieben werden. Die kumulierten Abschreibungsbeträge vermindern den Gewinn und damit die Steuerlast. Sie dienen durch Refinanzierung der Anschaffung einer neuen Anlage nach Nutzungsende der alten. Durch gleichartige Reinvestition während der Nutzungszeit entsteht zudem ein Kapazitätserweiterungseffekt. Die Abschreibung kann leistungsbezogen nach der Beschäftigung, linear, also zeitproportional sowie degressiv, progressiv oder digital zeitbezogen erfolgen, dabei sind rechtliche Vorgaben zu beachten.

Der **Jahresabschluss** soll ein den tatsächlichen Verhältnissen entsprechendes Bild der Vermögens-, Finanz- und Ertragslage des Unternehmens bieten. Er wird nach HGB-Vorschriften, zunehmend aber aus Gründen der internationalen Vergleichbarkeit nach IFRS-Vorschriften erstellt. Die HGB-Vorschriften stellen dabei vornehmlich auf den Gläubigerschutz ab, d. h., das Unternehmen soll keine Werte bilanzieren dürfen, auf die Gläubiger im Insolvenzfall nicht zurückgreifen können. IFRS-Vorschriften stellen hingegen vornehmlich auf die Information der Sharehol-der ab, d. h., das Unternehmen soll ein wahres und faires Bild seiner finanziellen Situation geben. Der HGB-Abschluss folgt den Grundsätzen der ordnungsmäßigen Buchführung in Bezug auf Richtigkeit, Vollständigkeit, Übersichtlichkeit und Klar-heit, der ordnungsmäßigen Bilanzierung in Bezug auf Bilanzklarheit, -wahrheit und -kontinuität und der Inventur zur Bestandsaufnahme durch „Messen, Zählen und Wiegen". Ein gleitender Übergang zu IFRS wird im Bilanzrechtsmodernisie-rungsgesetz (BilMoG) geschaffen. Für Neugründungen gelten teilweise erleich-ternde Sondervorschriften.

Zum Jahresabschluss gehören die Bilanz und die GuV-Rechnung, bei Kapitalgesell-schaften kommen noch Anhang und Lagebericht hinzu. Über diese wird dann bei AGs in einem Geschäftsbericht informiert.

Zur Vergleichbarkeit des Jahresabschlusses sind diesem enge rechtliche Grenzen gesetzt. Diese betreffen vor allem:

- die **Maßgeblichkeit** der Handelsbilanz für die Steuerbilanz, die getrennt für die Finanzbehörde zu erstellen ist,
- das **Stichtagsprinzip** mit Geschäftsjahresanfang und -ende (nicht unbedingt Kalenderjahr), Bilanzidentität des Vorjahresendes mit dem Folgejahranfang und Periodenabgrenzung,
- die **Bewertungsstetigkeit**, d. h., kein grundloser Wechsel der Bewertungsmaß-stäbe im Zeitablauf,
- das **Vorsichtsprinzip**, d. h., noch nicht realisierte Verluste müssen bilanziert werden, noch nicht realisierte Gewinne dürfen hingegen nicht bilanziert werden,
- das **Imparitätsprinzip** mit Niederstwert für die Bewertung der Aktiva und Höchstwert für die Bewertung der Passiva.

Dennoch ist eine legale Bilanzpolitik mit Nutzung von Gestaltungsspielräumen möglich. Dabei handelt es sich um die formelle Bilanzpolitik durch Ausweis-, Er-läuterungs- und Gliederungswahlrechte sowie die materielle Bilanzpolitik durch Inhalts-, Ermessens- und Sachverhaltswahlrechte. Ziel ist jeweils eine zulässig günstige Bilanzdarstellung verbunden mit vorteilhaften Bilanzrelationen für Schuldzinsen und optimierter Steuerbelastung.

Für Kleingewerbetreibende und Freiberufler, die keine „Bücher" führen müssen, reicht zunächst eine **Einnahmen-Überschuss-Rechnung** (EÜR) als vereinfachte Jahresergebnisermittlung. Der Gewinn ergibt sich dabei als Überschuss der Be-triebseinnahmen über die Betriebsausgaben. Die Erfassung erfolgt jeweils im Zeit-punkt des Zahlungsflusses in Staffelform. Dabei werden keine Bestände berücksich-tigt (Inventar) und keine Vermögens- und Schuldenbestandteile. Weist die Buchführung des Existenzgründers bei Betriebsprüfung erhebliche Mängel auf oder ist sie manipuliert, kann der Gewinn vom Finanzamt anhand vergleichbarer Unternehmen eher am oberen Ende geschätzt werden. Für Belege bestehen Aufbewahrungsfristen von sechs bzw. zehn Jahren (vgl. Pepels 2017a, S. 348 ff. und S. 372 ff.).

■ 7.4 Steuererhebung und Steuerarten

Von Unternehmen ist zu erwarten, dass sie steuerehrlich sind. Steuern sind Abgaben ohne konkrete Gegenleistung, die vom Staat allen auferlegt werden, die einen Steuertatbestand verwirklichen, an den ein Gesetz eine Leistungspflicht knüpft. Steuern sind die wichtigste Einnahmequelle des Staates. Daneben gibt es Gebühren für Verwaltungshandlungen (z. B. Abfallbeseitigung) und Beiträge als öffentlicher Aufwandsersatz (z. B. für Grundstückserschließung).

Steuerpflichtiger ist unter anderem, wer eine Steuer schuldet, für eine Steuer haftet, eine Steuer für Rechnung eines Dritten einzubehalten und abzuführen hat, eine Steuererklärung abgeben, Sicherheit leisten, Bücher und Aufzeichnungen führen muss etc. Steuerträger ist, wem eine Steuer tatsächlich belastet wird, Steuerschuldner ist, wer sie als durchlaufender Posten abzuführen hat, weil er einen Tatbestand verwirklicht, an den ein Gesetz die Leistungspflicht knüpft. Steuerschuldner können mit Bußgeld-, Steuerstraf- und Vollstreckungsverfahren belegt werden.

Steuern können (mit Überschneidungen) nach dem Objekt, der Bemessungsgrundlage und der Erhebungsart eingeteilt werden. Nach dem Steuerobjekt ergeben sich folgende Steuern:

- Personensteuern sind Steuern, die von natürlichen oder juristischen Personen zu entrichten sind (z. B. Körperschaftsteuer, Erbschaftsteuer).
- Realsteuern werden für den Bestand bestimmter Objekte erhoben (z. B. Gewerbesteuer, Grundsteuer).
- Verbrauchssteuern werden auf den Konsum bestimmter Güter erhoben (z. B. Mineralöl-, Tabak-, Schaumwein-, Branntweinsteuer).

Nach der Steuerbemessungsgrundlage lassen sich folgende Steuern einteilen:

- Substanzsteuern werden auf den Bestand von Vermögen, Eigentum und Kapital erhoben (z. B. Firmen-Pkw),
- Verkehrssteuern setzen am wirtschaftlichen Austausch von Waren und Dienstleistungen an (z. B. Grunderwerb),
- Ertragssteuern sind auf der Basis von Ertrag, Gewinn oder Überschuss zu zahlen (z. B. Einkommen-, Körperschaft-, Gewerbesteuer).

Nach der Art der Erhebung gibt es direkte und indirekte Steuern:

- Direkte Steuern sind Personensteuern wie Einkommen-, Körperschaft-, Erbschaft-, Schenkung-, Kirchensteuer etc. oder Sachsteuern wie Gewerbe-, Grundsteuer etc. (Steuerschuldner und Steuerdestinatar sind dabei identisch). Sie knüpfen unmittelbar an die Leistungsfähigkeit des Steuerzahlers an. Gegenstand der Besteuerung sind die Erzielung von Einkommen sowie der Besitz und Erwerb von Vermögen.
- Indirekte Steuern werden hingegen über Vorgänge bei der Einkommens- bzw. Vermögensverwendung erfasst. Es handelt sich dabei um Verkehrssteuern (z. B. Umsatz-, Grunderwerb-, Versicherung-, Kraftfahrzeug-, Renn-, Lotteriesteuer), um Verbrauchssteuern (z. B. Mineralöl-, Tabak-, Alkohol-, Ökosteuer) oder Zölle. Sie belasten die Verwendung von Einkommen sowie den Vermögensverzehr und knüpfen daher nur mittelbar an der Leistungsfähigkeit des Steuerzahlers an.

Der Steuertarif ist eine Formel/Tabelle zur Konkretisierung des Steuersatzes, der Bemessungsgrundlage und der Steuerhöhe. Der Durchschnittssteuersatz ist vom Grenzsteuersatz für die letzte zu versteuernde Geldeinheit zu unterscheiden.

Steuern kommen den Haushalten der Öffentlichen Hand, also Bund, Ländern und Gemeinen, zugute. Zwischen den Bundesländern erfolgt ein horizontaler, zwischen Bund, Ländern und Gemeinden ein vertikaler Finanzausgleich, beides sehr kompliziert und ineffizient.

Der Steuer unterliegen Einkünfte aus Land- und Forstwirtschaft, Gewerbebetrieb, selbstständiger Arbeit, nicht selbstständiger Arbeit, Kapitalvermögen, Vermietung/Verpachtung und sonstige Einkünfte. Davon abzugsfähig sind Betriebsverluste, Werbungskosten, außergewöhnliche Belastungen, diverse Freibeträge etc. Die Einkommensteuer ist eine Veranlagungssteuer und unterliegt einem progressiv verlaufenden Steuertarif.

Die wichtigsten Steuerarten, derer sich ein Existenzgründer gegenübersieht, sind folgende. Die **Körperschaftsteuer** ist die Einkommensteuer der Kapitalgesellschaften mit Sitz und/oder Geschäftsführung im Inland und gilt neben der Einkommensteuer für die Anteilseigner (Trennungsprinzip). Steuerpflichtig sind Kapitalgesellschaften, bestimmte Genossenschaften, nicht rechtsfähige Vereine, sonstige juristische Personen etc.

Die **Gewerbesteuer** belastet die Ertragskraft eines Betriebs (Objektsteuer), der im Inland mit Gewinn- bzw. Einkünfteerzielungsabsicht geführt wird und sich am allgemeinen wirtschaftlichen Verkehr beteiligt (ausgenommen sind Land- und Forstwirtschaftsbetriebe sowie Freiberufler). Besteuerungsgrundlage ist der (progressive) Gewerbeertrag. Die Gemeinden setzen über einen Hebesatz fest (Äquivalenztheorie), wie viel Prozent der Messzahl als Steuer zu entrichten sind. Damit werden sonst beitragslose, staatliche und kommunale Leistungen entgolten.

Die **Umsatzsteuer** belastet als indirekte Steuer Lieferungen und Leistungen, Eigenverbrauch, Einfuhren etc. von Unternehmen. Sie ist als Netto-Allphasenumsatz-

steuer ausgelegt und belastet nur die Wertschöpfung der jeweiligen Wirtschaftsstufe, indem ein Vorsteuerabzug für bezogene Lieferungen und Leistungen etc.
möglich ist. Die Steuer wird als Mehrwertsteuer letztlich von privaten Endabnehmern im Preis getragen. Die Steuer wird per Voranmeldung vom Unternehmen
quartalsweise für das Jahr vorausgezahlt. Umsatzsteuerbefreit sind Kleinunter-
nehmer. Die Umsatzsteuer beträgt derzeit im Regelfall 19 % vom Nettoentgelt. Für
bestimmte Produkte wie Lebensmittel, Bücher etc. gilt ein ermäßigter Steuersatz.
Es gibt auch von der Umsatzsteuerpflicht befreite Lieferungen und Leistungen
(z. B. bei Freiberuflern).

Die **Einkommensteuer** betrifft das Einkommen natürlicher Personen. Sie stellt die
bedeutendste Steuerart dar. Sie verfolgt durch Abgrenzung der Steuerbemessungsgrundlage (Entlastungsbeträge, Sonderausgaben etc.) und progressiven Verlauf
des Steuertarifs sozialpolitische Ziele. Unbeschränkt steuerpflichtig ist, wer seinen
Wohnsitz oder gewöhnlichen Aufenthaltsort im Inland hat. Besteuerungspflichtig
sind alle Einkunftsarten, also Land- und Forstwirtschaft, Gewerbebetrieb, selbstständige Arbeit, nicht-selbstständige Arbeit, Kapitalvermögen, Vermietung und
Verpachtung sowie sonstige Einkünfte. Die Einkommensteuer wird vom jährlich
erwirtschafteten Gewinn bemessen. Basis sind eine Einnahmen-Überschuss-Rechnung, eine Pauschalierung oder der Ausweis im Rahmen der doppelten Buchführung. Die Steuerschuld wird als quartalsweise Vorauszahlung kassiert.

Der Existenzgründer muss binnen eines Monats nach Beginn seiner Tätigkeit beim
Finanzamt schriftlich die Eröffnung eines Gewerbebetriebs sowie dessen Standort
bekannt geben. Für die Einkommen- und Umsatzsteuer ist das Wohnsitzfinanzamt
zuständig. Von dort ergeht zugleich die Zuteilung einer Steuer-ID-Nummer.

Daneben gibt es zahlreiche weitere Steuerpositionen, die zu berücksichtigen sind,
vor allem die Lohnsteuer bei Mitarbeitern, die Kommunalsteuer, die Kfz-Steuer bei
Firmenfahrzeugen, die Grundsteuer bei Geschäftsimmobilienbesitz etc. Würden
die Zeiten, die Unternehmer aufbringen müssen, um ihren Steuerpflichten nachzukommen, produktiv in das Geschäft eingebracht, wäre viel gewonnen. Insofern ist
eine schon oft von Politikern versprochene Steuervereinfachung mit Pauschalierung, Freibeträgen etc. dringlichst erforderlich, aber in weiterer Ferne denn je.

 Die monetären Bereiche des Unternehmens nehmen naturgemäß eine besondere Bedeutung ein. Sie erfordern eine professionelle Gestaltung der
Kostenrechnung und Kalkulation, von Finanzmittelherkunft und Finanzmittel-
verwendung sowie des Rechnungswesens mit Buchführung und Bilanzierung.

8 Mit Waren wirtschaften

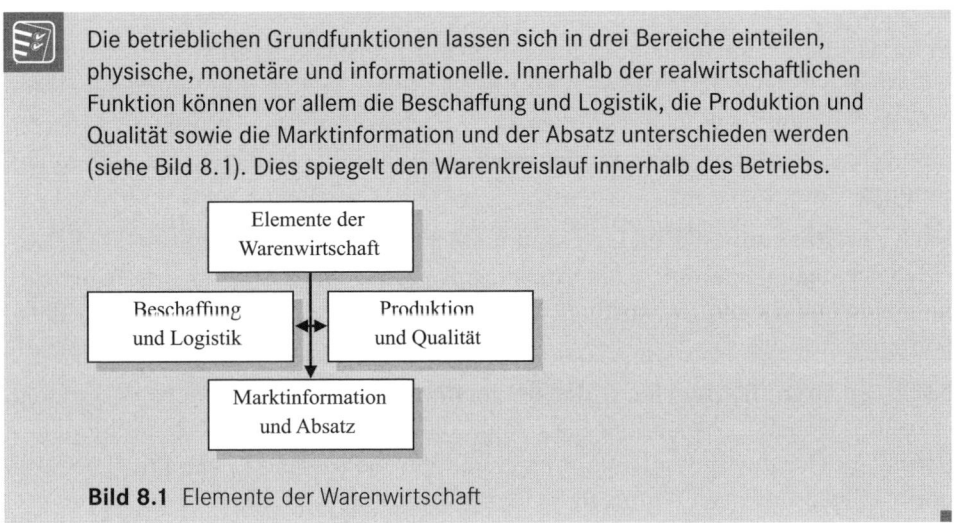

Die betrieblichen Grundfunktionen lassen sich in drei Bereiche einteilen, physische, monetäre und informationelle. Innerhalb der realwirtschaftlichen Funktion können vor allem die Beschaffung und Logistik, die Produktion und Qualität sowie die Marktinformation und der Absatz unterschieden werden (siehe Bild 8.1). Dies spiegelt den Warenkreislauf innerhalb des Betriebs.

Bild 8.1 Elemente der Warenwirtschaft

■ 8.1 Beschaffung und Logistik

Beschaffung und Logistik stellen zentrale Erfolgsfaktoren dar. Beschaffung betrifft die zielgerichtete Versorgung des Betriebs mit benötigten Materialien, Geldern und Informationen. Dabei ist eine die eigene Wirtschaftsstufe übergreifende Betrachtung erforderlich, im Einzelnen umfassend das Einkaufssystem, das Produktionssystem, das Absatzsystem und das Entsorgungssystem. Ziele sind dabei hohe Versorgungsfähigkeit, kurze Bereitstellungszeit, hohe Versorgungszuverlässigkeit und große Bereitstellungsgenauigkeit. Es geht also sowohl um Termine als auch um Mengen und Qualitäten, und das bei möglichst niedrigen Kosten und zugleich hoher Nachhaltigkeit (vgl. Pepels 2011, S. 43 ff. und S. 64 ff.).

Meist wird eine Klassifizierung der **Beschaffungsobjekte** nach ihrer Bedeutung (ABC-Einteilung) und ihrer Bedarfshäufigkeit (XYZ-Einteilung) vorgenommen.

Der **Beschaffungsprozess** umfasst im Einzelnen folgende Phasen. Zunächst erfolgen die Lieferantensichtung, die Lieferantenbewertung und die Herausbildung einer Lieferantenpräferenz. Die präferierten Lieferanten werden zur Ermittlung ihrer Konditionen angefragt und unterbreiten entsprechende Angebote. Die eingehenden Angebote werden nach vorgegebenen Kriterien verglichen und gegebenenfalls nachverhandelt. Danach erfolgt die Auftragserteilung mit anschließender Durchführung und Nachbewertung. Bei Leistungsstörungen greifen gesetzliche Regelungen (Gewährleistung) oder zumeist vertragliche Regelungen (Garantie) zur Beseitigung.

Es ist darüber zu entscheiden, wie die **Beschaffungsstrategien** ausgelegt sein sollen. Nach der **Anzahl** der zugelassenen Lieferanten gibt es nur einen Lieferanten (Single Sourcing bzw. Sole Sourcing bei Angebotsmonopol), zwei Lieferanten im Split (Dual Sourcing, meist in der Relation 70 zu 30) oder mehrere Lieferanten (Multiple Sourcing).

Nach der **Herkunft** dieser Lieferanten sind nur lokale Lieferanten (Local Sourcing), regionale Lieferanten innerhalb des Einzugsgebiets (gut für die Ökobilanz), nationale Lieferanten (Domestic Sourcing) oder internationale Lieferanten (Global Sourcing) möglich.

Nach der **Organisation** kann die Beschaffung kooperativ (Collective Sourcing), einzelbetrieblich (Independent Sourcing), über Internet-Marktplätze (Marketplace Sourcing) oder durch den Lieferanten automatisiert bzw. erst nach Freigabe (Vendor Managed Inventory) erfolgen.

 Achten Sie bei Ihrer Gründung darauf, dass benötigte Ressourcen schnell, zuverlässig, termingerecht und nachhaltig zur Verfügung stehen. Konditionen können sich verändern. Führen Sie daher auch bei Beschaffung und Logistik eine Risikoanalyse durch.

Zur Sicherung der Versorgung können dann verschiedene Vorkehrungen dienen:

- Ein Rahmenvertrag dient zur gegenseitigen Planungssicherheit.
- Lieferzeitsicherungen erfolgen durch Vorratslagerung, Kommissionsläger, Abschluss einer Just-in-Time-Lieferung (zeitsynchron) oder einer Just-in-Sequence-Lieferung (taktgenau).
- Lieferortsicherungen erfolgen durch moderne Industrieparkkonzepte am Abnehmerstandort, Insourcing-Konzepte in der Abnehmerfertigung, Betreibermodellkonzepte (Pay on Production) und Transplant-Konzepte durch Klonen des Fabriklayouts zur Vereinheitlichung der überbetrieblichen Prozesse.

Eine hohe Bedeutung kommt Outsourcing zu, d. h. Buy statt Make. Allerdings darf alles, was der Kernkompetenz entspricht, auf keinen Fall outgesourct werden. Die Begeisterung der Vergangenheit für Outsourcing hat sich aber inzwischen relativiert.

Generell wird bei der Beschaffung vom Abnehmer nicht mehr ein Pflichtenkatalog, d. h., wie hat eine Lösung auszusehen, sondern nur ein Lastenheft, d. h., welches Problem ist zu lösen, vorgegeben. Die Kernkompetenz der Lieferanten wird durch Lifetime Contracts, d. h. einen Liefervertrag über den gesamten Produktlebenszyklus hinweg, zu sichern gesucht. Dabei finden umfangreiche Rechtsabsicherungen statt (Claims Management).

Die Logistik übernimmt den Transport zum Raumausgleich zwischen dem Ort der Herstellung und dem Ort des Ge-/Verbrauchs, die Lagerung als Zeitüberbrückung zwischen der Zeit der Herstellung und der Zeit des Ge-/Verbrauchs sowie die Umladung von Gütern dazwischen. Sie ist dabei allgemein durch die fünf Rs gekennzeichnet, nämlich die richtige Ware gehört in der richtigen Menge an den richtigen Ort zur richtigen Zeit und im richtigen Zustand. Probleme entstehen dabei vor allem durch stetig wachsende Transportentfernungen, steigende Transporthäufigkeiten und zunehmende Gütervolumina. Daraus entsteht ein Konflikt zwischen Logistikservice einerseits und damit verbundenem Kostenniveau andererseits.

Der **Transport** kann innerbetrieblich (Materialwirtschaft) und überbetrieblich erfolgen. Dabei geht es vor allem um die Wahl des Transportmittels und die Entscheidung über dessen Betrieb. Hinsichtlich der **Transportmittelwahl** ergibt sich ein Konflikt zwischen der Transportgeschwindigkeit und den Kosten je Transporteinheit, d. h., ein Transportmittel, das sehr schnell ist, ist zugleich sehr teuer je transportierter Ladeeinheit. Zur Auswahl stehen dabei

- Schiffe der Binnenschifffahrt, Küstenschifffahrt und Seeschifffahrt, am langsamsten, aber auch am kostengünstigsten,
- (Güter-)Züge in Direktverbindung oder mit Verschub, durch umfassende Bürokratie gekennzeichnet,
- Lastkraftwagen, allerdings mit hohen Umweltbelastungen (Emission, Unfallgefahr, Lärmbelastung etc.),
- Flugzeuge als (regelmäßige) Linienflieger oder (anlassbezogene) Charterflieger, am teuersten, aber auch am schnellsten.

Hinzu kommen Container und Pipelines als weitere Transportmodalitäten. Der **Transportmittelbetrieb** kann in Eigenregie als Werksverkehr oder durch Fremdvergabe als Güterverkehr organisiert sein. Wichtig ist dabei die Klärung der Lieferungsbedingungen, sowohl national (z. B. ab Werk, frei Umladestation, Frankogrenze, Zonenpreis, frei Übergabestation, frei Haus) als auch international (wird durch Incoterms als Handelsklauseln geregelt).

Die **Lagerung** ergibt sich zwischen Auflösungs- und Bündelungspunkten von Güterströmen. Hierbei sind vor allem die Wahl des Lagerstandorts und des Lagerbetriebs von Belang. Der Lagerstandort kann zentral, also am Produktionsstandort, oder dezentral, im Regelfall in Kundennähe, gewählt werden. Der Lagerbetrieb kann in Eigenregie oder durch Fremdvergabe erfolgen (Make or Buy). Trends gehen deutlich in Richtung dezentraler Lagerstandorte und Outsourcing der Lagerfunktionen.

In Bezug auf die Lagerung sind verschiedene Lagerarten, -systeme und -ordnungen zu unterscheiden, zumeist elektronisch gesteuert. Zum effizienten Betrieb des Lagers sind Geschlossene Waren-Wirtschafts-Systeme (GWWS) zur Erfassung aller Warenflüsse erforderlich. Dort wo noch eine Vorratshaltung betrieben wird, ist über das Bestellverfahren zu entscheiden. Zur Auswahl stehen das zeitabhängige Bestellrhythmus- und das bestandsabhängige Bestellpunktverfahren, jeweils mit festen oder variablen Bestellmengen.

 Eine Just-in-Time-Produktion hält Ihre Lagerkosten zwar gering, erhöht allerdings das Risiko. Und Lieferverzug bei einer Neugründung sollte unbedingt vermieden werden.

■ 8.2 Produktion und Qualität

Produktion betrifft allgemein die Kombination der betriebswirtschaftlichen Produktionsfaktoren Betriebsmittel, Werkstoffe und Arbeit. Die Beziehung dieser Produktionsfaktoren zueinander kann substitutional, also einander beliebig ersetzend, partiell limitational, also nur in Grenzen zueinander variierbar, oder absolut limitational, also in einem festen Verhältnis zueinander stehend, sein. Praktisch liegen meist limitationale Verhältnisse vor, was bedeutet, dass die Produktionsfaktoren in gut/genau aufeinander abgestimmter Relation zueinander verfügbar sein müssen, damit keine Unwirtschaftlichkeit entsteht. Bereits kleinste Versorgungsstörungen führen so zu erheblichen Friktionen (vgl. Pepels 2011, S. 52 ff.).

Bei Unwirtschaftlichkeit müssen die Produktionskapazitäten quantitativ oder qualitativ angepasst werden. Ersteres erfolgt durch intensitätsmäßige Anpassung, wie z.B. Erhöhung der Taktgeschwindigkeit, zeitliche Anpassung, wie z.B. Einschränkung der Arbeitszeit, oder kapazitative Anpassung, wie z.B. Ausbau/Abbau der Anlagen. Letzteres erfolgt durch mutative Anpassung, d.h. Nutzung anderer/besserer Produktionsprozesse.

Das Produktionsprogramm ist nach seiner Breite als Anzahl verschiedenartiger Produkte, nach seiner Tiefe als Abdeckung verschiedener Fertigungsstufen und nach seiner Struktur als Aufteilung in Eigenleistung und Fremdfertigung zu bestimmen. Dies ist ein wesentlicher Erfolgsfaktor des neugegründeten Unternehmens.

Die Produktion hat im Einzelnen den Anforderungen der Versorgungssicherheit, also keine Fehlmengen, der Fertigungsflexibilität als Änderungsfähigkeit, der Kostengünstigkeit und der Risikominimierung zu genügen. Die Produktion selbst kann dabei nach Einzelauftrag, nach Rahmenvertrag auf Abruf oder auf Vorrat (ab Lager) erfolgen. Die Basis bilden jeweils Bedarfsprognosen sowie Programm- und Materialbedarfs- und Losplanungen. Die Produktionsdurchführung findet übergreifend im Werkstattprinzip als Manufaktur, im Gruppenprinzip auf Fertigungsinseln, im Fließprinzip als Reihenfertigung („Fließband") oder im Baustellenprinzip an wechselnden Einsatzorten statt.

Als **Fertigungsverfahren** kommen je nach Anforderungen fünf Optionen in Betracht, die

- Einzelfertigung erfolgt kundenspezifisch (z. B. im Handwerk, bei Dienstleistungen),
- Serienfertigung erfolgt in vorbestimmten Mengen gleicher Produktarten in ci nem Zug,
- Sortenfertigung erfolgt in vorbestimmten Mengen verschiedener Produktversionen einer Art,
- Chargenfertigung erfolgt in vorbestimmten Mengen bestimmter identifizierbarer Produktionslose,
- Massenfertigung erfolgt in im Vorhinein nicht bestimmten Produktionsmengen gleicher Produkte.

Dabei entsteht ein Zielkonflikt zwischen möglichst kostengünstiger Massenfertigung (Stückkostendegression) und möglichst kundenindividueller Einzelfertigung (Maßschneiderung). Eine fortschrittliche Lösungsmöglichkeit ergibt sich hierfür durch kundenindividuelle Massenfertigung (Mass Customization), und zwar ohne Eingriff in die Fertigung als Soft Customization oder mit Eingriff als Hard Customization. Hilfreich sind dabei moderne Produktionskonzepte wie

- Plattformfertigung mit einheitlicher Produktionsbasis und differenten Aufbauten, die zu verschiedenen Produktversionen kombiniert werden können,
- Baukastenfertigung über standardisierte Module mit kompatiblen Schnittstellen, die untereinander kombiniert werden können,
- Postponement mit möglichst später Heterogenisierung im Produktionsfluss (z. B. zuerst das Wirken von Stoffen und dann erst deren abweichende Einfärbung/ Zara),

- Gleichteilekonzept durch überdimensionierte Standardteile statt kleinauflagiger Spezialteile zur Nutzung der Kostendegression,

- additive Fertigungsverfahren auf Basis von 3-D-Konstruktions- und Druckdaten (Schlagworte sind hier Internet der Dinge/Produktion 4.0).

Qualität bezeichnet allgemein die Erfüllung festgelegter, technisch-objektiver oder vorausgesetzter, individuell-subjektiver Anforderungen an eine Leistung. **Fehler** bedeutet hingegen die subjektive Nichterfüllung einer Anforderung, obwohl das Produkt objektiv mangelfrei ist. **Mangel** bedeutet die objektive Fehlerhaftigkeit eines Produkts (als offener/verdeckter Mangel). Ziel ist eine Null-Fehler-Produktion. Zur Operationalisierung wird dies der Verteilung unter der Gauß'schen Normalverteilungskurve folgend durch eine Fehlerfreiheit von 99,99966 % (Six Sigma) ausgedrückt. Dies entspricht vereinfacht nur 3,4 Fehlern auf eine Million Teile (ppm).

Diese extrem hohe Qualität bedarf enormer Anstrengungen und Kosten, doch Nichtqualität ist, empirisch erhärtet (PIMS-Projekt), noch weitaus teurer. An Kosten entstehen im Einzelnen solche zur Fehlerverhütung (die besten Fehler sind die, die gar nicht erst entstehen), zur Fehlerfreiheitsprüfung (Qualitätssicherung) und zur internen Fehlernachbesserung im Betrieb sowie zur externen Fehlernachbesserung bei Kunden. Je später ein Fehler behandelt, erkannt oder vermieden wird, desto exponenziell höher sind dessen Kosten. Positive Folgen sind hingegen Mehrerlöse durch bessere Qualität, aber auch Aspekte wie niedrigerer Ausschuss, geringere Nacharbeit, kürzerer Maschinenstillstand, weniger Garantiefälle, keine Rückrufe etc.

Zur Qualitätssicherung steht Ihnen eine Vielzahl von Werkzeugen zur Verfügung. In der Praxis werden vor allem folgende Methoden umgesetzt:

- **8-D** ist ein systematischer Problemlösungsprozess in acht Schritten.

- **5-S** konzentriert sich darauf, die Arbeitsumgebung zu gestalten, zu organisieren und zu standardisieren.

- **Standardarbeitsblätter** (Checklisten), die beispielsweise angeben, welche Schritte durchzuführen oder welche Vorgaben einzuhalten sind.

- **Poka Yoke** bietet einfache und effektive Lösungen, um Fehler von vornherein zu vermeiden (beispielsweise Steckverbindungen, die nur eine Möglichkeit des Steckens zulassen).

- **Kanban** ist eine Methode zur Durchlaufzeitenverringerung („kan" übersetzt: „Signal", „ban" übersetzt: „karte").

Allen fünf Methoden ist gemeinsam, dass sie sehr einfach und ohne Investitionen angewendet werden können.

Qualität erfordert eine hohe **Prozessfähigkeit**, d.h., die Produktion muss so ausgelegt sein, dass genau die intendierten Ergebnisse entstehen (= Validität), sowie eine hohe **Prozessbeherrschung**, d.h., die Produktion muss so ausgelegt sein, dass diese Ergebnisse zuverlässig repliziert werden (= Reliabilität). Dazu stehen zahlreiche Qualitätshebel zur Verfügung, die häufig japanischen Ursprungs sind. Qualität entsteht zudem nur in einem Kontinuierlichen Verbesserungsprozess (KVP/Kaizen), der immerfort zyklisch durchlaufen wird. Qualitätsverbesserungen werden dabei sinnvollerweise zuerst geplant (Plan), dann testweise umgesetzt (Do) und daraufhin geprüft, ob sie sich materialisieren (Check), wenn ja, werden sie betriebsweit implementiert (Act) (PDCA-Zyklus).

Der Nachweis der Qualität erfolgt durch externe Zertifizierung auf Basis der DIN EN ISO-Normenreihe. Dabei wird die Konformität mit vorgegebenen Standards durch neutrale Auditoren als Third Party Audit geprüft. Alternativ ist auch eine Prüfung durch nachfragemächtige Abnehmer möglich (Second Party) oder eine Selbstbewertung, meist allerdings nur zur Vorbereitung im Rahmen einer umfassenden Qualitätsinitiative (First Party).

Prüfen Sie, ob Sie in Ihrem Segment ein Qualitätsmanagementsystem nachweisen müssen. Ein Krankenhaus beispielsweise ist vom Gesetzgeber dazu verpflichtet. Auch die Automobilindustrie verlangt von ihren Zulieferern die Umsetzung eines Qualitätsmanagementsystems.

Unabhängig davon, ob ein solcher Zwang besteht: Unternehmen, die ein Qualitätsmanagementsystem umgesetzt haben, sind langfristig wirtschaftlich erfolgreicher.

■ 8.3 Marktinformation und Absatz

Die Marktinformationsbasis kann auf anderweitig bereits erhobenen Daten aufbauen (Desk Research/Sekundärforschung) oder originär neu erhobene Daten umfassen (Field Research/Primärforschung). Zu den meisten Suchfeldern bestehen bereits Sekundärdaten, sodass Primärerhebungen zur Informationssammlung regelmäßig nicht erforderlich sind. Probleme ergeben sich allerdings oft wegen mangelnder Aktualität der vorliegenden Daten, fehlender Vergleichbarkeit der Grundgesamtheiten oder unzureichender Detaillierung der Ergebnisse.

Für eine Primärerhebung stehen die Verfahren der **Beobachtung** oder der **Befragung** zur Verfügung. Die Beobachtung kann wiederum standardisiert oder individuell erfolgen, als Fremd- oder Selbststudie, durch persönliche oder apparative

Erfassung (z. B. Kamera), für die Probanden offen oder verdeckt, also nicht-erkenn-bar, angelegt sowie seitens des Beobachters teilnehmend oder nicht-teilnehmend. Wichtig ist dabei, Verzerrungseffekte auszuschließen, wie sie vor allem durch das Wissen um die Beobachtung entstehen. Allerdings sind solche Bedingungen nur schwer realisierbar und stoßen auf datenschutzrechtliche Bedenken. Gängige Ansätze in der Praxis sind etwa Zählverfahren (z. B. Passantenströme bei der Standortwahl), Kundenlaufstudien am PoS in vergleichbaren Ladengeschäften, Kaufverhaltensstudien oder Verwendungsbeobachtungen.

Die Befragung kann persönlich, und zwar mündlich oder telefonisch, bzw. unpersönlich, und zwar schriftlich oder onlinebasiert, erfolgen. Von zentraler Bedeutung sind dabei der Fragebogeninhalt und -aufbau. Bei persönlichen Formen kommt der Interviewereinsatz hinzu. Unpersönliche Formen der Erhebung leiden im Allgemeinen unter der geringen Rücklaufquote. Insgesamt bergen Befragungsverfahren vielfältige Unsicherheiten. Vor allem für Innovationen sind sie ungeeignet, da (private) Endnachfrager immer nur auf vorhandenes Angebot reflektieren, nicht aber eigenständig angebotsbezogen kreativ werden können. Eine bestmögliche Marktinformationsbasis ist Voraussetzung für den Absatz, modern Marketing genannt.

Marketing bedeutet allgemein die Planung, Organisation, Durchsetzung und Kontrolle aller Aktivitäten mit der Absicht der Erreichung qualitativer und/oder quantitativer Nutzenvorteile bei Kunden und deren Kunden durch Aufbau, Unterhalt, Ausbau und gegebenenfalls Wiederherstellung von Geschäftsbeziehungen mit jeweils relevanten Zielgruppen im Absatz. Im Mittelpunkt stehen also die Kundenbeziehungen im Rahmen des Customer Relationship Managements (CRM). Die Vermarktung stellt sich weithin als Engpass für den Unternehmenserfolg dar. Ihr ist daher besondere Aufmerksamkeit zu widmen.

Von zentraler Bedeutung im Marketing wiederum ist die **Marke** als formale Kennzeichnung von Waren und Diensten oder Organisationen mit einem Zeichen, das Interessenten bzw. Käufern deren Herkunft anzeigt, um sie zu identifizieren und zu profilieren, aber auch gegen andere Angebote abzugrenzen. Unternehmen verfügen in einem fortgeschrittenen Stadium häufig über mehrere Marken, die strategisch nebeneinander oder untereinander angeordnet (Markenarchitektur) und als Markentypen ausgeprägt sind.

Ein weiteres Element ist die **Marktsegmentierung** als Aufteilung eines Gesamtmarkts in möglichst homogene Teilmärkte, die weitgehend gleichartig akquisitorisch zu bearbeiten sind. Dazu werden Kriterien verschiedener Art angelegt wie demografische, verhaltensbezogene, psychologische, soziologische, typologische, neuroökonomische etc. Als Basis dienen Marktdaten aus dem Käuferverhalten. Dieses bezieht sich sowohl auf privates Konsumentenverhalten als auch gewerbliches Beschaffungsverhalten. Zur Auswertung dienen meist elaborierte (multivariate) statistische Verfahren, die in Softwarepaketen angeboten werden (z. B. SPSS).

Zur Einflussnahme auf den Markt stehen nach herrschender Meinung vier absatz-politische **Instrumente** zur Verfügung, die zweckgerichtet individuell gemischt eingesetzt werden. Es handelt sich um die

- **Produkt- und Programmpolitik**, diese umfasst unter anderem die Verpackung, die Produkteinführung, die Angebotsfortführung, die Produktveränderung, die Produktdifferenzierung, die Angebotseinstellung, die Programmbreite und -tiefe, den Kundendienst, die Produktqualität etc.

- **Preis- und Konditionenpolitik**, diese kann nachfrage- bzw. nutzenorientiert, markt- bzw. wettbewerbsorientiert, betriebszielorientiert, kostenorientiert und reglementiert angelegt sein, hinzu kommt die Preisfeinsteuerung durch Preis-nachlässe und -zuschläge, Zahlungs- und Lieferungsbedingungen etc.

- **Kommunikations- und Identitätspolitik**, diese umfasst unter anderem die Werbeobjektbestimmung, die Kreativplattform, die Nutzung Klassische Medien, die Mediaplanung, die Online-Werbung, die Schauwerbung, die Öffentlichkeits-arbeit, die Dialogwerbung, die Verkaufsliteratur, die Wahrung der Absenderiden-tität, die Integrierte Kommunikation, die globale Werbung etc.

- **Distributions- und Verkaufspolitik**, diese befasst sich unter anderem mit der Absatzkanalbreite, Absatzkanaltiefe, Absatzkanalform, Absatzkanalstruktur, den Betriebsformen des Handels, der vertikalen Kooperation im Absatzkanal, den Absatzhelfern, Reisenden, Marktveranstaltungen, der Absatzlogistik, dem Persönlichen Verkauf, dem medialen Verkauf (E-Commerce) etc.

Die ersten drei Instrumente bilden die **Absatzvorbereitung**, das vierte Instrument bildet den **Absatzvollzug**. Durch die Mischung dieser Instrumente nach Art, Um-fang, Einsatz und Abstimmung wird ein optimaler Marketingmix angestrebt, der allerdings praktisch als kaum erreichbar anzusehen ist. Vielmehr ist lediglich ein „Trial and Error" möglich, das nur zufällig einmal zu einem Optimum führt. Gele-gentlich werden noch die drei P der Prozesspolitik, der Präsentationspolitik und der Personalpolitik ergänzt, die vor allem für Dienstleistungen gelten. Die Entgelt- und die Vertriebspolitiken machen die Marktleistung aus.

Die betriebliche Warenwirtschaft bildet die Basis des jungen Unternehmens. Dazu gehören die Inputfaktoren als Beschaffung und Logistik, die Through-putfaktoren als Produktion und Qualität sowie die Outputfaktoren als Markt-information und Absatz.

9 Marktleistung als zentraler Erfolgsfaktor

Letztlich lebt jedes Unternehmen nur von den Umsätzen, die es am Markt für seine Leistung erlösen kann. Daher ist eine bestmögliche Marktleistung von zentraler Bedeutung. Dabei gelten vor allem Entgelt und Vertrieb als wichtige Stellhebel. Beim Entgelt geht es um die Preis- und Konditionengestaltungen für die eigenen Leistungen, beim Vertrieb geht es um die Distributions- und Verkaufsgestaltungen für eigene Leistungen (siehe Bild 9.1).

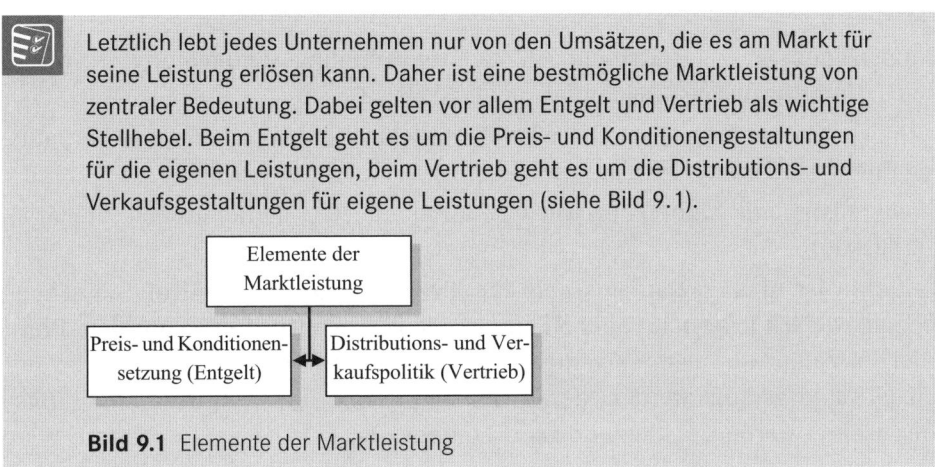

Bild 9.1 Elemente der Marktleistung

9.1 Entgeltgestaltung

Für die Preissetzung des Angebots ist die Preiswahrnehmung von hoher Bedeutung. Diese erfolgt über mehrere Größen. **Preisanker** entstehen aus der

- Gegenüberstellung der Preise verschiedener Sach- und Dienstleistungen der gleichen oder einer anderen Kategorie,
- Gegenüberstellung eines aktuellen Preises und vergangener Preise für eine als vergleichbar beurteilte Leistung (Preiserfahrung),
- Preisvorteilssuggestion (vokal oder kontextuell),

und führen somit zur gestützten Beurteilung einer Preisforderung. Eine eigene Preisbildung gemäß diesen Leitlinien ist daher sinnvoll.

Die Bedeutung der **Preisoptik** drückt sich in gebrochenen Preisen aus, d. h. Preisen knapp unterhalb einer Preisschwelle, die von Käufern erfahrungsgemäß eher der darunter liegenden Preisschwelle als der rein rechnerisch viel näheren, darüber liegenden Preisschwelle zugeordnet werden (z. B. 999 €), sowie in Preisfiguren, die als besonders merkfähig gelten (z. B. 5,55 €). Beides wird daher häufig für die Preisbildung genutzt.

Eine **Kaufvereinfachung** soll zur Zeitentlastung bei gewerblichen wie privaten Nachfragern führen und vollzieht sich vor allem durch

- Preis-Qualitäts-Vermutung, d. h., vom Preis einer Sach- und Dienstleistung wird, meist mangels näher beurteilbarer Anhaltspunkte, auf deren Qualität geschlossen,
- ergänzende Angebotsattribute wie Referenznennung (Empfehlung, Testurteil etc.), Garantiezusage, Anzahlungsmöglichkeit etc.,
- Anbieterempfehlung, etwa unter Befolgung eines Kaufvorschlags des Verkaufsberaters (z. B. Influencer),
- generalisierende Kaufregeln, wie z. B. durch anbieter-/markentreuen Wiederholungskauf.

Weiterhin ist für den Kaufentscheid das **Preis-Leistungs-Verhältnis** ausschlaggebend, wonach jeder Kauf anhand eines gedanklichen Quotienten aus dem Preisopfer im Zähler und dem Leistungsnutzen im Nenner vorbewertet wird und nur solche Käufe getätigt werden, deren Quotient kleiner eins ist, bzw. Käufe umso eher getätigt werden, je kleiner dieser Quotient ist.

Daher muss es Ziel jedes Anbieters sein, bei einer möglichst großen Vielzahl von Nachfragern einen möglichst niedrigen Preis-Leistungs-Quotienten einzunehmen. Denn je niedriger dieser Wert, desto wahrscheinlicher/zahlreicher ist die Umsetzung des Kaufs innerhalb der gegebenen Budgets. Dies ist anbieterseitig durch Senkung des Preiszählers oder Erhöhung des Leistungsnenners realisierbar. Eine Preissenkung muss allerdings betriebswirtschaftlich möglich sein. Daher bietet sich ein Ansatz beim Leistungsnenner an (objektive Leistungsmerkmale oder Markenbildung).

 Zwei zentrale Fragen bei der Preispolitik

- Was würden die potenziellen Kunden maximal für Ihre Leistung bezahlen?
- Zu welchem Preis muss Ihre Leistung angeboten werden, damit die Gewinnschwelle erreicht werden kann?

Statt einer **Preisuntergrenze** ist aus Vermarktungssicht eine Ausrichtung an der **Preisobergrenze** interessanter. Tatsächlich müssen beide Preisgrenzen parallel ausgelotet werden, zur Ermittlung der Preisuntergrenze, um die Existenzsicherung zu gewährleisten, und zur Ermittlung der Preisobergrenze, um keine Gewinnanteile am Markt unnötig zu verschenken.

Bei der **Preisinnovation** geht es um den erstmaligen Preisansatz zur Markteinführung der eigenen Leistung. Möglich ist ein solcher Preisansatz

- durchgängig oberhalb des durchschnittlichen Marktpreises **(Prämienpreis)**, wenn ein entsprechender Nutzenvorteil vorhanden ist, der diesen Preis am Markt durchsetzbar erscheinen lässt,
- durchgängig unterhalb des durchschnittlichen Marktpreises **(Diskontpreis)**, wenn ein entsprechender Kostenvorteil vorhanden ist, der diesen Preis betriebswirtschaftlich rentabel werden lässt,
- oder im durchschnittlichen Marktpreis **(Mediumpreis)**, was dann allerdings weder Marktvor- noch -nachteile erbringt.

Bei der **Preisvariation** geht es um die planvolle Ablösung eines vorhandenen Preises durch einen neuen (etwa bei einer Produktvariation). Möglich ist dabei eine Preisabfolge im Zeitverlauf

- bei einem hohen Preis beginnend durchgängig bis auf den Durchschnittspreis fallend **(Abschöpfungspreis)**,
- bei einem niedrigeren Preis beginnend bis auf den Durchschnittspreis steigend **(Penetrationspreis)** oder
- pulsierend, d.h. wechselnd als Normal- oder Sonderangebotspreis **(Aktionspreis)**.

Ein **Preisbündel** liegt vor, wenn ein gemeinsamer Preis für mehrere Sach- und/oder Dienstleistungen besteht, deren Angebotskombination nicht aufgeknüpft (= Pure Bundle) oder nur in engem Rahmen variiert werden kann (= Mixed Bundle). Ein **Preisbaukasten** liegt vor, wenn ein aus fixen und variablen Bestandteilen zusammengesetzter, nicht linearer Tarif berechnet wird. Der fixe Anteil deckt dabei die Leistungsbereitschaft ab, der variable Anteil schafft eine unvollständige Preisvergleichbarkeit.

Die normale Kaufabwicklung erfolgt Zug um Zug, d.h. Ware gegen Geld (= **Kassageschäft**). Davon abweichend kann es auch zur Vorauszahlung Geld vor Ware (wie regelmäßig im E-Commerce) oder zum Zielverkauf Ware vor Geld kommen (= **Sukzessivgeschäft**). Beim letzteren, häufigen Fall liegt eine Lieferantenkreditierung vor. Diese erfolgt notwendigerweise als Alleinfinanzierung aus eigenen Mitteln des Anbieters, als Refinanzierung bei Gestellung von Kreditsicherheiten in der Sache oder der Person seitens des Abnehmers oder als Drittfinanzierung durch Leasing oder Factoring.

Für einen Markterfolg ist es anbieterseitig häufig erforderlich, Nachfrager zunächst mit entsprechender Kaufkraft auszustatten. Ansonsten kommt ein Abschluss gar nicht erst zustande. Dies gilt umso mehr, je höher der infrage stehende

Betrag und je schmaler das generelle Budget ist. Daher hat die **Absatzfinanzierung** erhebliche praktische Bedeutung. Man spricht vom Financial Engineering, analog zur technischen Produktion, von dem Nachfrager in Käufermarktsituationen erwarten, es in einem attraktiven Paket mitangeboten zu erhalten, und davon ihre Auftragserteilung abhängig machen. Da die Kreditierung nur zu günstigeren Bedingungen attraktiv ist, als der Nachfrager sie selbst realisieren kann, geht die daraus folgende Kostendifferenz zulasten der Rentabilität des Anbieters oder entsteht durch dessen mangelnde Verhandlungsmacht.

Weitere Erlösschmälerungen entstehen vornehmlich durch **Rabattierung** als Preisnachlass gegenüber Abnehmern auf der Basis von

- Funktionsübernahme, d. h., Abnehmer übernehmen Aufgaben, die normalerweise der Lieferant zu erfüllen hat, wie Transport, Lagerung etc., und dieser zeigt sich dafür erkenntlich,
- Mengenabnahme bezogen auf den Einzelabschluss oder die über eine Periode kumulierten Abschlüsse (Bonus) oder
- Transaktionszeit, z. B. für Frühbezug, Kauftreue, Off Season-Bestellung, Auslauf oder für die vorzeitige Rechnungszahlung (Skonto).

Rabatte können dabei als Geld- oder Naturrabatt, als Fest- oder Relativrabatt, in einheitlicher oder gestaffelter Höhe etc. ausgelegt sein. Diese Konditionen bestimmen den **Nettopreis**, also den tatsächlich zu entrichtenden Geldbetrag (Effektivpreis), die Preispolitik hingegen bestimmt den Bruttopreis (Listenpreis). Ziel muss es sein, die Differenz zwischen Listenpreis und Effektivpreis möglichst gering zu halten. Jeder Preisabschlag geht unmittelbar zulasten des Gewinns. Vielmehr muss versucht werden, Preiszuschläge durchzusetzen, etwa indem Sonderleistungen wie Kundendienste abrechenbar gemacht werden (No Frills). Denn entweder sind Leistungen für Zielpersonen nutzbringend, dann sind sie auch bereit, dafür zu zahlen, oder sie sind nicht nutzbringend, dann schafft auch ihr kostenloses Angebot keinen positiven Effekt.

■ 9.2 Vertriebsgestaltung

Der Vertriebskanal hat die Funktionen des Waren-, Geld- und Informationsaustausches zwischen Marktpartnern wahrzunehmen. Dabei geht es um die Distribution von

- Waren zum Ge- und Verbrauch und in umgekehrter Richtung im Rahmen der Re-Distribution (Reklamation, Retoure, Entsorgung),

- Geldern vom Ge- und Verbrauch zur Produktion bzw. entgegengesetzt bei Nachbesserung/Verwertung,
- gegenseitigen Informationen zwischen Produktion, Verbrauch und Verwertung.

Der Vertriebskanal kann dabei in vier Dimensionen gestaltet werden, hinsichtlich seiner Breite als Anzahl der Absatzpartner auf einer Stufe, seiner Tiefe als Anzahl der Absatzstufen, seiner Struktur als Anzahl der Absatzkanäle und seiner Form als Absatzsystem. Hinsichtlich der **Absatzkanalbreite** können mehr oder weniger Partner einbezogen werden, dabei ist zwischen bereits realisierter und prospektiv gewünschter Breite zu unterscheiden. Weiterhin kann die Anzahl offen oder geschlossen, also mit limitiertem Zugang, ausgelegt werden. Hinsichtlich der **Absatzkanaltiefe** werden meist drei Stufen unterschieden, Hersteller, Groß- und Einzelhandel sowie gewerbliche und private Endabnehmer.

Beim **Direktabsatz** treten Hersteller unmittelbar mit Endabnehmern, also unter Ausschaltung zwischengeschalteter Absatzmittlerstufen, in Kontakt. Dabei werden Geschäftsleitung und Verkaufsabteilung/-außendienst aktiv. Verbreitet ist auch der Einsatz von Medien wie Direktaussendung, Telefonverkauf, E-/M-Commerce oder Ähnliches. Der Absatz ist für den Absender tendenziell umso kostspieliger, je direktere Verbindungen zwischen ihm und dem Endkäufer seiner Leistung bestehen.

Beim **Indirektabsatz** treten Hersteller nur mittelbar mit Endabnehmern, also unter Einschaltung zwischengeschalteter Absatzmittlerstufen, in Kontakt. Einstufig indirekter Absatz bedeutet, dass im Vertriebskanal eine Absatzmittlerstufe zwischengeschaltet ist, zweistufig indirekter Absatz, dass zwei Absatzmittlerstufen nacheinander zwischengeschaltet sind, und mehrstufig indirekter Absatz, dass mehr als zwei Absatzmittlerstufen zwischengeschaltet sind.

In Bezug auf die **Absatzkanalstruktur** ist es neben einem eingleisigen Vertriebskanal (Monodistribution) auch möglich, zwei oder mehr Vertriebskanäle zu bedienen (Dual- oder Polydistribution), die sich voneinander durch vielfältige Kriterien wie Stufigkeit (Einzel- und Großhandel), Rechtsstellung (Absatzmittler und Absatzhelfer), Betriebsform etc. unterscheiden. Dabei kann es sich nur um reale Vertriebskanäle oder um einen Mix aus realen und virtuellen Vertriebskanälen handeln.

Zu überlegen ist, ob und wie die Kanäle zueinander differieren, um den Hauptnachteil des Parallelvertriebs, nämlich die unvermeidliche Konkurrenz um im Prinzip gleiche Kunden, zu vermindern. Dazu bietet sich eine Splittung nach Produkten, Absatzgebieten oder Kundenarten an, wobei die Zuordnung der Abnehmer dann vorgegeben oder von diesen frei wählbar ist.

Wenn Sie mehrere Vertriebskanäle gleichzeitig bedienen, kann es sein, dass Sie sich selbst Konkurrenz machen. Allerdings wenn Sie einen wichtigen Kanal nicht bedienen, werden Sie vielleicht von potenziellen Kunden gar nicht erst wahrgenommen. Hier gilt es also, eine Balance zu finden.

Auf ein Online-Angebot (virtuelles Angebot) sollten Sie allerdings generell nicht verzichten. Auch wenn es hier vielleicht zu erheblichen Überschneidungen kommen sollte.

In Bezug auf die Absatzkanalform sind folgende Entscheidungen zu treffen. Bei **zentraler** Auslegung werden alle Absatzfunktionen in Eigengestaltung initiiert, durchgeführt und koordiniert. Dies erfolgt im Persönlichen Verkauf durch Unternehmensrepräsentanten. Dieser kann nach drei Prinzipien erfolgen, in den Räumlichkeiten des Käufers (Domizilprinzip), des Verkäufers (Residenzprinzip) oder an einem dritten Ort (Treffprinzip). Beim Distanzprinzip findet kein persönlicher, sondern ein medialer Verkauf statt. Die Willenserklärungen zu Verkauf und Kauf erfolgen also über Anzeigencoupon, Mailing, Katalog, Website etc. Bei **dezentraler** Auslegung erfolgt der Absatz über eigene Niederlassungen/Filialen, aber auch im Multilevel Marketing (auch Strukturvertrieb/Netzwerk-Marketing). Bei **ausgegliederter** Auslegung erfolgt der Vertrieb über wirtschaftlich und rechtlich selbstständige Absatzorgane (Absatzmittler).

Dafür kommt einerseits der **Großhandel** (B-to-B/Handel unter Kaufleuten) in Betracht. Er übernimmt die Beschaffung und den Absatz von Waren an Produzenten, Weiterverarbeiter, gewerbliche Verwender, Wiederverkäufer und Großabnehmer in relativ großen Mengen pro Verkaufsakt. Großhändler gibt es in verschiedenen Ausprägungen z. B. als Zustell-, Abhol-, Lager-, Strecken-, Service-, Spezial-, Binnen-, Außen-, Versandgroßhandel. Jedoch sind diese langfristig vom Aussterben bedroht (Disintermediation).

Andererseits kommt dafür der **Einzelhandel** (B-to-C/Handel mit Privaten) in Betracht. Auch diesen gibt es in zahlreichen Ausprägungen. Die Handelsstufe nimmt dem Hersteller zahlreiche Funktionen ab, vor allem Logistik (Raum-/Zeitüberbrückung), Kundenakquisition und Mengenausgleich, behält dafür jedoch eine Handelsspanne ein, die zulasten des eigenen Gewinns geht oder zu höheren Endverkaufspreisen und womöglich geringerer Wettbewerbsfähigkeit führt.

Vor allem die Einzelhandelsstufe stellt sich als sehr heterogen dar. Im Bestreben um Transparenz werden daher Handelsbetriebsformen nach folgenden Kriterien rubriziert:

■ Sortimentsbreite, Sortimentstiefe, Sortimentsniveau, Sortimentsinhalt, Preisgestaltung, Betriebsgröße, Beeinflussungsmix, Akquisitionsform, Abgabeprinzip, Verkaufspunkt, Integrationsform, Organisationseinbindung, Treueorientierung des Sortiments, Güterart.

Aktuell ist vor allem die Unterscheidung in stationären und virtuellen Handel wichtig. Kombinationen von Kriterien, die häufig vorkommen, werden bezeichnet. Solche Bezeichnungen sind unter anderem

- traditionell Fachgeschäft, Spezialgeschäft, Warenhaus, Kaufhaus, Gemischtwarenladen etc.,
- modern SB-Warenhaus, Verbrauchermarkt, Supermarkt, SB-Geschäft etc.,
- preisaggressiv Fachmarkt, Fachdiscounter, LEH-Discounter, Servicediscounter etc.

Diese Betriebsformen unterliegen einer stetigen Dynamik. Handelsbetriebe erfüllen diese Funktionen in unterschiedlichem Ausmaß. Funktionen werden auf Hersteller rückverlagert (upstream), auf Abnehmer vorverlagert (downstream) oder entfallen durch andere Transaktionsformen (virtuell). Im Grundsatz ist eine Trading-up-Entwicklung hin zum Erlebnishandel (Differenzierung) oder eine Trading-down-Entwicklung hin zum Versorgungshandel (Kostenführerschaft) zu konstatieren. Positionen dazwischen haben hingegen wenig Erfolgspotenzial.

Für jeden Gründer stellt sich nunmehr die Frage, ob Direkt- oder Indirektvertrieb zu präferieren ist. Ein Direktvertrieb ist dann günstiger, wenn bei gleichen Endverkaufspreisen und Absatzmengen die zusätzlichen Distributionskosten geringer sind als die ersparte Handelsspanne. Je direkter der Absatz ist, desto stärkere Einflussnahme des Herstellers und Kontrollen sind zugleich möglich und desto besser ist der Informationsfluss. Insofern wirken quantitative und qualitative Faktoren auf den Entscheid ein.

Zu bedenken ist, dass der Handelsstufe eine erhebliche Nachfragemacht zukommt. Daher ist zu prüfen, wie damit zu verfahren ist. Denkbar sind ein Konflikt mit dem Handel um die Kanalführerschaft oder aber eine Kooperation, wobei letztere empfehlenswert und im Zuge des Kontraktmarketings (Regulated Distribution) vielfach vorzufinden ist, z. B. als Rahmenvereinbarung, Rack Jobber, Shop in the Shop, Depotsystem, Franchising, Vertragshändler.

Neben Absatzmittlern sind auch **Absatzhelfer** tätig. Sie werden dabei, im Gegensatz zu Absatzmittlern, nicht selbst Eigentümer der Waren, sondern begleiten diese nur im Vertriebskanal und sind im Einzelnen akquisitorisch, logistisch oder leistungsergänzend tätig. Bei akquisitorischen Absatzhelfern handelt es sich vor allem um

- **Handelsvertreter**, sie sind in fremdem Namen und auf fremde Rechnung akquisitorisch tätig und können nach verschiedenen Kriterien eingeteilt werden (wird in §§ 84 ff. HGB geregelt),
- **Kommissionäre**, sie sind in eigenem Namen, aber auf fremde Rechnung akquisitorisch tätig und können ebenfalls nach verschiedenen Kriterien eingeteilt werden (wird in §§ 383 ff. HGB geregelt),

- **Handelsmakler**, sie sind in fremdem Namen und auf fremde Rechnung nur mit der fallweisen Vermittlung von Abschlüssen befasst, ohne selbst in den Warenfluss eingeschaltet zu sein (wird in §§ 93 ff. HGB geregelt).

Logistische Absatzhelfer sind vor allem Transport- und Lagerunternehmen wie Spedition, Paketdienst, Verkehrs- und Depotbetrieb etc. Sie organisieren den Zeit- und Raumtransfer von Waren, ohne dabei deren Eigentümer zu werden. Der Spediteur übernimmt im eigenen Namen, aber auf Rechnung des Auftraggebers die Planung und Durchführung des Transports vom Absender zum Empfänger inklusive aller Nebendienste wie Dokumente, Versicherungen, Verzollungen etc. Der Frachtführer verbringt die Waren selbst, muss aber nicht mit dem Spediteur identisch sein. Der Lagerhalter trägt für die Einhaltung der Qualität und Quantität der Ware bei Lagerung Sorge.

In Bezug auf das Transportmittel ist eine Entscheidung zwischen Eigen- und Fremdbetrieb zu treffen, also Schiff, Eisenbahn, Lkw oder Flugzeug.

 Bei der Transportmittelwahl sollten Sie vor allem die Höhe der Transportkosten/Nebenkosten, die Schnelligkeit des Transports (Zeit als Wettbewerbsvorteil) und die Zuverlässigkeit/Sicherheit des Transports als Entscheidungskriterien berücksichtigen.

Hinsichtlich des Lagerstandorts ist zwischen zentralem Standort mit Fertigwarenlager und dezentralen Standort(en) in Kundennähe zu unterscheiden, die wiederum eigen- oder fremdbetrieben sein können. Dabei ergibt sich ein Trade-off zwischen Kosten- und Serviceniveau, d. h. geringere Kosten bei niedrigerer Lieferfähigkeit und umgekehrt.

Leistungsergänzende Absatzhelfer fördern den Absatz durch Finanzierung (z. B. als Kreditinstitut), Absicherung (z. B. als Versicherung), Information (z. B. als Auskunftei) und Beratung (z. B. als Werbeagentur). Sie sind parallel zum Warenfluss selbstständig tätig, ohne dabei deren Eigentümer zu werden.

Weiterhin spielen reale und virtuelle **Marktveranstaltungen** eine große Rolle, z. B. als Börsen, Messen, Märkte und Musterungen, aber auch als Einschreibung, Ausschreibung, Versteigerung und Lizitation.

 Die Marktleistung ist der entscheidende Engpass für den Unternehmenserfolg, ohne den jedwede Anstrengung unergiebig bleibt. Dabei sind vor allem die Gestaltungen von Entgelt, also Preisen und Konditionen, und Vertrieb von hoher Bedeutung. Falsche Entscheide hier sind kaum wiedergutzumachen.

10 Wegweisendes Controlling etablieren

 Wirtschaften bedeutet immer Entscheiden über knappe Ressourcen und setzt Wahlmöglichkeiten voraus, die praktisch auch regelmäßig gegeben sind. Controlling stellt dabei die Rationalität der Unternehmensführung sicher, ist also nicht Unternehmensführung selbst, sondern Mittel dazu („Lotse"). Die Steuerung umfasst die zentralen Funktionen der Planung, Überwachung, Überprüfung und Informationsversorgung, sie erstreckt sich über alle betrieblichen Funktionen und Objekte sowie Zeithorizonte und Raumgebiete (siehe Pepels 2017c).

■ 10.1 Planung der Aktivitäten

Planung stellt das systematische, zukunftsbezogene Durchdenken und Festlegen von Maßnahmen, Mitteln und Wegen zur Zielerreichung dar. Kontrolle ist spiegelbildlich zur Planung die Gegenüberstellung der Zielgrößen und der erreichten Istgrößen verbunden mit der Analyse von Abweichungen. Planung und Kontrolle bilden somit einen Regelkreis.

 Planung ohne Kontrolle ist sinnlos. Kontrolle ohne Planung ist unmöglich.

Planung baut auf den Zielen auf und setzt eine Istsituationsanalyse voraus. Daraus leiten sich verschiedene Optionen für Lösungen ab, die zu bewerten und zu priorisieren sind. Sie bezieht sich auf

- den Planungsgegenstand, also das, was geplant werden soll, z. B. ein Produkt/ Service,

- das Planungssubjekt, also die Person, welche die Planung vornimmt, meist der Gründer,

- die Planungsrahmendaten, vor allem Geltungsraum/Gebiet, Zeitrahmen/Periode, Budget/Ressourcen und allgemeine Restriktionen.

Als Basis dient immer eine sachgerechte **Informationsversorgung**. Diese wird über moderne IuK-Systeme bereitgestellt (Big Data). Dabei geht es um die Zerlegung von Datengesamtheiten aus Datenbanken (Online Analytical Planning/OLAP) bzw. die eigenständige Mustererkennung aus solchen Datengesamtheiten (Data Mining). Dazu ist es erforderlich, alle relevanten Daten zu sammeln, zu vereinheitlichen, anzuordnen, auszuwerten, anzureichern und zu segmentieren. Dabei sind vor allem Tools der künstlichen Intelligenz (AI) hilfreich.

Aufgrund der Planung ergeben sich die zum Vollzug erforderlichen Ressourcen durch **Budgetfestlegung**. Dafür sind praktisch eine Vielzahl von Regeln und Kriterien üblich. Am Ende bewegen diese sich im Spannungsfeld aus unternehmensbezogenen Möglichkeiten sowie markt- und konkurrenzbezogenen Notwendigkeiten. Die Budgetfestlegung kann von den einzelnen Budgetpositionen auf das Gesamtbudget hin aggregiert (bottom-up/progressiv) oder vom gesamten Budgetrahmen auf die einzelnen Teilbudgets heruntersegregiert werden (top-down/retrograd). Die Budgetierung kann simultan für alle Teilbudgets oder sukzessiv, sinnvollerweise beginnend mit dem erfolgswirtschaftlichen Engpassbudget, erfolgen. Die Budgets können starr, also unveränderlich als feste Planungsgrößen, oder adaptiv ausgelegt sein, also mit Anpassung an Umfeldveränderungen.

Ein Budget umfasst allgemein Geldmittel zur operationalen Allokation von Ressourcen. Zu seiner Bemessung bestehen mehrere Ansätze, analytische und nicht analytische, einzelbetriebliche und überbetriebliche:

- **Analytisch-einzelbetriebliche**, dabei **quantitative** Verfahren gehen zur Justierung von projektierten Betriebserfolgsgrößen aus, etwa als Betrag je Verkaufseinheit, bzw. Absatzwerten, etwa als Anteil von Umsatz/Deckungsbeitrag/Gewinn.

- **Analytisch-einzelbetriebliche**, dabei **qualitative** Verfahren gehen zur Justierung von vorökonomischen Größen aus, die erreicht werden sollen, etwa Bekanntheit, Vertrautheit, Image, Reputation etc., diese stehen in einer Zweck-Mittel-Beziehung zu ökonomischen Zielgrößen.

- **Analytisch-überbetriebliche**, dabei **konkurrenzorientierte** Verfahren nehmen Bezug auf definierte Wettbewerber oder strategische Konkurrenzgruppen, die es zu überflügeln gilt, die Budgethöhen beruhen im Einzelnen auf qualifizierter Schätzung, Veröffentlichungen, Mitarbeiterwissen etc.

- **Analytisch-überbetriebliche**, dabei **marktorientierte** Verfahren orientieren sich an gesamtwirtschaftlichen Größen wie Branchen-, Geldwert-, BIP-Entwicklung etc.

- **Nicht analytische** Verfahren gehen von pragmatischen Werten aus wie Reserve im Finanzrahmen oder Festwert im Finanzplan.

■ 10.2 Kontrolle der Aktivitäten

Zur qualitativen Kontrolle innerhalb des Controllings als **Überprüfung** gehören vor allem die aktive Überprüfung durch aktive Risikobehandlung und die Wertanalyse. Die **Überwachung** entspricht demgegenüber der quantitativen Kontrolle im Controlling. Dazu gehören vor allem Kennzahlenanalysen und Leistungsindikatoren.

Sie müssen jederzeit über die finanzielle Situation Ihres Unternehmens Bescheid wissen:

- Gibt es Abweichungen vom Plan zum Ist?
- Womit und mit wem wird das meiste Geld verdient?
- Wofür wird das meiste Geld ausgegeben?
- Könnte es zu einem Liquiditätsengpass kommen?

10.2.1 Risikobehandlung

Die Übernahme von Risiken gehört zum unternehmerischen Handeln, denn die Mehrzahl der Entscheidungen ist unter Unsicherheit zu treffen. Und je größer die Chancen, desto größer sind spiegelbildlich auch die Risiken. Daher ist ein bewusstes Handling von Risiken erforderlich. Risiken sind objektiv durch zwei Dimensionen gekennzeichnet, die Höhe eines möglichen Schadens und die Wahrscheinlichkeit dessen Eintritts. Subjektiv kommt die Risikogierigkeit oder Risikoaversion der jeweiligen Entscheider hinzu.

Risiken sind allgemein negative Abweichungen von Zielen. Sie können sowohl externer Art wie Wettbewerb, Recht, Politik etc. sein als auch interner Art wie Finanzen, Organisation, Qualität etc. In neuerer Zeit werden vor allem Reputationsrisiken gesehen. Sie führen zu Gefahren und Verlusten, welche die Ertrags- und Liquiditätssituation des Unternehmens beeinträchtigen. Daher ist Risikobehandlung ein zentraler Dispositionsbereich. Bausteine eines Risikomanagementsystems sind folgende:

- Das Früherkennungs- und das Überwachungssubsystem folgen der Leitlinie der unternehmerischen Risikokultur (= Risikoidentifikation).

- Die Risikostrategie legt Risikoziele des Unternehmens und Maßnahmen zu deren Umsetzung fest (= Risikobewertung).
- Eine Risikoinventur umfasst die Aufnahme aller Risiken zu einem bestimmten Zeitpunkt. Sie steht als Risikoaggregation am Beginn des operativen Risikohandlings.
- Die Risikobewältigung umfasst die Identifikation von Risikofaktoren, die qualitative Beurteilung dieser Risiken, deren Quantifizierung und die Zusammenfassung der Einzelrisiken zu einem Gesamtrisiko.
- Die Risikoberichterstattung kommuniziert die Ergebnisse und dient der Informationsversorgung interner und externer Stakeholder.

Für eine bewusste Risikosteuerung gibt es mehrere Möglichkeiten. Als **aktive** Strategien gelten die Risikoüberwälzung an Dritte zur proaktiven Eindämmung von Risiken, z. B. durch Vertragsgestaltung (AGB) sowie die Risikovermeidung durch Maßnahmen wie Eigentumsvorbehalt, Gleichteilenutzung, Produktrückruf etc. Es geht also um eine tatsächliche Risikoverminderung.

Als **passive** Strategien gelten die

- Risikolimitierung durch Teilung von Risiken mittels Bildung von Risikogemeinschaften, z. B. als Werkgemeinschaft, Konsortium, Service Level Agreement (SLA),
- die Risikovorsorge über Ausgleich als Begrenzung drohender Risiken, z. B. durch Multiple Sourcing, Streuung über mehrere Kunden/Absatzgebiete/Standorte,
- die Risikoüberwälzung an Dritte, z. B. durch Termingeschäft, Versicherung, Hedging.

Es geht also um die Risikoübertragung bei unverändertem Risikoausmaß.

Ist beides nicht möglich, bleibt nur die Selbsttragung unvermeidlicher Risiken mit nicht zu verringernder Eintrittswahrscheinlichkeit, die aber als gering angesehen werden oder denen große Chancen zur positiven Kompensation gegenüberstehen.

Unternehmerisches Handeln bedeutet immer das Eingehen von Risiken. Es geht nicht um die Elimination solcher Risiken, sondern um den bewussten Umgang mit ihnen. Sie sollten also wissen, wie Sie sich beim Eintreten eines Risikos verhalten wollen. Halten Sie sich hier Notfallpläne vor. Machen Sie nicht den Fehler, Risiken zu unterschätzen!

Existenzgründer zeichnet häufig übertriebenes Vertrauen in ihre Ideen und Fähigkeiten aus, sodass Risiken unterschätzt werden. Spielräume werden dann bis an den Rand des Machbaren ausgedehnt, ohne Puffer für Eventualitäten zu lassen. Dies kann dann rasch zur akuten Existenzgefährdung führen.

10.2.2 Wertanalyse

Bei der Wertanalyse handelt es sich um eine praktische Problemlösungs- und Entscheidungsmethode zur Findung der günstigsten Relation von Funktionserfüllung eines Produkts oder Prozesses und den damit verbundenen Kosten.

 Bei der Wertanalyse soll eine gegebene Leistung zu minimalen Kosten bzw. eine maximale Leistung bei gegebenen Kosten umgesetzt werden, ohne dass deren Qualität oder Marktfähigkeit negativ tangiert werden.

Unnötige Funktionen des Produkts sollten möglichst vollständig eliminiert und wenig wertgeschätzte Nebenfunktionen verringert werden.

Es geht dabei um ein systematisches, analytisches Durchdringen von Funktionsstrukturen mit dem Ziel einer abgestimmten Beeinflussung deren Elemente in Richtung einer Wertsteigerung.

Der Wertanalysearbeitsplan ist die Beschreibung der Arbeitsschritte bei der Bearbeitung eines Projekts. Eine Wertverbesserung betrifft die wertanalytische Behandlung eines bereits bestehenden und eine Wertgestaltung die Anwendung beim Schaffen eines neuen Wertanalyseobjekts (Produkt). Dieses wiederum ist ein entstehender oder bestehender Funktionsträger, der mit Mitteln der Wertanalyse behandelt werden soll. Ein Wertanalyseteam besteht aus einer fach- und bereichsübergreifend zusammengesetzten Gruppe, die durch unmittelbare Kommunikation mit dem gemeinsamen Ziel zusammenarbeitet, ein Wertanalyseprojekt abzuwickeln. Dabei greifen gruppendynamische Prozesse. Der Wertanalysekoordinator plant, organisiert und lenkt diese Aktivitäten unter Einbindung der hierfür relevanten Führungsebene. Er ist für die erfolgsorientierte Steuerung und Förderung der Arbeiten qualifiziert und verantwortlich.

Als Funktion wird in der Wertanalyse jede einzelne Wirkung des Wertanalyseobjekts bezeichnet. Man unterscheidet Ist- und Sollfunktionen. Gebrauchsfunktion ist eine Funktion des Wertanalyseobjekts, die zu dessen sachlicher Nutzung erforderlich ist. Die Rangordnung von Funktionen erfolgt in Funktionsklassen mit Haupt- und Nebenfunktionen. Erstere sind besonders hoch gewichtet. Letztere sind deutlich geringer gewichtet. Gesamtfunktion ist die Wirkung aller ihr in einer Funktionsstruktur untergeordneten Teilfunktionen. Unerwünschte Funktionen sind vermeidbare, nicht der gewollten Nutzung dienende (nur Istzustand) oder unvermeidbare, nicht gewollte Wirkungen (sowohl Ist- als Sollzustand) des Wertanalyseobjekts.

Die Funktionenstruktur ist eine Darstellung der folgerichtigen Zusammenhänge von Funktionen miteinander. Funktionenträger sind Elemente, durch die Funktionen verwirklicht werden. Diese sind mit Funktionskosten verbunden. Auch Vorgaben, die außerhalb der Sollfunktion liegen (z. B. Gesetz, Ethik, Umwelt), sind zu beachten. Durch Einsatz dieser Methode kann die Rationalität des Handelns überprüft werden.

Der Ablauf einer Wertanalyse erfolgt zumeist nach folgendem Schema (in Anlehnung an VDI-Richtlinie 2800):

- Projektvorbereitung: Welche Funktionen sind in erster Linie für die Kosten verantwortlich?
- Analyse der Objektsituation: Wie lassen sich die Funktionen beschreiben? Um welche Funktionenarten und -klassen handelt es sich? Welche Kosten fallen bei den einzelnen Funktionen an?
- Definition des Sollzustands: Welche Funktionen sollte das Objekt haben? Auf welche aktuellen Funktionen kann verzichtet werden?
- Entwicklung von konkreten Lösungsideen: Wie lassen sich die Sollfunktionen möglichst kostengünstig realisieren?
- Umsetzung und Kontrolle.

10.2.3 Kennzahlenanalyse

Kennzahlen sind aggregierte Daten, die mehr oder minder komplexe, dahinterstehende Sachverhalte komprimiert quantitativ ausweisen. Sie treten als **Grundzahlen** (absolute Werte) oder **Verhältniszahlen** (relative Werte) auf, bei letzteren wiederum als Gliederungs-, Beziehungs- und Indexzahlen.

Die isolierte Betrachtung einzelner Kennzahlen führt nur sehr eingeschränkt zu einer aussagefähigen Beurteilung der betrieblichen Situation. Vielmehr müssen zusätzliche sachliche und zeitliche Zusammenhänge entwickelt werden. Dafür können mehrere Formen unterschieden werden:

- Der zeitliche Zusammenhang ergibt sich, wenn die Entwicklung dieser Kennzahlen in einer **Längsschnittbetrachtung** untersucht wird, z. B. Monatsvergleich, Quartalsvergleich, Jahresvergleich.
- Der Betriebsvergleich als **Querschnittsbetrachtung** betrifft den Status verschiedener Einheiten des gleichen Betriebs untereinander bzw. gleicher Einheiten verschiedener Betriebe miteinander. Allerdings besteht oft das Problem der mangelnden Einheitlichkeit der Bezugsbasis. Deshalb bemühen sich überbetriebliche Organisationen wie Industrie- und Handelskammern, Verbände, Kreditinstitute etc. um eine entsprechende Vereinheitlichung der Ausgangsbedingungen.

- Der Soll-Ist-Vergleich betrachtet die Entwicklung der realisierten Ergebnisse im Vergleich zu den vorgegebenen. Insofern handelt es sich um eine **Strukturbetrachtung** im eigenen Betrieb.

Der Kennzahlenvergleich bezieht sich auf Ergebnisse, das **Benchmarking** hingegen misst die Prozesse, stellt fest, wer Benchmark ist und wie dessen Ergebnisse genau zustande kommen. Und es ermöglicht ein Lernen von den Besten. Kontinuierliches Benchmarking stellt sicher, dass die Unternehmensprozesse wettbewerbsfähig bleiben. Ihm kommt hohe Glaubwürdigkeit für Ziele durch bereits tatsächlich realisierte Leistungen anderer zu. Dazu ist es allerdings erforderlich, das exakte Messobjekt zu bestimmen, die Mittel zur Analyse festzulegen und Gegenseitigkeit herzustellen (win-win).

Benchmarking kann **intern** zwischen Abteilungen eines Unternehmens erfolgen (Best in Group) oder auch **extern** mit Einheiten gleicher Funktion in anderer Branche (funktional), anderer Funktion in der gleichen Branche (sektoral), gleicher Funktion in der gleichen Branche (kompetitiv/Best in Class) oder anderer Funktion in einer anderen Branche (generisch/Best Practise). Da sich die Betrachtung auf die Prozessebene bezieht, sind auch unterschiedliche Einheiten miteinander vergleichbar.

 Vergleichen Sie Ihr Unternehmen mit anderen Branchen. Gerade dieser Vergleich bietet ein großes Verbesserungspotenzial.

Denkbar ist auch ein Schatten-Benchmarking ohne aktive Einbeziehung eines Partners allein auf Basis anderweitig recherchierter Informationen. Denkbar, wenngleich rechtlich bedenklich, ist ebenso eine Observierung bzw. Investigation direkter Mitbewerber. Auf Ergebnisse bezieht sich das Reverse Engineering als Dekonstruktion von Wettbewerbsprodukten. Sinnvoll ist zudem der Beitritt zu Benchmarking-Klubs wie sie von Industrie- und Handelskammern, Berufsverbänden etc. betrieben werden.

Da einzelne Kennzahlen zwangsläufig nur eine begrenzte Aussagefähigkeit haben, ist eine Verkettung zu Kennzahlensystemen sinnvoll. Diese stellen eine systematisch geordnete Gesamtheit von Kennzahlen dar, die zueinander als Rechensystem in Beziehung stehen, wobei häufig erst diese Gesamtheit in der Lage ist, vollständig über Sachverhalte zu informieren, da es Kennzahlen höheren und geringeren Aggregationsgrads gibt.

Ein **hierarchisches** Kennzahlensystem ist nur in dem Maße erfolgreich, wie die Spitzenkennzahl richtig ausgewählt wird. Teilweise wird die Meinung vertreten, dass alle materiellen Größen über finanzielle Kennzahlen „gleichnamig" gemacht werden können. Dies ermöglicht dann eine Steuerung der unterschiedlichsten Geschäftseinheiten allein über finanzielle Messgrößen.

Zentral sind die Kennzahlen Return on Investment (ROI) bzw. Gesamtkapitalrentabilität, die Eigenkapitalrentabilität (Return on Equity/ROE) sowie die Kennzahlen zu Deckungsbeitrag und Liquidität.

Neben den Controlling-Kennzahlen sind auch weitere Kennzahlen relevant. Beispielsweise Kosten pro Klick, Konversationsrate, Kosten pro Neukundenakquise, Bestandskundenaktivität, Kosten pro Bestellung oder Absprung- und Verbleibraten der Kunden.

Welches Kennzahlensystem oder welche Kennzahlenkombination geeignet ist, ist abhängig vom Geschäftsmodell.

10.2.4 Leistungsindikatoren

Die Problematik hierarchischer Systeme liegt darin, dass sie die Realität oft unzulässig verkürzen. So kann ein Pilot ein Flugzeug auch nicht anhand nur eines Messwerts wie Geschwindigkeit oder Höhe allein steuern, sondern er braucht diverse, **ausgewogene** Werte über mehrere kritische Erfolgsgrößen, also auch Informationen über Kerosinverbrauch, Seitenwind, horizontale Neigung, vertikale Trimmung etc. Auf die Unternehmensebene übertragen wurde diese Erkenntnis als **Balanced-Scorecard**-Analyse (BSC) verwirklicht (siehe Bild 10.1). Dort wird nach Kaplan/Norton unterschieden in:

- (materielle) Kennwerte für **Finanzen/Kosten** wie Durchschnittserlös (Umsatz: Absatz), Rabattquote (Rabatte in Prozent: Bruttoumsatz), Außenstände (ausstehende Zahlungen: Nettoumsatz),
- externe Kennwerte **(Kunde/Markt)** wie Marktanteil (eigener Umsatz: Marktumsatzvolumen), Neukundenanteil (Anzahl neuer Kunden: Anzahl aller Kunden), Fluktuationsquote (Anzahl abwandernder Kunden: Anzahl aller Kunden),
- interne Kennwerte **(Prozess/Qualität)** wie Reklamationsquote (Anzahl reklamierter Bestellungen: Anzahl aller Bestellungen), Außenstandsanteil (Forderungen aus Lieferungen und Leistungen: Gesamtumsatz),
- (immaterielle) Kennwerte für **Lernen/Mitarbeiter** wie Fluktuationsquote (Anzahl der Kündigungen: Anzahl der Mitarbeiter), Unternehmenszugehörigkeitsdauer (Dienstjahre aller Mitarbeiter: Anzahl der Mitarbeiter), Pro-Kopf-Umsatz (Gesamtumsatz: Anzahl der Mitarbeiter), Verbesserungsvorschlagsquote (Anzahl Verbesserungsvorschläge: Anzahl der Mitarbeiter).

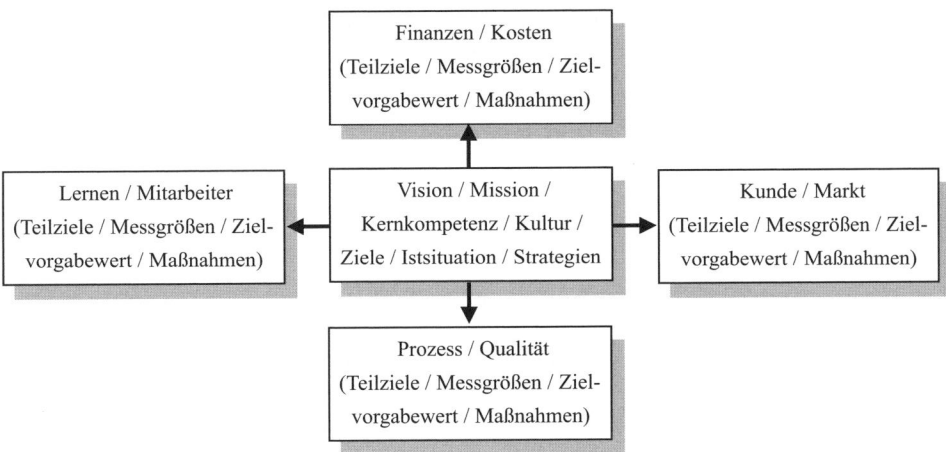

Bild 10.1 Schema der Balanced Scorecard

Am Anfang der Analyse steht immer eine **Strategy Map**, darin wird visualisiert, wie die vorgenannten Perspektiven untereinander verkettet sind. Dadurch wird eine Transparenz über die Wirkzusammenhänge im Unternehmen erreicht. Daraus lassen sich Eckwerte als wesentliche Erfolgstreiber (Key Performance Indicators/KPIs) ableiten, die gleichgewichtig berücksichtigt und in Bezug auf Vision, Kernkompetenz, Mission, Kultur sowie Ziele, Istsituation und Strategien reflektiert werden. Daraus ergeben sich die Erwartungen der Stakeholder und der Kunden, die Anforderungen an Prozesse und laufendes Lernen, zwischen denen vielfältige Wechselwirkungen bestehen. Für jede der Perspektiven werden dann jeweils

- die angestrebten **Zielsetzungen/Teilziele** abgeleitet, die es zu beeinflussen gilt, z.B. internes Wachstum stärken, Unabhängigkeit bewahren, Kostenbewusstsein intensivieren, Termintreue steigern, Kundenbindung erhöhen, Neukunden gewinnen, Fertigungsprozesse optimieren, Kundenservice verbessern, Logistik vereinfachen, Innovationstätigkeit fördern, Wettbewerbsumfeld besser kennenlernen, Mitarbeiterzufriedenheit/-qualität erhöhen,
- die dafür maßgeblichen **Messgrößen/Kennzahlen** bestimmt, anhand derer gemessen werden soll, z.B. Marktanteil im Premiumsegment, Wiederkaufrate, dies sind die KPIs,
- die gewünschten **Zielvorgabewerte** festgelegt, die es einzulösen gilt, z.B. x%, y Stück,
- die erforderlichen **Maßnahmen** aufgestellt, z.B. Designverbesserung, Vertriebsinnendienst stärken.

Dabei konzentriert man sich zur Komplexitätsreduktion auf solche Kennwerte, welche die größte Hebelwirkung für den Unternehmenserfolg (= Werttreiber) versprechen. Sie sind Basis des **Performance Measurements** im Unternehmen. Allerdings ist deren Ergebniswirksamkeit und Steuerungsrelevanz oft nur schwer beurteilbar. Die visuelle Darstellung der Ergebnisse erfolgt dann in **Management Cockpits** (Dashboard-/Ampelsystem), wie sie bei betriebswirtschaftlicher Standardsoftware (SAP, Oracle, Navision etc.) meist implementiert sind.

Durch die Mehrdimensionalität der Überwachung werden Konflikte zwischen den Dimensionen transparent und zwingen zur konstruktiven Abstimmung untereinander.

 Das Controlling umfasst neben der Kontrolle durch Überprüfung und Überwachung der betrieblichen Grundfunktionen auch deren Planung. Dies sind Grundpfeiler erfolgreicher Unternehmensführung und daher keiner Improvisation oder Intuition zugänglich.

11 Strategie: Basis jedes unternehmerischen Handelns

 Strategie ist allgemein der Weg vom Ist (Status quo) zum Soll (Ziel). Daher sind drei Aspekte unerlässlich, die Analyse des Status quo, die zentralen Zielinhalte und die eigentliche Strategie. Man kann dies mit einer ärztlichen Behandlung vergleichen. Zunächst geht es um die Feststellung des Gesundheitszustands inklusive etwaiger Defizite (Diagnose). Das Behandlungsziel ist klar, die (Wieder-)Herstellung gesundheitlicher Prosperität (Resilienz). Und die Therapie zeigt Mittel und Wege zur diesbezüglichen Verbesserung der Gesundheit auf (siehe Pepels 2015).

■ 11.1 Status-quo-Analyse

Entscheidend ist, zur Gründung eine genaue Standortbestimmung des Unternehmens vorzunehmen. Dazu haben sich verschiedene Verfahren bewährt. Die verbreitetsten von ihnen werden im Folgenden kurz erläutert. Diese sollten kombiniert bzw. parallel genutzt werden, um eine profundere Analyse zu sichern. Zunächst zu **deskriptiven** Verfahren.

Bei der **Umfeldanalyse** werden alle für relevant erachteten Einflussfaktoren auf die eigene Strategie aufgeführt und beschrieben. Um dabei eine Systematik zu unterlegen, erfolgt dies zumeist in Form einer PESTLE- oder STEP-Analyse. Diese Begriffe sind Akronyme für sechs bzw. vier relevante Kriterien:

- Politik, Ökonomie, Soziales, Technologie, Recht, Ökologie bzw. Soziales/Kultur, Technologie, Ökonomie, Politik/Recht.

Die Berücksichtigung dieser Kriterien sichert eine gewisse Vollständigkeit der Analyse. Allerdings werden sie in Form einer Aufzählung abgearbeitet, also ohne strategische Schlussfolgerungen, sondern nur zur ersten Übersicht.

Zentrale Fragen bei der Status-quo-Analyse

- Was kann ich leisten? Was können wir gut und was können wir eher nicht?
- Was erwartet die Nachfrage? Was wollen die potenziellen Kunden?
- Wer sind die Wettbewerber? Was macht der Wettbewerb?
- Welche Chancen bestehen? Welche Risiken gibt es?

Die **Branchenstrukturanalyse** (Porter) unterscheidet fünf Einflussgrößen nach deren Macht, auf die eigene Strategie einzuwirken (siehe Bild 11.1). Diese limitieren den Spielraum infolge Abhängigkeit des Unternehmens von diesen Mächten. Im Mittelpunkt steht dabei angesichts restringierter Marktbedingungen und saturierter Marktakteure die Betrachtung der Konkurrenz. Dabei handelt es sich zunächst um die Macht der

- **Zulieferer** (upstream), abhängig von Stellgrößen wie Differenzierungspotenzial durch Inputs, Umstellungskosten bei Lieferantenwechsel, Verfügbarkeit von Ersatz-Inputs, Lieferantenkonzentrationsgrad, Bedeutung des Auftragsvolumens für Lieferanten, Kosten im Verhältnis zu Gesamtkosten der Beschaffung, Einfluss der Inputs auf Kosten/Differenzierung, Gefahr/Drohung der Vorwärtsintegration durch Lieferanten,

- **Abnehmer** (downstream), abhängig von Stellgrößen wie Abnehmerkonzentrationsgrad, Abnahmevolumen, Umstellungskosten bei Lieferantenwechsel, Informationsstand der Abnehmer, Fähigkeit zur Rückwärtsintegration der Abnehmer, Verfügbarkeit von Ersatzprodukten, Durchhaltevermögen bei Konflikten, Preisempfindlichkeit, Produktunterschiede bei Endabnehmern, Markenidentität, Qualitäts-/Leistungseinflüsse, Abnehmergewinnsituation, Anreize für Entscheidungsträger,

- **aktuellen Konkurrenten** (in derselben Strategischen Gruppe), abhängig von Branchenwachstum, Höhe des Fixkostenblocks, Wertschöpfung, eventuell Überkapazitäten, Produktunterschieden, Markenidentität, Konzentrationsgrad, Informationslage im Markt, Konkurrenzheterogenität, jeweiligen Unternehmensinteressen, Marktaustrittsbarrieren,

- **substitutiven Konkurrenten** (in anderen Strategischen Gruppen des Relevanten Markts), abhängig von relativem Preis und relativer Leistung der Ersatzprodukte, Umstellungskosten bei Abnehmern, Substitutionsneigung der Abnehmer,

- **potenziellen Konkurrenten** (im Relevanten Markt), abhängig von Economies of Scale, unternehmenseigenen Produktunterschieden, Ausprägung der Markenidentität, Umstellungskosten bei gemeinsamen Abnehmern, Kapitalbedarf, Distributionszugang, absoluten Kostenvorteilen, staatlicher Regulierung, zu erwartenden Vergeltungsmaßnahmen.

Diese fünf Einflussgrößen (Five Forces) werden hinsichtlich ihrer Machtposition relativ zum prospektiven eigenen Unternehmen nach Kausalität analysiert. Ist der Machtsaldo negativ für das eigene/geplante Unternehmen, muss auf diese Größen Rücksicht genommen und darf deren Macht nicht ohne Bedacht herausgefordert werden. Ist der eigene Machtsaldo positiv, stellen sie hingegen keine Limitation dar. Die Analyse beruht damit auf einem opportunistischen Verhalten der relevanten Akteure. Problematisch ist bei diesem marktorientierten Ansatz, dass die eigene Strategie sich passiv aus der Marktlage und der Wettbewerbsposition ergibt.

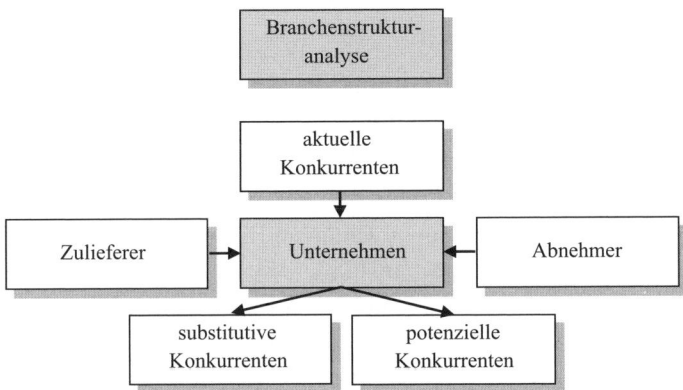

Bild 11.1 Schema der Branchenstrukturanalyse

Weitere Analyseverfahren beruhen auf dem Vergleich der **maximalen** eigenen Leistungsfähigkeiten mit den maximalen Leistungsfähigkeiten der strategischen Mitbewerber **(Ressourcenanalyse)** und der eigenen **aktuellen** Leistungsfähigkeiten mit den eigenen maximalen Leistungsfähigkeiten **(Potenzialanalyse)**. Im Rahmen der **Engpassanalyse** werden die eigenen so gesehenen Vor- und Nachteile analog zu einer Bilanz als Aktiva und Passiva in Bezug auf einzelne, jeweils zu bestimmende Kriterien dargestellt.

Analytische Verfahren bemühen sich, über diese Beschreibung hinaus bereits Schlussfolgerungen zu ziehen. Dazu dient die **Stärken-Schwächen-Analyse**. Dies stellt eine Gegenüberstellung der komparativen Vor- und Nachteile des eigenen geplanten Unternehmens zum strategischen Mitbewerber („Feind") dar. Überlegenheiten sind dabei konsequent zu nutzen, Unterlegenheiten ebenso konsequent zu meiden. Es gilt, Stärken zu stärken und Schwächen zu meiden. Komparativ meint hier, dass es nicht um absolute Vor- und Nachteile geht, sondern um relative Vor- und Nachteile im Vergleich zu einem konkreten Mitbewerber. Bestehen mehrere Mitbewerber, sind daher auch mehrere Stärken-Schwächen-Analysen erforderlich.

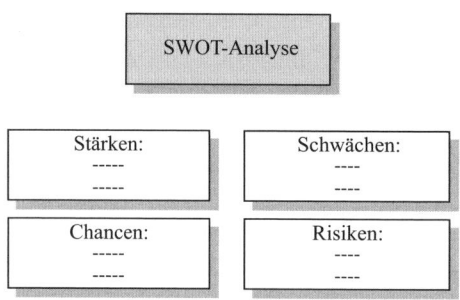

Bild 11.2 Schema der SWOT-Analyse

Die **Chancen-Risiken-Analyse** verfolgt die Prüfung der prognostizierten Markt-
entwicklung in Bezug auf für das Unternehmen und seine Leistungen positive oder
negative Folgen. Positive Folgen bedeuten „Rückenwind" (Chancen), negative hingegen „Gegenwind" (Risiken). Es handelt sich also um eine externe Analyse.

Die Erkenntnisse aus Stärken-Schwächen- sowie Chancen-Risiken-Analysen können im Rahmen einer **SWOT-Analyse** (Akronym für Stärken, Schwächen, Chancen, Risiken) kursorisch aufgeführt werden (siehe Bild 11.2). Die **TOWS-Matrix**
(Akronym für Threats, Opportunities, Weaknesses, Strengths) stellt diese Erkenntnisse zudem in einem Tableau gegenüber (siehe Bild 11.3). Aus der Zuordnung der
einzelnen Felder ergeben sich dann bereits wichtige Handlungsempfehlungen:

- Fallen Stärken und Chancen zusammen, geht es um eine Ausweitung durch Einsatz von Ressourcen.
- Fallen Schwächen und Risiken zusammen, geht es um eine Meidung durch Abzug von Ressourcen.
- Fallen Stärken und Risiken zusammen, geht es um eine Absicherung, damit Risiken die Stärken nicht gefährden.
- Fallen Schwächen und Chancen zusammen, geht es ausnahmsweise um ein Aufholen, weil die Schwächen die Nutzung der Chancen verhindern.

TOWS-Matrix		

	Schwächen: ---- ---- ---- ---- ---- ---- ---- ----	Stärken: ---- ---- ---- ---- ---- ---- ---- ----
Chancen: ---- ---- ---- ---- ---- ---- ---- ----	Aufholen	Ausweiten
Risiken: ---- ---- ---- ---- ---- ---- ---- ----	Meiden	Absichern

Bild 11.3 Schema der TOWS-Matrix

Insofern ist bereits eine normative Komponente erkennbar. Problematisch ist allerdings, dass es sich bei diesen Faktoren jeweils um qualitative, subjektiv höchst unterschiedlich einschätzbare Größen handelt. Insofern ist eine Objektivierung der Istsituation erforderlich.

In der **Portfolio**-**Analyse** werden daher die Achsen der TOWS-Matrix mit metrischen/kardinalen Werten versehen. Für die Chancen und Risiken (Ordinate) dient die durchschnittliche Marktwachstumsrate, derer sich eine SGE im Unternehmen gegenübersieht, als Indikator (siehe Bild 11.4). Bei einer **Strategischen Geschäftseinheit** (SGE) handelt es sich um eine Produkt-Markt-Kombination als relevante Steuerungseinheit eines Unternehmens. Die SGE hat nur Innenwirkung, ihre Einteilung muss nicht mit der Organisationsstruktur übereinstimmen (= Sekundärorganisation), wenngleich dies hilfreich ist. Strategien beziehen sich immer auf die SGE, es gibt also normalerweise so viele Strategien im Unternehmen wie es Strategische Geschäftseinheiten gibt.

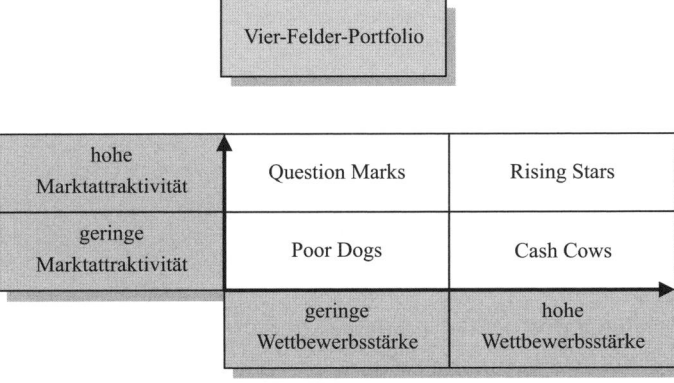

Bild 11.4 Schema des Vier-Felder-Portfolios

Stellvertretend für die Stärken und Schwächen (Abszisse) steht die Position auf der dynamischen Erfahrungskurve (Boston-Effekt) als relativer Marktanteil. Jede SGE wird nunmehr hinsichtlich dieser beiden Größen vermessen und im Portfolio positioniert. Der Anteil jeder SGE am Unternehmensumsatz wird grafisch durch die Kreisgröße um den Positionsschnittpunkt ausgewiesen. Entsprechend den vier in Bild 11.4 genannten Feldern ergeben sich daraus Normstrategien für

- Question Marks, d. h. Chancen bei Schwächen, daher Aufholen durch Bereitstellung von Ressourcen,
- Rising Stars, d. h. Chancen bei Stärken, daher Ausweiten der Aktivitäten mit dem Ziel einer Dominanzposition,
- Cash Cows, d. h. Risiken bei Stärken, daher Absichern durch bewusstes Risikomanagement,
- Poor Dogs, d. h. Risiken bei Schwächen, daher Meiden durch Freisetzung von Ressourcen.

Dieses **Vier-Felder-Portfolio** (BCG) wird jedoch heftig kritisiert, vor allem ist es ein statisches, geschlossenes, theoretisch angreifbares und in seinen Empfehlungen leicht vorhersehbares Modell. Abwandlungen gehen von einem **Neun-Felder-Portfolio** (McKinsey & Company) aus, das als Achsen die Marktattraktivität (Ordinate, analog zu Chancen und Risiken zu sehen) und die relative Wettbewerbsstärke (Abszisse, analog zu Stärken und Schwächen zu sehen) als jeweils multikriterielle Dimensionen vorsieht. Dabei ergeben sich neun Felder mit Normstrategien, die zumeist in drei Zonen („grün" für Investieren, „rot" für Desinvestieren, „gelb" für Zuordnen) eingeteilt werden. Aber auch dieser Ansatz ist, wie zahlreiche andere, welche die Dimensionen und Einflussfaktoren letztlich nur variieren (z. B. 20-Felder-Portfolio/A.D. Little), umfangreicher Kritik unterworfen. Vor allem wird eine Scheinexaktheit vorgespiegelt, und die Zuordnung der Positionen zu Konsequenzen ist weitgehend unklar.

 Je gründlicher und aussagefähiger Sie Ihre Strategieanalysen abarbeiten, desto belastbarer sind die Standards der Istsituation.

■ 11.2 Strategierahmen

Der Begriff Strategie ist vielfach und schillernd definiert. Sehr präzise scheint die Fassung als Entscheidung zur Transformation eines gegebenen, nicht befriedigenden Istzustands in einen neuen, gewünschten Sollzustand. Ob man dabei in der Betrachtung mit dem Ziel oder mit der Istsituation beginnt, ist strittig. Beginnt man mit der Istsituation, kommt man zumindest zu realistischen Zielen, vielleicht aber auch zu solchen, die „unter der Latte" hindurchspringen. Beginnt man mit dem Ziel, kommen zwar ambitionierte Vorgaben zum Zuge, vielleicht sind diese aber letztlich unrealistisch. Die Strategie kann im Einzelnen marktorientiert oder ressourcenorientiert (mit Abwandlungen nach Fähigkeiten und Wissen) angelegt sein. Die Eckpfeiler jeder Strategie bilden das Strategische Geschäftsfeld, die Strategische Gruppe und die Strategischen Geschäftseinheiten (siehe Bild 11.5).

Bild 11.5 Elemente des Strategierahmens

Das **Strategische Geschäftsfeld** (SGF) bestimmt die Abgrenzung des Relevanten Markts (anschaulich auch Arena genannt). Das SGF weist damit aus, auf welchem Markt das Unternehmen aktiv sein will und wie dieses Umfeld sich konkret darstellt. Eine zutreffende Abgrenzung des Relevanten Markts ist derzeit nicht befriedigend lösbar. Es gibt zwar verschiedene Ansätze (anbieter-, nachfrager-, mehrdimensional-orientiert etc.), die aber alle Probleme aufweisen. Insofern ist hier Fingerspitzengefühl gefragt.

Die „Arena" ist für gewöhnlich durch **Strategische Gruppen** (SGr) gekennzeichnet, d.h. Anbieter, die intern homogen, also weitgehend gleichartig zueinander, und zugleich extern heterogen, also verschieden von Gruppe zu Gruppe, sind. Daher stellt sich die Frage nach dem Hauptwettbewerber („Feind"). Für das Verhalten sind dabei konkret drei Ansätze denkbar:

- Es kann perspektivisch eine **Dominanz** in einer gegebenen Strategischen Gruppe angestrebt werden, indem dort mit der Neugründung bestehende Anbieter überholt werden.

- Es kann, allerdings nur bei bereits bestehender Marktpräsenz, ein **Wechsel** in eine als günstiger angesehene Strategische Gruppe angestrebt werden, sofern ein erster Anlauf nicht zum gewünschten Erfolg geführt hat. Dies ist aber sehr aufwändig und risikoreich und letztlich Folge einer unzutreffenden Istanalyse und Strategieableitung.

- Es kann mit der eigenen Gründung auch die **Gründung** einer neuen Strategischen Gruppe angestrebt werden. Dies ist ein sehr potenzialstarker Ansatz, zugleich aber auch ausgesprochen risikoreich, da dafür undankbare generische Arbeit zu leisten ist.

Bei einem späteren Wechsel der Strategischen Gruppe sind die **Eintrittsbarrieren** dorthin zu berücksichtigen, die vielfältige Ursachen und erhebliche Höhen haben können. Dennoch sind diese durch Finanzierungskonstrukte relativ gut überwindbar, verglichen mit den Austrittsbarrieren aus der Strategischen Gruppe, die einem möglichen späteren Verlassen entgegenstehen. Insofern will die Wahl sehr gut überlegt sein.

Vielfach wird, gerade in der Internetökonomie, ein disruptives Verhalten als Erfolg versprechend angesehen (Game Changer). Dieses beruht auf einem alten Ansatz (McKinsey), der von der Notwendigkeit eines New Games ausgeht, und zwar durch

- neue Regeln in einem neu entwickelten Teilmarkt als **partielle Innovation**, z. B. Reiseportale im Internet (booking.com, expedia.de),
- neue Regeln im bestehenden Kernmarkt als **vollständige Differenzierung**, z. B. Online-Warenhäuser (amazon.com).

Für ein dazu erforderliches Überholen des Wettbewerbs (Outpacing) kommen für Gründer zwei hybride Strategien in Betracht, um von der unvorteilhaften Startposition (hohe Kosten/geringe Wertigkeit) zur gewünschten Zielposition (niedrige Kosten/große Wertigkeit) zu gelangen:

- Das **präventive** Outpacing (Gilbert/Strebel) strebt an, zunächst eine Kostenführerschaft bei niedrigem akzeptiertem Angebotswert durch Kostensenkung zu erreichen und danach bei unverändertem Preisvorteil einen Qualitätsvorteil zu erlangen (z. B. Samsung-Mobiltelefone).
- Das **proaktive** Outpacing strebt an, zunächst eine Leistungsführerschaft bei hohem wahrgenommenem Angebotswert durch Qualitätsvorteil zu erreichen und danach bei unveränderter Qualität einen Preisvorteil zu erlangen (z. B. Tesla-Elektroautos).

 Die zentrale Frage bei der Strategieentwicklung lautet letztlich:
Wie positioniere ich mein Angebot, um Erfolg zu haben?

◼ 11.3 Zielinhalte

Dem Status quo werden die unternehmerischen Ziele gegenübergestellt. **Ziele stellen gewünschte Zustände der Zukunft dar.** An Ziele ist eine Reihe inhaltlicher Anforderungen zu stellen wie Realisierbarkeit und Durchsetzbarkeit, Ordnung und Gewichtung, Konsistenz und Vollständigkeit, Relevanz und Transparenz, meist werden diese zu SMART verkürzt (Akronym für Specific, Measurable, Achievable, Reasonable, Time Bound, also Spezifität, Messbarkeit, Erreichbarkeit, Realitätsnähe, Zeitbasierung).

An der Spitze einer Zielpyramide befindet sich die unternehmerische **Vision**. Sie bestimmt die finale Zielsetzung des Unternehmens und ist meist abgehoben von dessen realer Tätigkeit. Gewinn kann kein finales Ziel sein, sondern immer nur Ergebnis der unternehmerischen Aktivitäten. Fast jeder erfolgreiche Gründer (Steve Jobs, Bill Gates, Elon Musk) war von einer Vision beseelt, die nicht allein materieller Natur ist. Daher sind Unternehmensgründungen nur zum Ziel des Geldverdienens (zu Recht) selten von Erfolg gekrönt. Ihnen fehlt es an der inneren Legitimation zum Ressourcenverzehr.

Aus der Vision ergibt sich die ökonomische **Mission**. Sie legt die Art und Weise fest, wie das visionäre Endziel erreicht werden soll, und sie zeichnet wirtschaftliche Erdung aus. Denn Visionäre scheitern zahlreich an der ökonomischen Realität (Heinz Nixdorf, Steve Case). Daher ist der Geschäftszweck zentral. Wenn dieser nicht klar genug definiert ist, scheitert jedes unternehmerische Vorhaben.

Sachziele beziehen sich auf konkretes Handeln in Beschaffung, Produktion, Vermarktung etc. als Leistungsziele, Geld, Kapital, Vermögen etc. als Finanzziele sowie Produktivität, Wirtschaftlichkeit, Rentabilität etc. als Erfolgsziele.

Formalziele betreffen die Erfolgsgrößen, auf die dieses Handeln gerichtet ist. Sie orientieren sich im ökonomischen Prinzip an Größen wie Gewinn, Kosten, Eigenkapitalverzinsung etc. Dabei gibt es vier Ausprägungen:

- Im **Maximumprinzip** geht es darum, mit gegebenem Mitteleinsatz als Input bzw. Aufwand einen maximalen Erfolg als Output bzw. Ertrag zu erzielen. Dies ist jedoch unrealistisch.
- Im **Minimumprinzip** geht es darum, einen gegebenen Erfolg als Output bzw. Ertrag mit minimalem Mitteleinsatz als Input bzw. Aufwand zu erzielen. Dies ist ebenfalls unrealistisch.
- Im **Optimumprinzip** geht es darum, ein bestmögliches Verhältnis zwischen Mitteleinsatz als Input bzw. Aufwand und Erfolg als Output bzw. Ertrag zu erzielen. Es handelt sich um eine Maximierung bzw. Minimierung unter Nebenbedingungen (Marginalbetrachtung).
- Im **Satisfaktionsprinzip** geht es darum, einen gegebenen Erfolg als Output bzw. Ertrag mit minimalem Mitteleinsatz als Input bzw. Aufwand zu erzielen. Dies ist mangels praktischer Möglichkeiten für Grenzbetrachtungen in der Praxis am häufigsten anzutreffen.

Ökonomische Anforderungen sind dabei zunehmend um soziale/humanitäre sowie nachhaltige/ökologische Prinzipien zu ergänzen. Da dabei einzelwirtschaftliche Nachteile hinzunehmen sind, muss hoheitlich sichergestellt werden, dass keine kontraproduktiven Anreize entstehen, indem alle negativen, externalen Effekte internalisiert werden. Es stimmt eben nicht, dass „wenn jeder an sich denkt, an alle gedacht ist".

Ziele sollten nach vielfältigen **Dimensionen** spezifiziert werden, um sie zu konkretisieren. Nach der **vertikalen Einordnung** der Ziele kann es sich um ein Oberziel, Zwischenziel oder Unterziel handeln. Unterziele leiten sich aus Zwischenzielen ab, diese wiederum leiten sich aus Oberzielen ab. Nach der **Priorität** handelt es sich um ein Hauptziel, das im Fokus des Managements steht, oder um ein Nebenziel, das lediglich als Randbedingung gilt (vgl. Pepels 2011, S. 10 ff.).

In der **horizontalen Einordnung** wird das Verhältnis jedes Ziels relativ zu gleich gelagerten anderen Zielen bestimmt. Denkbar sind folgende:

- Identisch bedeutet, zwei oder mehr Ziele sind deckungsgleich.
- Harmonisch bedeutet, die Erreichung eines Ziels hilft auch, andere zu erreichen.
- Neutral bedeutet, die Erreichung eines Ziels hat keine Auswirkung auf die Erreichung anderer.
- Konkurrierend bedeutet, die Erreichung eines Ziels beeinträchtigt die Erreichung anderer.
- Antinomisch bedeutet, die Erreichung eines Ziels schließt die Erreichung anderer aus.

In Bezug auf die **Zielrichtung** ist festzulegen, ob es sich um ein Generierungsziel als Schaffung neuer Potenziale, ein Wachstumsziel als Ausreizen bestehender Potenziale, ein Bestandssicherungsziel als Verteidigung verfügbarer Potenziale oder ein Reduktionsziel als Rückführung unerwünschter Potenziale handelt.

Nach dem **Zielinhalt** gibt es ökonomische (quantitative/ökoskopische) und nicht-ökonomische (qualitative) Ziele, letztere sind ersteren vorgelagert, d. h., im Kern geht es in erwerbswirtschaftlichen Organisationen um die Erreichung ökonomischer Ziele, nicht-ökonomische wie Image, Akzeptanz, Vertrauen, Reputation etc. sind dazu nach klassischer Sicht nur Mittel zum Zweck.

Nach dem **Wertbezug** kann es sich um monetäre/materielle oder nicht-monetäre/ideelle Ziele handeln. Erstere lassen sich in Geldeinheiten ausdrücken. Letztere werden in anderen Größen als Geld ausgedrückt.

Weitere Dimensionen betreffen unter anderem das **Zielgebiet** als lokale, regionale, nationale, internationale Raumerstreckung, den Zielzeitraum als operativ, taktisch, strategisch und eine oder mehrere **Zielgruppen** (aktuell, potenziell), die Adressat von Maßnahmen sein sollen.

Als Unternehmensziele können vor allem folgende gelten:

- Marktleistungsziele wie Produktqualität, Produktinnovation, Kundendienst, Programm etc.,
- Marktstellungsziele wie Umsatz, Marktanteil, Marktgeltung, Markterschließung etc.,
- Rentabilitätsziele wie Gewinn, Umsatzrendite, Gesamtkapitalrendite, Eigenkapitalrendite etc.,
- Finanzwirtschaftsziele wie Bonität, Liquidität, Selbstfinanzierung, Kapitalstruktur etc.,
- Macht- und Prestigeziele wie Unabhängigkeit, Ansehen, politischer Einfluss etc.,
- Mitarbeiterziele wie Einkommen, Arbeitsplatzsicherheit, Arbeitszufriedenheit, soziale Integration, persönliche Entwicklung etc.,
- Gesellschaftsziele wie Umweltschutz, nicht-kommerzielle Leistungen für Anspruchsgruppen, Beiträge zur gesamtwirtschaftlichen Infrastruktur etc.

Die Zieldefinition ist von zentraler Bedeutung für jeden Existenzgründer, denn „für den Kapitän, der seinen Zielhafen nicht kennt, ist jeder Wind der falsche" (Saint-Exupéry).

■ 11.4 Strategische Stellgrößen

Für die Bestimmung der Strategischen Stellgrößen kommen angesichts stagnierender Marktvolumina und exorbitanten Wettbewerbs vor allem drei in Betracht, der Konkurrenzvorteil, das Konkurrenzverhalten und die Marktabfolge.

11.4.1 Konkurrenzvorteil

Die Bestimmung des Konkurrenzvorteils beantwortet die wichtige Frage, warum das eigene Angebot von Nachfragern gegenüber dem konkurrierender anderer bevorzugt werden soll. Da ohne diese Prämisse kein Neugeschäftserfolg machbar ist, sind Erklärungen zur Lösung bedeutsam und werden im Folgenden kurz ausgeführt (vgl. Pepels 2017b, S. 124 ff.).

Man geht (nach Porter) von einem stabilen Zusammenhang zwischen Gesamtkapitalrentabilität (ROI) einerseits und Relativem Marktanteil (RMA) anderseits derart aus, dass dieser U-förmig ausgebildet ist. Das bedeutet, die Rentabilität ist hoch bei kleinem Relativem Marktanteil (Marktnischenposition) und bei großem Relativem Marktanteil (Marktgesamtposition). Und niedrig bei einem mittleren Relativen Marktanteil (Marktmitläufer):

- Die **Präferenzposition** wird etwa durch folgende Maßnahmen erreicht und gefestigt: Betonung der Marke, Gewinnpriorität vor Absatz, Hochpreislevel im Angebot, Schaffung eines monopolistischen Preisspielraums, hohe Produktqualität, attraktive Präsentation, imagebildende Werbung, selektive Distribution.
- Die **Preis-Mengen-Position** wird hingegen durch folgende Maßnahmen erreicht: Akzent auf Preiswettbewerb, Umsatz-/Absatzpriorität vor Gewinn, hohe absolute Preisgünstigkeit, Rationalisierung zur Kosteneinsparung, Grundnutzenargumentation, Einsparung von Profilierungsmaßnahmen, Akzeptanz hoher Risiken, breite Distribution.

Die parallele Erfolgsträchtigkeit von Präferenz- und Preis-Mengen-Positionen ist dadurch erklärbar, dass es dieselben Entscheider sind, die in beiden Positionen kaufen. Nur kaufen sie dort unterschiedliche Leistungen. In der Präferenzposition entstehen hoch involvierte Käufe, in der Preis-Mengen-Position gering involvierte. Die Finanzmittel, die durch absolute Preisgünstigkeit eingespart werden können, werden nicht dem Markt entzogen, sondern für Ausgaben im subjektiv und emotional wichtigeren anderen Bereich genutzt. Anbieter dazwischen sind weder preisgünstig genug, als dass sie mit Low-Cost-Positionen mithalten könnten, noch sind sie imagestark genug, als dass sie eine Alternative zu Premiumanbietern darstellen könnten.

Unternehmen, die sich in der Verdrängung der Mitte befinden (Stuck in the Middle/zwischen den Stühlen) benötigen daher entweder ein Upscaling zur Erreichung der Präferenzposition, verbunden mit kleinerem, dafür aber gewinnträchtigem Marktpotenzial, oder aber ein Downscaling zur Erreichung der Preis-Mengen-Position, verbunden mit breiter Marktabdeckung bei schmalen Stückmargen.

In Bezug auf die **Marktabdeckung** können zwei Positionen unterschieden werden. Die Abdeckung des Gesamtmarkts mit allen seinen Teilmärkten oder die Abdeckung eines Teilmarktes oder einiger Teilmärkte aus dem Gesamtmarkt. Daraus abfolgend ergeben sich drei Positionen. Die **Differenzierung** als Präferenzposition auf dem Gesamtmarkt, also nicht nur in einer Marktnische, die **Kostenführerschaft** als Preis-Mengen-Position ebenfalls auf dem Gesamtmarkt sowie **Fokussierungen** in einem leistungsbezogenen oder einem kostenbezogenen Teilmarkt. Insofern ergeben sich zwei weitere Optionen, die der Differenzierung und der kostenbezogenen Fokussierung.

In der Konsequenz entstehen daraus vier Erfolgspositionen (siehe Bild 11.6):

- Die **umfassende Kostenführerschaft** bedeutet eine Preis-Mengen-Position im Gesamtmarkt. Maßnahmen sind hier die Erreichung eines hohen Marktanteils, eine strenge Aufwandskontrolle, die Nutzung aller Kostensenkungsmöglichkeiten, ein durchgängiges Cash-Management und der Einsatz von Prozessinnovationen bzw. -verbesserungen.

- Die **umfassende Leistungsführerschaft** (Differenzierung) bedeutet eine Präferenzposition im Gesamtmarkt. Maßnahmen sind hier kundenorientierte Innovationen bzw. Qualitätssteigerungen, Marktpreise auf Premiumniveau, Betriebskosten, die vorwiegend am Kundennutzen bemessen sind, und insgesamt profilierungsfördernde Investitionen.
- Die **konzentrierte Leistungsführerschaft** (Leistungsfokussierung) bedeutet die Präferenzposition in einem Teilmarkt. Maßnahmen sind hier vor allem die Abwandlung des Angebots und eine konstant hohe Produkt- und Servicequalität.
- Die **konzentrierte Kostenführerschaft** (Preisfokussierung) bedeutet die Preis-Mengen-Position in einem Teilmarkt. Maßnahmen sind hier vor allem die Zielung auf ausgewählte Marktsegmente und die Nutzung von Erfahrungskurveneffekten.

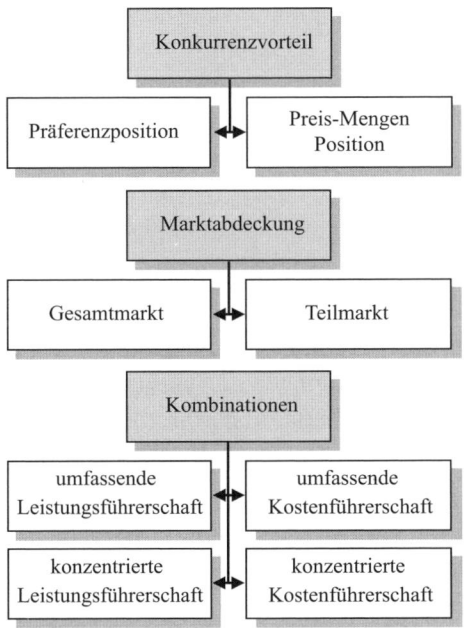

Bild 11.6 Optionen des Konkurrenzvorteils

11.4.2 Konkurrenzverhalten

Die Bestimmung des Konkurrenzverhaltens legt die Mitbewerbseinstellung und den Führungsanspruch des jungen Unternehmens fest. Die Einstellung kann autonom, also auf Unabhängigkeit vom Mitbewerb, oder konjektural, also auf Anpassung an diesen, ausgerichtet sein. Ein (prospektiver) Führungsanspruch kann gegeben oder nicht gegeben sein (siehe Bild 11.7).

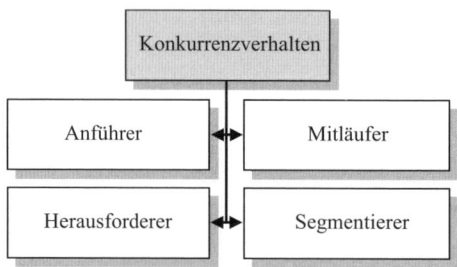

Bild 11.7 Optionen des Konkurrenzverhaltens

Aus dem Verhalten eines **Anführers** (Unabhängigkeit und Führungsanspruch) folgen erhebliche Chancen wie Preisführerschaft, Kompetenzvorsprung in der Öffentlichkeit, Marktmacht und Beeinflussung der Gesamtmarktentwicklung. Allerdings gibt es auch erhebliche Risiken wie gravierende Leistungsenttäuschung, Anker öffentlicher Kritik (z. B. im Wettbewerbsrecht), Inflexibilität durch pure Größe, Innovationshemmung (Old Game) und Begünstigung von Marktnischen (z. B. Facebook). Dieses Verhalten ist für junge Unternehmen ohnehin nicht opportun.

Ein Verhalten als **Herausforderer** (Abhängigkeit und Führungsanspruch) versucht, die Marktführerschaft an sich zu reißen. Dazu muss dieser aber zuerst am Marktführer vorbei. Dafür ergeben sich mehrere Optionen, die zumeist in Analogie zu Kriegstaktiken gesehen werden (Kotler/Bliemel). Dennoch gibt es, zumindest in der Old Economy, vergleichsweise wenige Beispiele für Herausforderer, die Marktführer übertreffen konnten (z. B. Sixt vs. Europcar).

Das Verhalten des **Mitläufers** (Abhängigkeit ohne Führungsanspruch) findet sich in einer Verteidigungsposition, die aber von ständiger Verdrängung bedroht ist. Der Mitläufer ist zumeist bemüht, Anführer und Herausforderer nicht aus der Reserve zu locken, sondern in deren Windschatten zu koexistieren.

Das Verhalten des **Segmentierers** (Unabhängigkeit ohne Führungsanspruch) war früher eine durchaus lukrative Option, waren Marktnischen doch zu klein, um für große Anbieter am Markt überhaupt interessant zu sein. Zumal diese häufig auch rein objektiv nicht in der Lage waren, solche Nischen zu bedienen. Das hat sich jedoch erheblich geändert, heute werden Marktnischen als attraktiv angesehen, und durch moderne Produktionskonzepte (Mass Customization) sind selbst große Anbieter in der Lage, auch kleine Marktpotenziale rentabel zu bearbeiten. Insofern handelt es sich um eine sehr risikoreiche Position (z. B. Vermögensverwaltung/ Private Wealth Management).

Zusammenfassung der Strategieentwicklung

- Die eigenen Ressourcen analysieren.
- Markt analysieren.
- Sich selbst positionieren und Möglichkeiten ausloten.
- Ziele definieren.
- Maßnahmen umsetzen, die der Zielerreichung dienen.

11.4.3 Konkurrenzzeitabfolge

Nicht jede Neugründung muss mit einer Innovation verbunden sein, vielmehr kann es auch sinnvoll sein, erst in einer nachgeordneten Welle nachahmend in einen Markt einzusteigen. Insofern ist die Alternative des Vorstoßes ebenso denkbar wie die der Verfolgung. Dies kann nach dem Innovationsinhalt jeweils originär oder nachbildend erfolgen (siehe Bild 11.8).

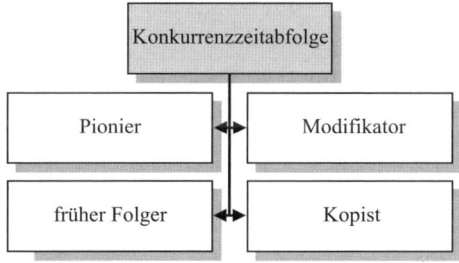

Bild 11.8 Optionen der Konkurrenzzeitabfolge

Gibt es noch keine Konkurrenz, handelt es sich beim ersten Anbieter um einen **Pionier**. Lange Zeit galt dies als Erfolgsprinzip wegen der First Mover Advantage, eines „eingebauten" Zeitvorteils, der praktisch nicht mehr aufholbar ist. Dies hat sich heute jedoch relativiert. Der Innovationsführer kann zwar einen De-facto-Standard am Markt etablieren (z. B. PDF/Acrobat), er kann Abschöpfungspreise darstellen, hat einen Erfahrungsvorsprung auf der Zeitachse und genießt Image-Goodwill in der Öffentlichkeit. Allerdings hat er auch die größte Erfolgsunsicherheit, muss hohe Markterschließungskosten tragen („Infrastruktur"), aufwendiges Produktdesign betreiben und leidet unter Imageschäden bei wohl unvermeidlichen „Kinderkrankheiten" von Neuerungen. Außerdem ist fraglich, ob ein latenter Bedarf wie vermutet überhaupt vorhanden ist. Vielfach scheitern Pioniere daher (z. B. Sony, Yahoo).

Ein **Früher Folger** verfolgt den Pionier. Er trägt ein geringeres Risiko als dieser, kann einen Alternativstandard zu diesem etablieren (z. B. Firefox vs. Internet Explorer) und sieht sich stark steigendem Marktwachstum gegenüber, bei dem noch nicht alle Marktpositionen vergeben sind. Allerdings bedarf es der Überwindung von Markteintrittsbarrieren des Pioniers, einer Strategieausrichtung an diesem und einer schnellen Reaktion, um nicht in eine „Zeitfalle" zu geraten, denn ein später Markteinstieg mit kürzerer Marktpräsenz erlaubt keinen angemessenen ROI mehr. Vielfach gewinnen Frühe Folger (z. B. Google, Microsoft, Samsung).

Beim Vorstoß durch Nachbildung handelt es sich um einen **Modifikator**. Er muss ein differenziertes Angebot machen, da er sich bereits Zeitnachteilen gegenübersieht. Dabei ist die Besetzung von Marktnischen möglich, es entstehen niedrigere FuE-Kosten, das Risiko ist vergleichsweise geringer und einem Preisverfall kann noch zuvorgekommen werden. Allerdings sind erst die Markteintrittsbarrieren der etablierten Anbieter zu überwinden, es sind Zusatznutzen erforderlich, die oft erklärungsbedürftig sind (nice to have), und im Erfolgsfall werden andere Anbieter angelockt und erhöhen die Wettbewerbsintensität (z. B. Samsung, Dyson, Vorwerk).

Bei der Verfolgung durch Nachbildung handelt es sich um einen **Kopisten**. Er schöpft den Markt bei fortgeschrittenem Lebenszyklus mit niedrigen Preisen ab. Dies ist möglich durch geringere FuE-Aufwendungen, Zukauf von Know-how über Finanzkraft, limitiertes Risiko und Nutzung etablierter Standards. Allerdings ist ein Aufbrechen bestehender Geschäftsbeziehungen erforderlich, eigenes Know-how kann so kaum aufgebaut werden, und es entstehen Imagenachteile in der Öffentlichkeit. Zudem bedroht auch hier die „Zeitfalle" den Erfolg (Relation von After-Market-Phase zu Pre-Market-Phase).

 Strategie ist nicht alles, aber ohne Strategie ist alles nichts. Die Konzeptentwicklung umfasst die Verfahren zur Status-quo-Analyse, die Definition der genauen Zielinhalte, die Berücksichtigung des Strategierahmens und die eigentliche Bestimmung der Strategischen Stellgrößen, mindestens Konkurrenzvorteil, -verhalten und -zeitabfolge.

12 Gründerfinanzierungs- und Fördermöglichkeiten

 Ein wesentlicher Erfolgsfaktor jeder Existenzgründung ist die Darstellung einer belastbaren Finanzierungsbasis. Dafür kommen verschiedene Prinzipien und Quellen in Betracht. Dazu gehören auch vielfältige Förderungsmöglichkeiten, von denen man sich aber angesichts oftmals schwierigen Zugriffs nicht zu viel versprechen sollte. Ist die Finanzierung gesichert, gilt es, die damit zu tätigenden Investitionen zu planen, um ein Maximum an Leistungsfähigkeit aus den Finanzressourcen zu generieren.

■ 12.1 Prinzipien der Startfinanzierung

Rückgrat jedes Unternehmens ist das finanzielle Gleichgewicht aus Geldzuflüssen und Geldabflüssen. Der Saldo ergibt sich als Cash-Flow. **Cash-Flow** ist der sich aus dem betrieblichen Umsatzprozess ergebende Überschuss der einzahlungswirksamen Erträge über die auszahlungswirksamen Aufwendungen in einer Periode als Maßstab für den operativen Erfolg, die Innenfinanzierungsfähigkeit des Unternehmens und seine Kredittilgungskraft. Ziel muss dabei der jederzeitige Erhalt der Zahlungsfähigkeit des jungen Unternehmens sein (Auszahlungen < Einzahlungen), ansonsten entsteht Insolvenz, bei Kapitalgesellschaften kommt die Verhinderung einer Überschuldung (Verbindlichkeiten > Vermögen) als Insolvenzursache hinzu.

 Achten Sie darauf, jederzeit zahlungsfähig zu sein.

Der Cash-Flow wird abweichend ermittelt. Im Grundsatz geht es um den Gewinn, erhöht um nicht-ausgabenwirksame Aufwendungen und einnahmewirksame (neutrale) Erträge sowie vermindert um nicht-einnahmewirksame Erträge und ausgabewirksame (neutrale) Aufwendungen. Insofern muss zwischen Aus- und Einzahlungen einerseits und Aufwendungen/Erträgen andererseits unterschieden werden, nur erstere beziehen sich auf die Liquidität. Dazu gehören unmittelbare und mittelbare Barzahlungen, unbare Zahlungen durch Überweisung, Scheck etc., elektronischer Zahlungsverkehr per Kreditkarte, Chipkarte, Online-Zahlung etc. sowie Auslandszahlungen.

Beim finanziellen Gleichgewicht geht es einerseits um die Mittelbeschaffung (Finanzierung) und andererseits um die Mittelverwendung (Investition). Kapital ist eine Bestandsgröße und kann aus eigenen Mitteln (Eigenkapital) oder fremden Mitteln (Fremdkapital) herrühren. Geld ist eine Flussgröße und entsteht durch Einnahmen, genauer Erlöse aus der betrieblichen Leistungsverwertung, und Ausgaben, genauer Kosten zur betrieblichen Leistungserstellung.

Vor allem das Eigenkapital ist bei Existenzgründungen immer wieder ein Engpass. So besteht denn generell eine verbreitete Unterkapitalisierung bei klein- und mittelständischen Unternehmen (KMUs). Dies resultiert in einer steigenden Risikoanfälligkeit bei Marktschwankungen und einer fallenden Bonitätseinstufung bei Ratings mit negativen Folgen für die Kreditkonditionen.

Für jede Existenzgründung ist die Finanzplanung zentral. Diese bezieht sich auf Größen wie Erfolgsrechnung, Bilanz, Cash-Flow-Rechnung, Break-even-Ermittlung etc. Die Erfolgsrechnung zeigt auf, wie es zu Gewinn kommt oder Verlust vermieden wird. Die Bilanz weist aus, wie Vermögen und Kapital in Relation zueinander stehen. Die Cash-Flow-Rechnung ist entscheidend für die Liquiditätsgrade. Und der Break-even zeigt an, bei welchem Absatz die Gewinnschwelle erreicht wird.

Für die Bereitstellung der Finanzmittel zur Existenzgründung gibt es verschiedene Quellen. Vor allem kommen eine private Finanzierung und eine öffentliche Förderung in Betracht. Zunächst zur **privaten Finanzierung**. Das **Eigenkapital der Gründer** (Bootstrapping) ist am wertvollsten, aber naturgemäß häufig nicht in ausreichendem Maße vorhanden. Teile der Kapitaleinlage im Geschäft können jedoch auch aus Sacheinlagen bestehen, die im jungen Unternehmen betrieblich genutzt werden und auch als Haftungsbasis dienen können. Insofern ist ein Finanzierungsmix aus Eigen- und Fremdmitteln häufig unausweichlich.

Bei **Familiendarlehen** stellen Verwandte (Freunde) liquide Mittel leihweise zur Verfügung. Eventuell verzichten sie dabei auf Verzinsung und gewähren zudem großzügige Rückzahlungsbedingungen. Naturgemäß setzt dies voraus, dass sich im engen persönlichen Umfeld Personen mit entsprechenden Finanzressourcen befinden. Selbst dann will diese Quelle gut überlegt sein, denn es muss beim realistischen Fall des Scheiterns von der Rechtfertigung vor Verwandten und Bekannten ausgegangen werden. Und bei Geld hört die Freundschaft schon sprichwörtlich auf. Dafür gibt es keine Bürokratie, und aufwendige Präsentationen sowie Sicherheitsgestellung entfallen.

Mitarbeiterbeteiligung

Wenn wenig Startkapital zur Verfügung steht und der Bedarf nach sogenannten High Potentials groß ist, dann bietet es sich an, solche Mitarbeiter durch
Beteiligungen ans Unternehmen zu binden (Employee Stock Ownership Plan/
ESOP). Aber auch in Krisensituation kann ein solches Vorgehen sinnvoll sein.
Sollten Sie eine Mitarbeiterbeteiligung in Erwägung ziehen, achten Sie unbedingt darauf, dass ein möglicher Exit klar geregelt wird und das Unternehmen
nicht gefährdet.

Bei **offenem Beteiligungskapital** vergibt der Gründer mehr oder minder viele
seiner Unternehmensanteile an Dritte, die dafür Geld- oder Sacheinlagen leisten.
Daraus resultiert im Regelfall deren Recht zur Mitsprache bei der Unternehmensführung. Dies führt häufig zum Konflikt zwischen Wertzuwachs- und Ausschüt-
tungsinteresse. Zudem muss ein späterer Erfolg mit diesen Dritten anteilig geteilt
werden. Der Vollzug der Finanzierung erfolgt zumeist durch Kapitalerhöhung, die
Haftung bleibt auf die Einlage begrenzt. Die Seriosität der Partner ist allerdings
unsicher, Betriebs- und Geschäftsgeheimnisse müssen vorab preisgegeben werden, womöglich wird der Gründer später sogar aus dem Unternehmen gedrängt
(z. B. Uber, Apple, AOL) oder Konkurrenzunternehmen werden mit dem Wissen
um den Geschäftsbetrieb von ehemaligen Teilhabern gegründet.

Der **Kredit einer Beteiligungsgesellschaft** erfolgt, ohne dass dafür Sicherheiten
begeben werden müssen. Die Beteiligungsgesellschaft haftet nicht, der Kredit ist
rückzahlbar. Eine Unternehmensbewertung ist dabei nicht bzw. nur weniger detailliert als bei anderen Beteiligungsformen erforderlich. Zins- und Tilgungsleistungen können fix oder variabel vereinbart werden, die Tilgungszeit ist oftmals
fristgemäß nach hinten verschoben. Es entstehen Mitspracherechte, die aber weniger weitreichend sind als bei offener Beteiligung. Mit Tilgung des Kredits endet
das finanzielle Engagement. Als Rechtsform wird meist die einer Stillen Gesellschaft gewählt.

Bei der **Überbrückungsfinanzierung** durch externe Geschäftspartner oder Groß-
kunden erstatten diese für die zu erbringende Leistung Vorkasse. Dies verbessert
die Liquiditätssituation und kann bei kurzfristig erscheinenden Engpässen die
Existenz angesichts Insolvenzgefahr zumindest verlängern. Allerdings fordern
diese häufig im Gegenzug eine Beteiligung am Unternehmen. Zudem ist die spätere Bedienung von Konkurrenzkunden dann problematisch. Insofern wird der
Marktspielraum sehr schnell eng.

Hausbankdarlehen sind schwierig zu erhalten, da professionelle Kreditgeber
vielfach schlechte Erfahrungen bei der Vergabe von Gründungsdarlehen gemacht
haben. Insofern erhält letztlich nur jemand Kredit, der ihn eigentlich nicht braucht,
denn die Bank verlangt belastbare Sicherheiten für die Kreditvergabe. Zudem

muss man sich teils inquisitorischen Nachfragen stellen, und im Misserfolgsfall versuchen die Banken, ihre Rechtsansprüche rigoros durchzusetzen. Dies ist eingedenk der hohen Kreditausfälle der Geldinstitute in der Vergangenheit nachvollziehbar. Es gibt daher Gründer, die diese Finanzierungsquelle rundweg ablehnen, für andere ist sie vor allem in einem Niedrigzinsumfeld attraktiv.

Grundschulddarlehen werden von Finanzdienstleistern durch Beleihung von Immobilien gewährt. Voraussetzung ist, dass es solches belehnbares Grundvermögen gibt. Zu berücksichtigen sind allerdings der hohe Formaufwand der Grundschuld (notarielle Beurkundung) und die strikten rechtlichen Konsequenzen, falls Zins und Tilgung auch nur vorübergehend nicht wie geplant bedient werden können (Vollstreckung). Daher will diese Finanzierungsquelle gut bedacht werden.

In Zusammenhang mit der Einstellung von Mitarbeitern greifen zudem vielfältige Fördermaßnahmen in Bezug auf Arbeitsvermittlung, Überbrückung von Kurzarbeit, Frauen in Vollzeit- oder Teilzeitberufstätigkeit, Standorte in „Neuen Bundesländern" (Aufbau Ost), Umschulung, Berufsbildung, Arbeitsbeschaffung für Langzeitarbeitslose etc. durch die **Agentur für Arbeit**. Diese entlasten das finanzielle Budget und setzen Geldmittel für anderweitige Verwendung frei, bedeuten jedoch einen erheblichen bürokratischen Aufwand, der Zeit und Nerven frisst.

Häufig erwähnt werden **öffentliche Förderungen** als direkte Zulagen für Investitionen von Existenzgründungen, teils mit regionalen Schwerpunkten im Rahmen der staatlichen Strukturpolitik. Die Förderprogramme sind allerdings an mehrere Voraussetzungen gebunden:

> ▸ Der Existenzgründer muss über eine geeignete Qualifikation verfügen. Mit der Gründung darf vor Antragstellung noch nicht begonnen worden sein. Der Gründer muss sich in angemessenem Umfang mit Eigenmitteln einbringen. Die Gesamtfinanzierung der Gründung muss gesichert sein. Die öffentlichen Mittel dürfen nur zweckgebunden eingesetzt werden. Die Anträge sind vollständig und wahrheitsgemäß auszufüllen (meist über das Kreditinstitut). Und die Gründung muss eine tragfähige Vollexistenz erwarten lassen.

Dafür gibt es umfangreiche Maßnahmenpakete, und zwar als reiner Zuschuss, meist ohne Rückzahlung. Formen sind unter anderem:

- EXIST-Gründerstipendium, primär für Gründungen aus Hochschulen/Forschungseinrichtungen heraus,
- Gründungszuschuss der Agentur für Arbeit, nur für derzeit Erwerbslose (ALG-Einstiegsgeld),
- Investitionszuschuss aus den Töpfen der (EU-)Regionalpolitik oder der (deutschen) Mittelstandsförderung.

Eine weitere Möglichkeit besteht durch öffentliche Beteiligung. Formen sind dabei unter anderem:

- mittelständische Beteiligungsgesellschaften, meist für technologieorientierte Existenzgründungen,
- ERP-Startfonds durch die KfW-Gruppe, sofern ein privater Lead Investor vorhanden ist (Co-Finanzierung),
- Hightech-Gründerfonds zur Frühphasenfinanzierung, meist bei technologieorientierten Gründungen.

Weiterhin sind Gründerdarlehen zu Vorzugskonditionen verfügbar (hier gelten die jeweils aktuellen Konditionen). Formen sind unter anderem:

- ERP-Gründerkredit StartGeld, für maximal zehn Jahre, mit maximal 100 000 € Haftungsübernahme,
- ERP-Gründerkredit Universell, für maximal fünf Jahre, bis maximal 25 Mio. € mit variablem Zinssatz,
- KfW-Unternehmerkredite durch die Kreditanstalt für Wiederaufbau, dotiert als Nachrangdarlehen.

Denkbar ist auch eine Förderung durch öffentliche Bürgschaft. Formen sind unter anderem:

- Ausfallbürgschaften direkt durch Landesbanken (bzw. DtA), ohne zusätzliche Einschaltung einer Privatbank,
- Ausfallbürgschaften indirekt durch die Öffentlichen Hände, also Bund, Länder und Gemeinden.

Eine Förderung erfolgt auch mittels Gründungsberatung als nicht-monetäre Maßnahme durch Gründungs-Coaching wie Schulungen, Lehrgänge zur Unternehmens-, Energiespar-, Umweltschutzberatung etc. Träger sind Industrie- und Handelskammern, Handwerkskammern, Fachverbände, Kreditinstitute, Gründerzentren etc. Außerdem gibt es Sonderabschreibungsmöglichkeiten für Existenzgründer/ KMUs etc., speziell gefördert werden dabei Forschung und Entwicklung in Technologieunternehmen sowie Umweltprogramme, meist im Wege Stiller Beteiligung. Die Förderprogramme können auch kumuliert werden (z. B. Regionalförderung, Branchenzugehörigkeit, Schaffung von Arbeitsplätzen o. Ä.)

Ein anderer Weg führt über Gründerwettbewerbe, die von Verbänden, Ministerien, Medien etc. ausgeschrieben werden und deren Preisgelder zur Existenzgründung eingesetzt werden sollen.

Nützliche Links

- kfw.de
- Crowdfounding-Plattformen (z. B. seedmatch.de)
- Gründerwettbewerbe (z. B. baystartup.de)
- Förderbanken (z. B. lfa.de)
- foerderdatenbank.de (Förderprogramme und Finanzhilfen des Bundes, der Länder und der EU)

Schließlich gibt es Inkubatoren (Akzeleratoren/Company Builders), die Existenzgründer mit Infrastruktur (Räumlichkeiten, Netzwerke etc.) versorgen, häufig an Hochschulen angesiedelt, aber auch durch gewerbliche Gründerzentren (Coworking Space).

Diese Mittel werden projektbezogen nur unter engen Voraussetzungen vergeben. Der Zugang ist gedeckelt und impliziert einen erheblichen Verwaltungsaufwand durch Anträge/Unterlagen. Zudem kann der Finanzierungsbedarf dadurch im Regelfall immer nur anteilig gedeckt werden. Insofern wird eine anderweitig gesicherte Finanzierung vorausgesetzt. Die praktische Eignung dieser Form der Gründungsförderung wird daher wohl allgemein überschätzt. Zumal die Programme in ihren Ausmaßen und Bedingungen ständig wechseln (daher sind die jeweils aktuellen Konditionen zu erfragen). Dennoch kann zumindest eine Verwässerung der eigenen Anteile verhindert werden.

■ 12.2 Start-up-Finanzierungen

12.2.1 Wagniskapitalgeber

Wagniskapital (**Venture Capital**/VC) umfasst Geldmittel, die speziell für Unternehmensneugründungen bereitgestellt werden. Es stammt von privaten Investoren (Business Angels), im Regelfall aus deren Privatvermögen, oder institutionellen Investoren (Private-Equity-Fonds/PEF), die sich aus nicht-geregelten, sondern freien Kapitalmärkten finanzieren (Kapitalsammelstellen).

Business Angels stellen jungen Unternehmen Kapital und vor allem ihr Netzwerk zur Verfügung. Sie fordern dafür weitreichende Mitspracherechte und nehmen im Falle des Scheiterns zumeist eine Gläubigerposition ein. Business Angels unterstützen als informelle Ratgeber Existenzgründungen in der Seed- und Start-up-Phase. Sie stellen allerdings teils gewöhnungsbedürftige Bedingungen an die Sicherheit und Ertragsträchtigkeit ihrer Investments. Es handelt sich meist um wohlhabende Privatpersonen mit ausgiebiger Management- oder Gründererfahrung, die ihr Know-how weitergeben und davon auch profitieren wollen. Als Rechtsform wird meist die einer Stillen Gesellschaft oder GbR gewählt. Bei der typischen Stillen Gesellschaft erfolgt ein Rangrücktritt von Forderungen des Business Angels gegenüber anderen Gläubigern im Insolvenzfall, bei der atypischen Stillen Gesellschaft herrscht hingegen Insolvenzhaftung. Allerdings streut die Qualität der Business Angels, ebenso der kulturelle Fit mit dem Start-up-Projekt/Existenzgründer. Wichtig ist daher bereits zum Start die Fixierung der Ausstiegsbedingungen (Exit).

Private-Equity-Fonds (PEF) stellen hohe Anforderungen an den Wertzuwachs ihrer Engagements. Zudem bedingen sie sich umfangreiche operative Mitspracherechte aus. Auch Finanzdienstleister und Großunternehmen haben Beteiligungsgesellschaften (Corporate Venture Capital) geschaffen, um sich an Erfolg versprechenden Existenzgründungen unmittelbar oder mittelbar zu beteiligen. Die Kapitalrückführung erfolgt in der Regel durch Rückkauf von Unternehmensanteilen, den Verkauf der Anteile an Drittunternehmen oder eine Börseneinführung (IPO). Das Engagement ist zeitlich begrenzt, meist auf fünf Jahre, und unterstützt die Etablierung sowie die Bonität und Kreditwürdigkeit. Häufig ist dies mit Unternehmensberatungsleistungen verbunden. Die Anlage erfolgt zumeist in Hightech-Branchen mit hohem Risikolevel. PEFs werden häufig als „Heuschrecken" diffamiert, tatsächlich schaffen sie erst die Voraussetzungen für risikoreiche Unternehmensgründungen, die anderweitig unterbleiben würden. Zudem liegt dabei wohl eine Verwechslung mit Hedgefonds zugrunde.

Bei Venture Capital besteht einerseits relativ leichter Zugang mit vergleichsweise freier Verwendung der Mittel im Unternehmen, also ohne rigide Zweckbindungen wie bei öffentlichen Zuschussprogrammen, und andererseits kann die Gesamtkapitalbasis verbreitert und damit das individuelle Unternehmerrisiko begrenzt werden. Die Form ist meist die eines privaten Existenzgründungsdarlehens, das dem Unternehmen längerfristig zur Verfügung gestellt wird. Dabei dient das junge Unternehmen selbst im Wesentlichen als Kreditsicherheit in Form einer Projektfinanzierung bezogen auf den mutmaßlichen späteren Wert des Start-ups, nicht hingegen auf bereits vorhandene Vermögenswerte, sodass anderweitige persönliche oder dingliche Sicherheiten des Gründers entfallen können. Insofern kann der Überschuldungs- bzw. Illiquiditätsgefahr vorgebeugt werden. Häufig verzichten Venture Capitalists aus diesem Grunde im kritischen frühen Stadium der Existenz auch auf Tilgungsleistungen. Zudem kann infolge unternehmerischer Denkweise über Nachfinanzierungen flexibler verhandelt werden als mit Stellen des öffentlichen oder privaten Bankensektors.

Eine neue Möglichkeit stellt die **Schwarmfinanzierung** (Crowdfunding) dar. Dabei stellen private und institutionelle Geldgeber typischerweise kleine und kleinste Kapitalbeträge für ein Gründungsvorhaben bereit. Allerdings stellt sich dabei das

Problem der Abstimmung beinahe unzähliger Interessen. Sofern, wie häufig, Online-Finanzierungsplattformen zwischengeschaltet sind, sind zudem die Finanzierungskosten zu beachten (gerade wenn ein Niedrigzinsumfeld vorherrscht). Dennoch können damit effektive Existenzgründungen finanziell unterlegt werden, zumal das Risiko für den einzelnen „Investor" sich monetär in engen Grenzen hält.

Eine weitere neue Möglichkeit ist das **Initial Coin Offering** (ICO). Dabei wird Kryptokapital eingesammelt und in Form virtueller Anteilsscheine (Bitcoins/Tokens) „verbrieft". Die Verbreitung erfolgt auf eigene Rechnung oder zumeist über Blockchain-Plattformen, also im ungeregelten Verkehr. Probleme entstehen dabei vielfach, so durch Hacker, die eingezahltes Kapital abzapfen, durch gänzlich ungeregelte Transaktionen und enorme Spekulationsblasen bis hin zu Straftaten (Entführung, vorgetäuschter Tod). Insofern ist diese Finanzierungsform zumindest derzeit nur für besonders wagnisbereite Akteure relevant. Die Einsammlung des Kryptokapitals erfolgt zumeist im Wege des Crowdfundings.

12.2.2 Finanzierungsrunden

Im Zuge der Wagniskapitalfinanzierungen können zwei Phasen unterschieden werden, die Finanzierung in der Frühphase und die in der Expansionsphase (siehe Bild 12.1). Die **Frühphasenfinanzierung** wiederum gliedert sich dreifach in Seed Financing, Start-up Financing und First Stage Financing.

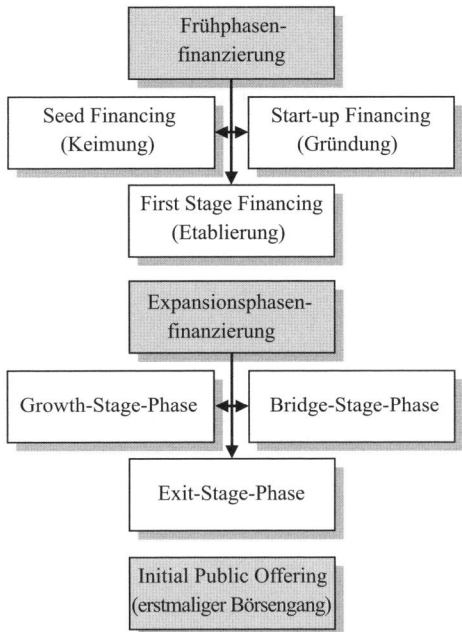

Bild 12.1 Stufen der Früh- und Expansionsphasenfinanzierung

In der **Seed-Financing**-Phase (Keimung) erfolgt die Ausreifung einer innovativen Gründungsidee und deren Umsetzung (Proof of Concept) als Prototyp/Muster/ Nullserie etc. Außerdem werden das Geschäftskonzept entwickelt und das Geschäftsumfeld analysiert. Dieses materialisiert sich in einem Konzeptpapier, zu diesem gehören insbesondere folgende Punkte:

■ Vorstellung des geplanten Unternehmens mit seinen komparativen Stärken und Schwächen, absoluten Chancen und Risiken,

■ Darstellung der bereits bestehenden direkten (aktuellen) Wettbewerber,

■ Darstellung der potenziellen Wettbewerber desselben Geschäftsfelds,

■ Darstellung der indirekten (substitutiven) Wettbewerber benachbarter Geschäftsfelder,

■ Spektrum der Lieferanten für Betriebsmittel, Werkstoffe, Betriebskapital, Personal, Informationen etc.,

■ gewerbliche und private Endabnehmer nach Art, Anzahl, räumlicher Verteilung etc.,

■ gewerbliche Zwischenabnehmer nach Art, Anzahl, räumlicher Verteilung etc.,

■ politisches Umfeld (vor allem in Bezug auf die öffentliche Verwaltung),

■ gesellschaftliches Umfeld in Bezug auf Trends, Opportunitäten, Restriktionen etc.,

- technologisches Umfeld (vor allem in Bezug auf die Informations- und Kommunikationstechnik),
- natürliches Umfeld (Ökologie) in Bezug auf Emissionen/Immissionen von Lärm, Schmutz, Schadstoff etc.,
- rechtliches Umfeld in Bezug auf juristische Ge- und Verbote.

In der **Start**-**up**-**Financing**-Phase (Gründung) erfolgt die erstmalige Aufnahme der Geschäftätigkeit. Dabei fallen noch keine Umsatzerlöse/Gewinne an. Die Leistung muss nunmehr vermarktungsfähig sein. Dafür müssen wichtige Entscheidungen getroffen werden (die im Wesentlichen im Geschäftsmodell dargelegt sind).

 Zentrale Entscheidungen vor der Aufnahme einer Geschäftätigkeit

- Wer sind meine Schlüsselpartner, mit denen ich arbeitsteilig agieren will oder von denen ich Unterstützung bei Problemen erwarte?
- Was sind meine Schlüsselaktivitäten, die meiner Kernkompetenz entsprechen und in Prozessen umgesetzt werden?
- Was sind meine Schlüsselressourcen, die von innerhalb oder außerhalb meines Unternehmens bereitgestellt werden müssen?
- Was ist das Nutzenversprechen, das zentral einen Markterfolg für mein Produkt/meinen Service erwarten lässt?
- Welche Marktbeziehungen gehe ich ein (Art und Umfang der jeweiligen Interessenhalter)?
- Wer ist meine Zielgruppe (Segment, Größe, Struktur, zeitliche Verteilung etc.)?
- Welche Kosten sind zu erwarten (Kostenarten, Kostenstellen, Kostenträger)?
- Welche Erlösquellen ermöglichen direkte und/oder indirekte Einnahmen zum Betriebsunterhalt?

Die **First**-**Stage**-**Financing**-Phase (Etablierung) gliedert sich wiederum in drei Unterphasen. Zunächst erfolgt die erste Marktdurchdringung. Rasch müssen Optimierungen und Skalierungen vollzogen werden. Diese Phase ist sehr erfolgskritisch und bedeutet für eine Vielzahl von Unternehmen bereits die frühe Aufgabe ihrer Absichten. Der oder die Gründer sind dann nicht selten für lange Zeit mit der Bedienung ihrer daraus resultierenden Schulden befasst. Sofern die Existenzgründung nebengewerblich getätigt wurde, gibt die Privatinsolvenz die Möglichkeit zur Entschuldung nach einer Wohlverhaltensfrist. Sofern die Existenzgründung vollgewerblich getätigt wurde, ergibt sich die Möglichkeit einer Restschuldbefreiung im Wege der geordneten Insolvenz bei natürlichen Personen bzw. Personengesellschaften.

Alternativ folgt der eigentliche Rollout des Angebots. Bestenfalls nähert man sich dem Break-even-Punkt (BEP), d. h. derjenigen Absatzmenge, deren Erlöse zum ersten Mal ausreichen, die bis dahin aufgelaufenen Kosten zu decken. Dann kann ein regulärer Wachstumspfad eingeschlagen werden (Tipping Point). Bleibt der Absatz darunter, ist zu prüfen, welche Maßnahmen zur Steigerung geeignet sein können (Senkung der variablen Kosten, Senkung der Fixkosten, Erhöhung der Preise) oder zu entscheiden, das Projekt in diesem frühen Stadium zu beenden, bevor ausufernde finanzielle Schäden eintreten.

In der Skalierung geht es um die Ausweitung der betrieblichen Aktivitäten auf ein konkurrenzfähiges Niveau. Das junge Unternehmen verlässt damit seinen Existenzgründungsstatus. Fraglich ist, ob die Frühphaseninvestoren an Bord bleiben und den Erfolg weiter begleiten oder ihr finanzielles Engagement abbrechen und sich neuen Start-ups zuwenden, da die Gewinnraten sich wahrscheinlich normalisieren und Finanzmittel anderweitig mit gehöriger Streuung lohnender einsetzbar sind. In dieser Phase etabliert sich das junge Unternehmen und entwickelt Strukturen und Abläufe, die sich belastbar darstellen. Häufig erfolgt auch bereits ein Vortasten in ausländische Märkte.

Die **Expansionsphasenfinanzierung** gliedert sich in die drei weiteren Stufen Growth, Bridge und Exit. Die **Growth**-Stage-Phase bringt im Regelfall zutage, dass der bisherige Finanzierungsrahmen nicht ausreicht, um das eintretende Unternehmenswachstum hinreichend zu unterfüttern. Daher werden eine oder mehrere Finanzierungsrunden erforderlich, bei denen entweder im Eigenkapitalrahmen die bisherigen Investoren Finanzmittel nachschießen oder neue Investoren als Beteiligte zum dann gültigen Marktwert auftreten bzw. im Fremdkapitalrahmen erweiterte Kreditlinien, meist in Abhängigkeit von der Einhaltung bestimmter Finanzstandards als Selbstverpflichtung (Financial Covenants), eingeräumt werden. Diese Phase endet mit der Realisierung eines belastbaren Gewinns. Da Erträge verbreitet reinvestiert werden, schiebt sich diese Gewinnschwelle allerdings häufig zeitlich immer weiter hinaus, bis fraglich wird, ob sie tatsächlich jemals realistisch erreicht werden kann.

Eine **Bridge**-Stage-Phase entsteht, sofern eine Aktienbörsennotierung für das Unternehmen angestrebt wird (Initial Public Offering/IPO). Hier gilt es, das Unternehmen für potenzielle Anleger „aufzuhübschen" und attraktiv zu präsentieren (Roadshow). Denkbar ist aber auch ein außerbörsliches Angebot, das für viele Investoren interessant ist, die sich nicht den strengen Publizitäts- und Regulationspflichten der Aktienbörsen (DAX) unterwerfen, sondern unternehmerische Freiräume behalten wollen. Auch diese müssen durch ein attraktives Angebot interessiert werden.

Voraussetzungen für eine Aktienbörsennotierung

- Prüfung der Börsenreife auf Basis von Unternehmensdaten und -bewertungen,
- Gestaltung einer attraktiven Equity Story für Investoren mithilfe eines Geschäftsplans,
- Entwurf eines Emissionskonzepts mit den Eckpunkten des geplanten IPOs,
- Auswahl der Emissionsbank(en) aufgrund eines „Beauty Contests" der Banken (eventuell Konsortium),
- Durchführung einer externen (Legal/Financial) Due Diligence, das Ergebnis ist im positiven Fall ein Comfort Letter (Unbedenklichkeitserklärung),
- Erstellung erster Finanzanalysen durch Externe anhand finanzieller Kennzahlen,
- Festlegung von Börsenplatz, Marktsegment (DAX/Freiverkehr), Aktienausstattung etc.,
- IPO-Kommunikation im Rahmen der Investor Relations, obligatorischer Wertpapierprospekt,
- Roadshow zur Eruierung von Emissionsvolumen und -preis (Bookbuilding) mit Festlegung des Emissionspreises,
- Zeichnung und Zuteilung (im Falle der Überzeichnung) der Wertpapiere für die Aktionäre,
- Listing und Settlement mit dem Ergebnis einer, meist am Börsenplatz gefeierten Erstnotiz,
- Kurspflege und Einleitung der Berichterstattung gemäß dem zugewiesenen Börsensegment.

Zur erstmaligen Kurseingrenzung wird häufig das **Bookbuilding**-Verfahren genutzt. Dabei werden institutionelle Investoren dahingehend befragt, welche Anzahl von zu platzierenden Aktien sie zu welchem Preis abzunehmen bereit sind. Daraus entstehen Preis-Mengen-Kombinationen, aus denen eine Preis-Absatz-Funktion angenähert werden kann. Daraus wiederum lassen sich der optimale Kurs und die zugehörige optimale Menge an zu platzierenden Aktien bestimmen. Die Angaben sind unter Profis aus Reputationsgründen durchaus belastbar, dennoch kann man real knapp unterhalb des optimalen Kurses bleiben, um eine vollständige Börsenplatzierung zu erreichen. Nicht platzierte Aktien werden vom Konsortium der Emissionsbanken in den eigenen Bestand übernommen und zeitversetzt kursschonend an den Markt oder als Paket mit Preisabschlag an Investoren abgegeben.

In der **Exit-Stage**-Phase gilt es für private Co-Investoren oder Beteiligungsgesellschaften, die getätigten Investitionen, das übernommene hohe Risiko und die eingebrachten Unterstützungen mit Gewinn zu monetarisieren. Dabei wird, heuristisch, von einer Relation von eins zu zehn für einen profitablen Exit ausgegangen. Dieser eine Fall muss dann Verluste aus den anderen neun Engagements quersubventionieren, sodass es daran ausgesprochen hohe Gewinnerwartungen gibt. Daher sind die Engagements breit gestreut. Eventuell wird nach dem Börsengang auch ein Delisting (Public to Private) angestrebt. Im Fall einer Frühkrise ist eine Überbrückungsfinanzierung erforderlich, um Überlebensfähigkeit zu schaffen.

Alternativ dazu sind auch ein Verkauf des jungen Unternehmens an andere Unternehmen (Trade Sale), an einen Finanzinvestor (Secondary Purchase) oder ein Rückkauf durch die Altgesellschafter (Buyback) möglich. Bei einer stillen Beteiligung läuft diese mit Ende der Kreditlaufzeit ohnehin aus. Der Verkauf an ein anderes Unternehmen/einen Finanzinvestor erfolgt im Allgemeinen in folgenden Schritten:

- Auswahl des Zielunternehmens aus einer Shortlist von Kandidaten,
- Ansprache der Unternehmensführung dort, eventuell über die M&A-Abteilung einer Investmentbank,
- Vereinbarung von Stillschweigen (Non Disclosure Agreement) hinsichtlich der Verhandlungsinhalte,
- Term Sheet als Vorvereinbarung über die geplante Transaktion, sie begründet vorvertragliche Pflichten, z. B. Exklusivität der Verhandlungen,
- Abschluss einer Absichtserklärung (Letter of Intend) in Bezug auf eine ins Auge gefasste Transaktion,
- detaillierte Bucheinsicht zur Verifizierung der tatsächlichen Vermögens- und Liquiditätslage und der Risiken (Due Diligence),
- Strukturierung der Transaktion zum detaillierten Übergang von Rechten und Pflichten,
- Unternehmensbewertung/Preisfindung nach kumulierten Bilanzwerten, notiertem Börsenkurs oder mutmaßlichem Marktwert des Eigenkapitals,
- Vertragsabschluss mit finalisierten Vereinbarungen zum förmlichen Übergang des Eigentums,
- materieller Eigentumsübergang und Abschluss des Verfahrens,
- Anpassung des Kaufpreises an künftige Ereignisse, die für die vergangene Kaufpreisbildung erheblich sind (Earn-out).

 Eine tragfähige Anschubförderung in die Existenzgründung ist eine große Hilfe. Zugleich begibt sich das junge Unternehmen damit aber auch in Abhängigkeiten, welche die Freiheitsgrade der weiteren Entwicklung vermindern. Insofern will diese Konstellation bereits zum Start gut überlegt sein.

13 Milestone Businessplan

 Der Businessplan ist ominöser Kernpunkt des Existenzgründungsprojekts. Tatsächlich muss er intern detailliert ausgearbeitet sein, die externe Wirkung ist eher zweifelhaft. Kreditinstitute haben ihre eigenen Beurteilungskataloge, ebenso Venture Capitalists, die zudem häufig primär in Gründer und nur sekundär in Geschäfte investieren. Dennoch zwingt die Verschriftlichung zum Durchdenken der Idee auf knapper Fläche mit Fokussierung der Gedanken, und die Präsentation ist eine gute Übung zum „Verkaufen" der eigenen Person.

■ 13.1 Strukturierung

Der Businessplan konkretisiert das Gründungsvorhaben. Er folgt einer als üblich angesehenen Struktur. Dazu gehören folgende Inhalte:

- Executive Summary als kurze Zusammenfassung des Inhalts und der Ergebnisse für Entscheider,

- Profil der Gründer mit Arbeitsteilung, fachlicher Qualifikation/Vorbildung, Motivation zur Selbstständigkeit (Selbstverwirklichung, Unabhängigkeit, Einkommen, Weg aus Erwerbslosigkeit etc.), Kontaktdaten, Referenzen etc.,

- Umsetzung durch Neugründung eines Unternehmens, Übernahme eines bestehenden Unternehmens, Beteiligung an einem bestehenden Unternehmen,

- geplante Rechtsform als Einzelunternehmen, Personen- oder Kapitalgesellschaft, Eigenkapitalausstattung, Anteile, Anteilseigner, Gremien etc.,

- Rahmenbedingungen durch sozioökonomische, technologische, ökonomische und politisch-rechtliche Restriktionen und deren Veränderung (analog zur STEP-Analyse),

- Geschäftsmodell zur Transformation von Ressourcen in Mehrwert-Output mit einem Wertzuwachs, der über den dafür entstehenden Kosten liegt,

- voraussichtliche Erfolgsfaktoren und strategische Ausrichtung des jungen Unternehmens, vor allem in Bezug auf deren Werttreiber und Ziele,
- realistische Umsatz- und Break-even-Vorausrechnungen, vorhandene Basisfinanzierung,
- Räumlichkeiten (Standortbeschreibung) und Betriebsstätte, Wohn-/Misch-/Gewerbegebiet, Sondergebiet oder Ähnliches,
- Leistungsangebot des jungen Unternehmens durch naturwissenschaftliche bzw. technisch-funktionale Beschreibung, Artikelgruppe, Programmangebot, Preissetzung, Alleinstellungsmerkmal etc.,
- Absatzgebiet (lokal, regional, national, international),
- Kundennutzen durch komparative Vorteile des Angebots im Vergleich zum Mitbewerb im Relevanten Markt, private und gewerbliche Abnehmer, End- und Zwischenabnehmer,
- Branchen- und Marktanalysen (Sekundärquellen) zur Identifizierung von Chancen und Risiken als Basis für eine belastbare Prognose,
- Wettbewerbsanalyse zu komparativen Vor- und Nachteilen im Vergleich zum direkten Mitbewerb (Anzahl, Leistung, Besonderheiten etc.) mit Schätzung der Marktgrößen,
- Markteintritts- und Absatzkonzept, um den Zugang zu Abnehmern zu gewinnen und daraus Umsatz zu erreichen, konsequenterweise jedoch mit Exit-Konzept,
- Organisation der Geldwirtschaft für ausreichende Mittelherkunft und effiziente Mittelverwendung, meist anhand finanzieller Kenngrößen,
- Organisation der Beschaffungsquellen für Ressourcen (Kapital, Sachmittel, Wissen etc.) und deren Einsatz, Lieferquellen, Lieferqualitäten, Liefermengen etc.,
- Einsatz von Humanressourcen nach Quantität und Qualität bzw. deren Rekrutierung, Einarbeitung und Entlohnung,
- Risikomanagement zum Handling (Vermeidung, Reduktion, Absicherung, Ausgleich etc.) der enorm hohen Start-up-Risiken,
- Prüfung der konstitutiven Faktoren auf ihre wirtschaftliche, rechtliche und gesellschaftliche Nachhaltigkeit (Corporate Social Responsibility/CSR),
- Konzeption der Umsetzung anhand von Zwischenzielen (Maßnahmenplan/Roadmap) und Steuergrößen (KPIs).

Als Adressaten des Businessplans sind interne Stellen (Team), vor allem aber externe wie Lieferanten, Kunden, Kooperationspartner bzw. Geldinstitute, Fördermittelgeber, Venture Capitalists, Business Angels etc. anzusehen. Der Businessplan ist immer eine Bewerbung um Vertrauensvorschuss für Geld- bzw. Sachmittelüberlassung. Er ist zugleich auch eine erste Arbeitsprobe, die zeigt, ob und wie professionell gearbeitet wird. Im Grundsatz besteht der Businessplan aus Textteil, Zahlen- und Tabellenteil sowie Anhang (mit Gründereckdaten, Marktanalysen,

Vertragsentwürfen etc.). Der Umfang des Textteils sollte zehn Seiten nicht über-schreiten. Äußerlich sollte unbedingt eine ansprechende Gestaltung eingehalten werden, dazu gehören der Umschlag des Dokuments, die Coverseite, ein sauberes und einheitliches Schriftbild, ein verständlicher Sprachstil, die Vermeidung von Grammatik- und Interpunktionsfehlern, eine klare Gliederung und realistische Einschätzung des Sachverhalts.

Fehler im Businessplan können aus mehreren Fehleinschätzungen herrühren. So ist bei der Erstellung des Plans häufig das Augenmerk nicht auf die Zielgruppe und deren Interessen gerichtet, sondern auf die eigenen Interessen. Auch wird meist viel zu umfangreich ausgeführt, auf die Details kommt es in diesem Stadium aber nicht unbedingt an. Häufig fehlen wichtige Unterlagen, sodass der Eindruck entsteht, man habe etwas zu verbergen. Auch wenig substanziierte Annahmen und eine Tendenz zur Selbstüberschätzung wirken kontraproduktiv. Oft werden die er-forderlichen Ressourcen zu niedrig oder aber unrealistisch hoch angesetzt. Bei al-ler Balance muss aber auch der Enthusiasmus der Gründer für ihr Projekt erkenn-bar sein. Dem gerecht zu werden, ist ein anspruchsvolles Unterfangen, sodass ein gehöriger Zeitraum für die Erstellung des Businessplans einzurechnen ist.

Viele Investoren behaupten, dass sie weniger in das Projekt als vielmehr in die Gründer investieren. Ob das Projekt am Markt reüssiert, ist ohnehin spekulativ, wenn die Gründer aber persönlich und/oder fachlich dem Projekt nicht gewachsen sind, ist ein Erfolg sowieso nicht zu erreichen. Dies ist zu vermuten, wenn die Selbstständigkeit „nebenher" bewältigt werden soll, wenn mehrere Projekte par-allel behandelt werden, wenn Leichtfertigkeit oder Naivität vorherrschen etc.

■ 13.2 Formatierung

Am Beginn des Businessplans steht eine **Executive Summary** von maximal zwei Seiten. Sie enthält die Kernaussagen des Plans und ist zum Überblick für Entschei-der unter Zeitdruck gedacht. Die Verknappung der Inhalte (Single Sheet) ist sehr schwierig, denn alle Aussagen müssen punktgenau und klar erfolgen. Daraus er-gibt sich dann aber die Essenz der Idee, sodass es zu einer notwendigen Fokussie-rung kommt. Die Zusammenfassung ist das Herzstück des Businessplans, oft ist sie das einzige Dokument, das überhaupt gelesen und ausgewertet wird, bevor über eine Fortsetzung des Kontakts oder dessen Abbruch zu entscheiden ist. Sinn-voll ist eine englischsprachige Fassung.

Im Falle der Fortführung der Beschäftigung mit einer Existenzgründung ist die Formation des geplanten Unternehmens zentral. Wie ist seine konkrete Zielset-zung? Über welche fachlichen und persönlichen Qualifikationen verfügen der oder die Gründer, um diese zu erreichen? Wie ist die Aufgabenverteilung im Unternehmen vorgesehen? Welche Kompetenzen sind vorhanden, welche fehlen? Wie sollen fehlende Kompetenzen aufgefüllt werden? Interessant sind bei mehreren Gründern vor allem die Beteiligungsverhältnisse. Wie ist der Status des Gründungsprojekts? Welche Fakten sind bereits geschaffen worden? Gibt es Zusagen oder Ablehnungen im Vorfeld?

Es folgt die Vorstellung des **Managementteams**. Die Investition erfolgt immer auch in die handelnden Akteure, ihre Erfahrungen, Talente und mentalen Dispositionen. Im Team können diese sich idealerweise ergänzen und verstärken bzw. ausgleichen, schlechtestenfalls aber auch gegenseitig zerstören. Letztlich sind die Schlüsselqualifikationen der Gründer für die meisten Investoren ausschlaggebend (Fach-, Methoden-, Sozial-, Individualkompetenzen). Bei Lücken ist zu überlegen, ob weitere Mitglieder in das Gründerteam aufgenommen werden sollen oder ob Externe diese Rolle zumindest temporär übernehmen können (Interimsmanagement).

Daraus folgt der **organisatorische Rahmen**. Dabei sind sowohl die Aufbau- als auch die Ablauforganisation darzulegen. Entsprechend der Organisation ergeben sich der quantitative und der qualitative Personalbedarf. Eine weitere Entscheidung betrifft die Standortwahl. Weiterhin geht es um so entscheidende Faktoren wie die Aufteilung zwischen Eigenerstellung und Fremdleistung (Make or Buy) in der Wertschöpfung, die analog zu den Kernkompetenzen zu treffen ist.

 Inhalt Businessplan

- Executive Summary/Zusammenfassung: Essenz der Idee
- Ziele, Leitbild (Vision, Mission)
- Fachliche und persönliche Qualifikationen (Managementteam, Gründer)
- Angebot (Produkte, Dienstleistungen)
- Marktanalyse (z. B. Wettbewerb, Markt, Branche, Zielgruppenanalyse)
- Marketing und Vertrieb (z. B. Absatzstrategie, Preisstrategie)
- Organisatorischer Rahmen (z. B. Aufbau- und Ablauforganisation, Personalbedarf, Standortwahl, Prozesse, Beschaffung, Logistik)
- Umsetzungsplan
- Entwicklungsperspektiven
- Chancen- und Risikoanalyse
- Umsatzerwartung, Investitionsplanung, Rentabilitätserwartung, Liquiditätsplanung, Finanzierungsbedarf
- Kostenplanung, Controlling

Im fortgeschrittenen Stadium der Planung ist eine **Präsentation** der Geschäftsidee vor externen und internen Zielgruppen unerlässlich. Sie betrifft das „Verkaufen" des Gründungsvorhabens und der Gründer selbst. Als internes Auditorium kommen Probe-Panels aus Vertrauten, Kollegen und Förderern in Betracht, als externes Auditorium Banken-/Sparkassenvertreter und andere Fremdkapitalgeber. Die **schriftliche** Präsentation der Geschäftsidee ist zweckmäßigerweise kurz gehalten. Hierzu reichen aussagefähige Stichworte und instruktive Übersichten (Charts) aus. Die Darstellung sollte dabei einfallsreich, einfach und exakt sein. Wichtig ist ein Verweis auf die Vertraulichkeit aller zur Verfügung gestellten Informationen. Die **mündliche** Präsentation muss vorab eingeübt werden, denn sie ist ein wichtiges Indiz für die Professionalität der Vorgehensweise. Häufig werden auch Kurzpräsentationen eingefordert (Elevator Pitch). Dabei geht es darum, binnen einer Minute (Dauer einer Aufzugsfahrt) das Besondere an der Geschäftsidee (Hook) herauszustellen. Die Ansicht ist dabei, dass wenn es nicht gelingt, dies pointiert darzustellen, die Idee angesichts des Verdrängungswettbewerbs auch keine reelle Chance am Markt haben wird.

 „Elevator Pitch" einüben

Sie sollten das Besondere Ihrer Geschäftsidee in wenigen Minuten prägnant, verständlich und nachvollziehbar darstellen können.

Für umfangreiche Arbeitshilfen im Vorfeld der Existenzgründung stehen verschiedene Institutionen hilfreich bereit. Zu denken ist dabei vor allem an folgende:

- Industrie- und Handelskammer (IHK) bzw. Handwerkskammer (HWK) durch spezialisierte Abteilungen, Veranstaltungen, Beratungsgespräche etc.,
- Wirtschaftsförderungsbüro der Kommunen mit Beratungsangeboten zur Existenzgründung,
- Wirtschaftsministerien der Länder mit Beratung, aber auch konkreten finanziellen Fördermaßnahmen,
- Hochschulen durch Technologieparks, Transferzentren, An-Institute etc.,
- private Finanzdienstleister durch Information und Betreuung,
- Unternehmer- und Branchenverbände als Anlaufstellen für Existenzgründungsanliegen,
- private Beratungsgesellschaften für Existenzgründer,
- gemeinnützige Organisationen durch Patenschaft, Mentoring etc.

Unerlässlich ist in jedem Fall, sich als Existenzgründer zu prüfen, ob man dafür charakterlich tatsächlich geeignet ist. Nicht jeder ist ein Unternehmertyp, viele Menschen sind eher Bewahrer denn Veränderer, was nicht zu kritisieren ist. Existenzgründung bedeutet aber immer auch, mit einem erheblichen Maß an Unsicherheit zu leben. Außerdem verlangt die Existenzgründung Führungsqualitäten. Das bedeutet, andere anzuleiten und zu überzeugen, aber notfalls auch den eigenen Willen gegen sie durchzusetzen. Die Perspektive ändert sich erheblich im Vergleich zu der eines Angestellten oder Studierenden. Es gilt vor allem, zum gegebenen Anlass auch einmal harte Entscheidungen zu vertreten.

 Sind Sie wirklich ein Entrepreneur? Wagemutig, durchsetzungsstark, hart im Nehmen? Reden Sie hierüber mit Ihrem direkten Umfeld, fordern Sie Ehrlichkeit ein und seien Sie auch möglichst ehrlich zu sich selbst.

Man sollte sich fragen, ob man diese Eigenschaften in der eigenen Gründerperson verwirklicht sieht. Es handelt sich ausschließlich um Soft Skills, die in klassischen Ausbildungssystemen nicht geschult und in abhängiger Tätigkeit kaum hinreichend trainiert werden. Insofern müsste man sie schon von „Natur" aus mitbringen. Sie in der Selbstständigkeit zu erlernen, ist unrealistisch, denn die Wirtschaft ist weithin keine faire Veranstaltung. Es geht vielmehr um das kurzfristige Überleben, und da wird häufig das Einschlagen eines Grenzwegs aus Not als legitim angesehen. So darf man etwa nicht unterschätzen, dass die Zahlungsmoral von Gläubigern durchweg schlecht ist und angestellte Mitarbeiter im Zweifel zum eigenen Vorteil handeln. Auch viele der im Vorfeld bereits als sicher avisierten Aufträge materialisieren sich letztlich nicht oder nicht rasch genug. Zugleich laufen hohe, großenteils auszahlungswirksame Fixkosten auf. Dies blenden vor allem Gründer ohne Management-Background aus. Dann kann die Existenzgründung schneller beendet sein als gedacht. Und schlimmer noch, häufig bleiben Schuldenberge, die auf Jahre hinaus das verfügbare persönliche Einkommen belasten.

Sinnvoll ist es daher in jedem Fall, erst einmal mehrere Jahre Berufserfahrung zu sammeln, bevor man sich in das Abenteuer der Selbstständigkeit begibt. Dadurch kann man professionelles Know-how bei seinem Arbeitgeber sammeln und sich ein privates Netzwerk aufbauen, auf das man später zurückgreifen kann. Bei Eingaben von Beratern ist unbedingt zu hinterfragen, wie lange diese schon selbstständig sind und mit welchem Erfolg. Denn es ist ein fundamentaler Unterschied, ob man aus der Theoretikersicht schlau erscheinende Ratschläge gibt, wie sie in der Literatur mannigfach vorzufinden sind, oder dem Dschungel des Kapitalismus selbst hautnah ausgesetzt ist oder war. Eigenes authentisches Erleben ist da durch nichts zu ersetzen.

■ 13.3 Projektierung

Für die Umsetzung der Existenzgründung ist ein professionelles Projektmanagement erforderlich. Ein Projekt ist dabei allgemein durch folgende Merkmale gekennzeichnet. Es hat einen definierten Anfang und ein definiertes Ende, innerhalb dessen das Projekt abläuft. Es zeichnet sich durch vergleichsweise hohe Komplexität aus, die Kosten-, Termin- und Qualitätsrisiken involviert. Die Bewältigung erfordert meist eine interdisziplinäre Zusammenarbeit in Arbeitsgruppen (Cross Functional Teams). Die Projektziele können vielfältig ausgelegt sein, vor allem sind sie in Bezug auf das gewünschte inhaltliche Ergebnis, die zeitlichen und räumlichen Dimensionen sowie formale Gewichtung zu definieren.

 Scrum: empirisch, inkrementell und iterativ

Scrum ist eine Projektmanagement-Methode, die ursprünglich in der Softwareentwicklung eingesetzt wurde, mittlerweile aber in vielen Bereichen Anwendung findet. Das Vorgehen bei dieser Methode erfolgt schrittweise und wird immer wieder durch ständige Feedbackschleifen modifiziert: scrum.org.

Von einem Prozess unterscheidet sich das Projekt durch seine Einmaligkeit. Zum Projektmanagement werden Arbeitstechniken und -mittel eingesetzt, um die Gründung auszulösen, zu leiten, auszuführen und abzuschließen. Bei den Arbeitsmitteln handelt es sich um Ressourcen wie Budget, Manpower, Zeit, Know-how, Sachmittel etc. Bei den Projekttechniken handelt es sich um Modelle, Verfahren, Werkzeuge (häufig IT-gestützt), Maßnahmen etc. Dabei ist die Einhaltung von Gesetzen, Verordnungen, Normen und Standards erforderlich.

Für die Erfolgsmöglichkeiten spielen vielfältige Randbedingungen (politisch, ökonomisch, sozial, technologisch, rechtlich, ökologisch etc.) eine Rolle. Vor allem sind die involvierten Risiken abzuschätzen. Auf dieser Basis kann dann eine Entscheidung über die Fortführung getroffen werden (Go).

Der Prozess wird meist durch den oder die Gründer als Projektkoordinator oder -sprecher verantwortet. Die Einordnung hängt von der Weisungsbefugnis, den Verfügungsrechten, den Berichtspflichten und der Entscheidungskompetenz ab, die sich wiederum auf die Verantwortung für Ergebnis, Mitarbeiter (Zuweisung oder Auswahl), Termine (inklusive Milestones), Sachmittel (Kapazitäten) und Budget (Geldmittel) bezieht.

Die Beteiligten können aus dem Gründerteam stammen oder temporär oder auch dauerhaft von außen hinzukommen. Bei externen Mitarbeitern ist vor allem an Berater zu denken. Die Honorierung kann zeitbezogen (nach Stundensatz), leistungsbezogen (nach Zielerreichungsgrad) oder in Mischform erfolgen. Der Einsatzort kann zentral (an einem Ort) oder dezentral (an verschiedenen Orten parallel) liegen, denkbar sind auch virtuelle Projektgruppen, die durch informationelle Vernetzung zusammenarbeiten (Home Offices).

Eine wichtige Gestaltung betrifft die Ablauforganisation. Hier muss zunächst jeder Prozess nach seinen Hauptaufgaben, Teilaufgaben und Einzelaktivitäten gegliedert werden. In allgemeinster Form handelt es sich um die Phasen Planung, Organisation, Realisierung und Kontrolle. Dabei sind Prozessverantwortlichkeiten festzulegen (Process Ownership) und Schnittstellen innerhalb eines Prozesses nach Möglichkeit zu vermeiden.

Wichtig ist die Beachtung eines Kritischen Pfads, auf dem Verzögerungen zu einer zeitlichen Verschiebung des Gesamtprojekts führen. Vor allem ist auf zu optimistische oder zu pessimistische Einschätzungen zu achten. Diese sind oft Folge von Gruppenentscheiden, die zu Risikogierigkeit als attraktivem Sozialmerkmal oder auch zu Risikoaversion („Bedenkenträgerschaft") führen. In diesem Zusammenhang ist eine bewusste Risikosicht erforderlich.

In einer hoch reglementierten Gesamtwirtschaft fallen zudem zahlreiche gesetzliche Anmeldepflichten an, die zu erfüllen sind, bevor überhaupt agiert werden kann, so etwa Gewerbeanmeldung beim Ordnungsamt, Steueranmeldung beim Finanzamt, Eintragung in Handelsregister/Partnerschaftsregister/Handwerksrolle, Anmeldung bei Agentur für Arbeit für Arbeitslosenversicherung, Krankenkasse für Krankenversicherung, Berufsgenossenschaft für Unfallversicherung, Rentenamt für Renten-/Pflegeversicherung. Bereits kleine Fehler in der Administration haben dabei weitreichende Folgen. Spezielle Genehmigungen sind zudem für Reisegewerbe, Handwerk, Güterverkehr, Personenbeförderung, Gaststätten, Versicherungs- und Finanzanlagemittler etc. erforderlich.

Zur Förderung der Umsetzung bieten sich einige bewährte **Werkzeuge** an:

- Das **Eisenhower-Tableau** teilt alle Aktivitäten nach deren Wichtigkeit einerseits und Dringlichkeit andererseits ein. Aufgaben, die dringlich und wichtig sind, haben die höchste Priorität. Sie sind sofort und selbst zu erledigen. Dies sind die A-Aufgaben. Aufgaben, die zwar wichtig, aber nicht dringlich sind, sind entweder auf später zu terminieren oder zu delegieren. Dies sind die B-Aufgaben. Aufgaben, die dringlich, aber nicht wichtig sind, sind in jedem Fall zu delegieren. Dies sind die C-Aufgaben. Alle anderen Aufgaben (D-Aufgaben, weder wichtig noch dringlich) können geschoben werden bis sie dringlich oder wichtig werden.

- Die **Zeitplantechnik** (Seiwert) teilt das zur Verfügung stehende Zeitbudget in geplante, unerwartete und sonstige Aktivitäten auf. Für geplante Aktivitäten sind nur 60 % des Zeitbudgets bereitzustellen, für unerwartete Aktivitäten weitere 20 %. Dies vermeidet, dass zu eng getaktete Zeitpläne durch unvorhergesehene Ereignisse zu Fall kommen und in einem Dominoeffekt alle später geplanten Termine fallen, wie dies häufig bei Planung der spätesten Anfangszeit (mithilfe von Terminplanern etc.) passiert. 20 % für sonstige Aktivitäten sollen Freiraum für spontane, persönliche Interessen schaffen, die ansonsten zu kurz kommen würden.

- Das **Pareto-Prinzip** besagt, dass erfahrungsgemäß 20 % der Aktivitäten für 80 % des Erfolgs ausschlaggebend sind (80-zu-20-Regel). Daher gilt es, seine Aufmerksamkeit auf diese erfolgsbedeutsamen Aktivitäten zu konzentrieren (A-Aktivitäten). Denn dort ist die Hebelwirkung am größten. Weitere 30 % der Aktivitäten sind für etwa 10 % des Erfolgs bedeutsam (B-Aktivitäten). Und die restlichen 50 % der Aktivitäten machen nur weitere 10 % des Erfolgs aus (C-Aktivitäten). Gerade letztere blockieren aber Energie, sodass sie zu rationalisieren, zu delegieren oder auch auszulagern sind.

Vor allem in engen Phasen der Unternehmensgründung entsteht kontraproduktiver (Dis-)Stress. Diesen gilt es zu bewältigen, damit er nicht in psychischer Überbelastung (Burnout) endet. Möglichkeiten zur **Stressbewältigung** sind die Umsetzung des aufgestauten Energieüberschusses in Bewegung (Sport), die Überdenkung der praktischen Wertmaßstäbe (Work-Life-Balance), die Änderung der Einstellung (Belastung reduzieren, Stressoren ausschalten) und die Steigerung der persönlichen Belastbarkeit (Stresstoleranzgrenze) durch Training.

Der Businessplan wird in seiner Bedeutung überschätzt, denn die Realität macht häufig Anpassungen erforderlich. Es handelt sich vor allem um eine Übung zur Selbstdisziplinierung und schafft Präzision in der gedanklichen Formatierung einer Existenzgründungsidee. Zumal der Unternehmer den Unterschied macht, nicht der Businessplan.

14 Entwicklungsperspektiven definieren: Wie geht es weiter?

 Wer erfolgreich sein will, muss wachsen. Dabei stellt sich die Frage, welche Entwicklungsperspektiven sich einem jungen Unternehmen dabei stellen. Obwohl dies erst der zweite Schritt nach der Etablierung der Existenz sein kann, ist es dennoch sinnvoll, bereits diesen übernächsten Schritt zu durchdenken, damit der nächste bewusst in die richtige Richtung führt. Wachstum ist das einzige Ziel des jungen Unternehmens, um zu überleben.

■ 14.1 Wachstumsoptionen

In dem Maße, wie eine Existenzgründung erfolgreich verläuft, stellt sich die Frage der Entwicklung des jungen Unternehmens. Nach der **Richtung** des Wachstums kann es sich dabei um **internes** (organisches) oder um **externes** (anorganisches) Wachstum handeln. Ersteres erfolgt vor allem durch Gewinnthesaurierung, durch Kreditaufnahme oder Einstieg von Teilhabern. Letzteres erfolgt vor allem durch Beteiligung oder Übernahme dritter Unternehmen (M&A). Das organische Wachstum ist zwar langsamer als das anorganische, dafür aber schonender.

Nach dem **Erhalt** der Selbstständigkeit kann es sich um die wirtschaftliche oder die rechtliche Selbstständigkeit handeln. Erstere bedeutet, dass das Unternehmen seine Entscheidungen ohne Direktive von außen und damit eigenständig treffen kann. Letztere bedeutet, dass es seine vertraglich kodifizierte Struktur beibehält. Die wirtschaftliche Selbstständigkeit ist graduell (mehr oder weniger ausgeprägt), die rechtliche dichotom angelegt (vorhanden/nicht vorhanden).

Die Entwicklung des Unternehmens wird vor allem durch Kooperation und Konzentration geprägt (siehe Bild 14.1). **Kooperationen** schränken die wirtschaftliche Selbstständigkeit nur in Bezug auf den Kooperationszweck ein, erhalten aber die rechtliche Selbstständigkeit der Beteiligten. Dafür kommen unterschiedliche Formen in Betracht. Vor allem können solche Kooperationen temporär oder dauerhaft ausgelegt sein. Formen sind etwa Interessengemeinschaften, Arbeitsgemeinschaften, Konsortien, Strategische Allianzen oder Strategische Netzwerke.

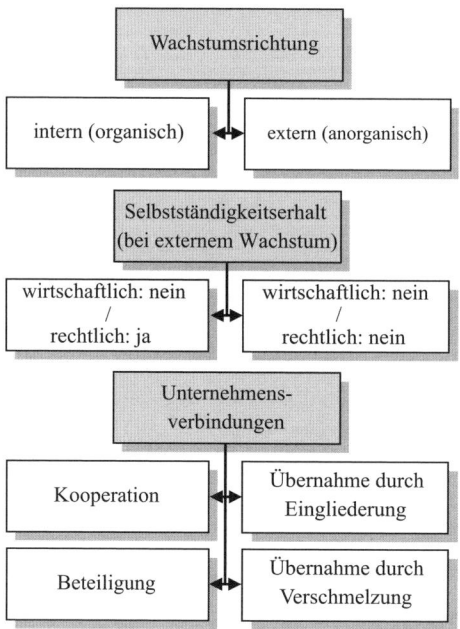

Bild 14.1 Optionen für Unternehmensverbindungen

Konzentrationen erfolgen nach der **Form** als Beteiligung oder Übernahme. **Beteiligungen** (Acquisitions) schränken die wirtschaftliche Selbstständigkeit des passiven Beteiligten mehr oder minder stark ein, dessen rechtliche Selbstständigkeit bleibt aber erhalten. Nach dem Grad der Beteiligung kann diese minderheitlich, paritätisch oder mehrheitlich sein. Davon hängt der Grad der Einschränkung der wirtschaftlichen Selbstständigkeit des passiven Unternehmens ab.

Übernahmen (Mergers) können als **Eingliederung** unter Erhalt der rechtlichen Selbstständigkeit des übernommenen Unternehmens oder als **Verschmelzung** unter Verlust seiner rechtlichen Selbstständigkeit erfolgen. Später kann auch eine Umwandlung erforderlich werden. Diese erfolgt als

- Aufspaltung durch übertragende Aufnahme oder durch Neugründung (der bisherige Rechtsträger wird aufgelöst),

- Abspaltung abgrenzbarer Einheiten an Dritte (der bisherige Rechtsträger bleibt bestehen),

- Ausgliederung abgrenzbarer Einheiten bei Verbleib in eigenem Eigentum (siehe Bild 14.2).

	wirtschaftliche Selbstständigkeit wird eingeschränkt	wirtschaftliche Selbstständigkeit wird massiv eingeschränkt	wirtschaftliche Selbstständigkeit geht verloren
Wachstumsoptionen			
rechtliche Selbstständigkeit bleibt erhalten	Kooperation	Beteiligung (Acquisition)	Übernahme durch Eingliederung (Merger)
rechtliche Selbstständigkeit geht verloren	-	-	Übernahme durch Verschmelzung (Merger)

Bild 14.2 Wachstumsoptionen

Nach der **Art** der Konzentration kann diese einvernehmlich (friendly) oder feindlich (hostile) erfolgen. Einer feindlichen Übernahme ist in einer marktwirtschaftlich-kapitalistischen Wirtschaftsordnung nur durch Öffentliches Recht (GWB als Norm zur Verhinderung der Marktbeherrschung und Kontrolle von Fusionen) zu begegnen. Ansonsten kann die Beteiligung/Übernahme allenfalls erschwert werden. Dabei helfen diverse „Poison Pills", d. h. Vorkehrungen zur Abschreckung wie Kapitalerhöhung, Stiftungsgründung, Ankerinvestor etc.

Denkbare Formen für **Mergers & Acquisitions** (M&A) speziell junger Unternehmen sind vor allem folgende. Die absichtsvolle **Ausgründung** aus einem bestehenden Unternehmen (Spin-off) erfolgt bei Großunternehmen häufig zur Konzentration auf die Kernkompetenz, z. B. bei Bayer – Lanxess/Covestro, Siemens – Infinity/Osram, RWE – Innogy, E.ON – Uniper, aber auch für mehr Freiraum im Management oder auf Druck aktivistischer Investoren, welche das Großunternehmen als Ganzes bilanziell für geringer bewertet halten als die Marktwerte seiner betrieblichen Einzelteile (Differenzen entstehen hier durch stille Reserven, deren Hebung ggf. mit Steuernachzahlungen verbunden ist).

Spezielle **Wachstums-Buy-outs** als Beteiligungen von Konzernen an jungen Unternehmen erfolgen, um deren Innovationskraft für den Konzern zu nutzen, was freilich wegen kultureller Differenzen selten von Erfolg gekrönt ist, sondern meist zum Erlahmen des Elans beim Start-up und zur Selbstbestätigung der Verwalter im Konzern führt. Dafür kann seitens der Gründer zumindest eine lukrative Prämie kassiert werden.

Management-Buy-outs (MBOs) kommen durch das bestehende Management auf Basis von Fremdfinanzierung zustande. Bisherige Führungskräfte werden so zu Teilhabern „ihres" Unternehmens, wodurch deren Know-how weiter genutzt wird, sie zugleich aber wesentlich motivierter ans Werk gehen lässt. So verwirklichen erfahrene Manager ihren späten Traum von der Selbstständigkeit.

Management-Buy-ins (MBIs) kommen durch Hineinkauf eines externen Managements in ein bestehendes Unternehmen zustande (meist in Form von kreditfinanzierten Leveraged Management-Buy-outs/ins). Die Umsetzung erfolgt durch

- Asset Deals als Erwerb von Vermögensgegenständen des Unternehmens durch die neuen Teilhaber/Inhaber,
- Share Deals als Erwerb von Kapitalanteilen am bestehenden Unternehmen durch diese,
- Fusion Deals als Erwerb und Verschmelzung mit einer bestehenden Unternehmenseinheit,
- Step Deals als kombinierter Erwerb von Vermögensgegenständen und Kapitalanteilen.

Beteiligungen für Mitarbeiter „der ersten Stunde" oder Leitende Angestellte erfolgen, um deren Verdienste für das Unternehmen zu honorieren (z.B. als Stock Options, d.h. vergünstigter Bezug von Firmenanteilen). Dies soll häufig anfängliche systematische Unterbezahlungen der Angestellten bzw. grenzwertige Arbeitsüberlastungen legitimieren, die sich für diese aber nur bei Erfolg auszahlen. Ansonsten sind die verbleibenden Risiken individuell zu tragen. Hilfreich ist ein solcher sog. Employee Stock Ownership Plan, wenn wenig Startkapital zur Verfügung steht, man aber dennoch High Potentials an das Unternehmen binden will. Wichtig ist dabei, die Detailkonditionen zu klären (Verweilzeit im Unternehmen, Mindesthaltezeit der Anteile, Kaufkurs und -menge, Staffelung, Exitregelung etc.).

 Arbeitsschritte bei einer Beteiligung/Übernahme

- Vorstellung des Businessplans, Vorentscheidung über Fortsetzung des Projekts, Erstkontakt und Vor-Ort-Besichtigung, Abschluss einer Vertraulichkeitserklärung (Non Disclosure Agreement).
- Gemeinsame Absichtserklärung (Letter of Intent), Strukturierung des Projekts, Detailprüfung der Situation (Due Diligence), Projektbewertung, Ermittlung von Kaufpreisobergrenzen, gesellschafts- und steuerrechtliche Konzeption, Memorandum of Understanding, Projektion der Unternehmensplanung.
- Abschluss eines Vorvertrags (Term Sheet) mit Kontroll-, Informations- und Mitspracherechten, Haftungsbeschränkungen der Vertragspartner, Inhalt und Ausmaß der Managementunterstützung, Gewinnausschüttungen/Aktienoptionen, Bindungsdauer bis zum Exit, Kündigungsrechten.
- Vertragsverhandlungen, Festlegung der Finanzierungsstruktur, Beschaffung der Finanzierungsmittel, Tilgungsplan, Renditeberechnung, laufende Unterstützung und Steuerung, Vertragsabschluss (Signing), Festlegung und Erfüllung der Exitkriterien.

■ 14.2 Bewertungsfragen

Nicht nur bei M&As, sondern auch bei Erbauseinandersetzung, Emissionskursfestlegung etc., vor allem aber bei der **Geschäftsübernahme** in Form von Kauf oder Pacht, stellt sich jeweils die Frage der **Unternehmensbewertung**. Für dieses ausgesprochen komplexe Vorhaben stehen im Grundsatz vier Verfahren zur Verfügung (siehe Bild 14.3).

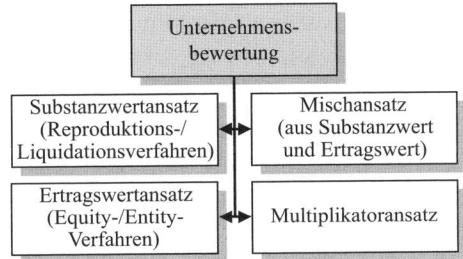

Bild 14.3 Verfahren zur Unternehmensbewertung

Der **Substanzwertansatz** strebt eine Addition bzw. Saldierung der Einzelbewertungen aller Vermögens- und Schuldentitel des jungen Unternehmens an. Dabei werden zwei Ansätze verfolgt:

- Dem **Reproduktionsverfahren** liegt die gedachte Neuerstellung des Unternehmens auf der Basis aktueller Wiederbeschaffungskosten und mit dem Zeitwert angesetzter immaterieller Güter zugrunde. Dazu werden alle betriebsnotwendigen Aktiva und Passiva bewertet, addiert und saldiert. Basis sind also die Investitionen, die erforderlich wären, um ein Unternehmen gleicher Art neu zu errichten.

- Dem **Liquidationsverfahren** liegt die Unterstellung der Auflösung des Unternehmens zu den jeweils aktuellen Zeitwerten zugrunde. Dabei stellt sich vor allem die Frage der Bewertung immaterieller Unternehmenswerte, die häufig den weitaus größten Teil des Vermögens ausmachen.

Der Substanzwertansatz ist vergleichsweise operational in der Ermittlung und kommt zu einer sehr konservativen, also tendenziell niedrigen Wertfassung.

Der **Ertragswertansatz** zielt auf die Erhebung der Fähigkeit des Unternehmens zur zukünftigen, dauerhaften Gewinnerzielung ab. Dazu werden die bisher erzielten Gewinne und die zukünftig für erzielbar gehaltenen Gewinne zum Barwert diskontiert und um den Liquidationswert des nicht betriebsnotwendigen Vermögens erhöht. Zunächst erfolgt dazu die Feststellung des durchschnittlichen Gewinns, aufgewichtet mit steigender Gegenwartsnähe. Davon werden kalkulatorischer Unternehmerlohn bzw. Ausschüttung an Anteilseigner sowie Zinskosten für Fremdkapital und Eigenkapital plus Risikoprämie (Rücklage) abgezogen. Daraus entsteht der Übergewinn, dieser wird über die Laufzeit, während der vom Unternehmenswert gezehrt werden soll, abgezinst. Für die Diskontierung werden im Einzelnen zwei Ansätze verfolgt (die recht komplex sind und daher hier nur stark verkürzt dargestellt werden können):

- Das **Equity-Verfahren** (Nettomethode) basiert nur auf dem Zinssatz der Eigenkapitalkosten. Zur Errechnung dient das DCF-Verfahren (Discounted Cash-Flow), dieses basiert auf einem Mischzins (Weighted Average Cost of Capital/WACC) zwischen Marktzins für Eigenkapital plus Risikoaufschlag und Fremdkapitalkosten. Zu berücksichtigen sind die prognostizierten Free Cash-Flows (FCF), die als Barwert auf den Gegenwartswert diskontiert werden. Als FCF werden die liquiden Mittel bezeichnet, die ein Unternehmen nach Eigenkapitaldienst (Ausschüttungen) und Fremdkapitaldienst (Zinsen/Tilgung) schafft. Der Free Cash-Flow wird dann als ewige Rente aufgefasst und entsprechend kapitalisiert. Das nicht betriebsnotwendige Vermögen wird davon abgezogen.

- Das **Entity-Verfahren** (Bruttomethode) basiert auf der dynamisch errechneten positiven Differenz aus Marktwert des Gesamtkapitals und Marktwert des Fremdkapitals. Der Marktwert des Gesamtkapitals ergibt sich als Barwert aller zufließenden Zahlungsströme bei unterstellter vollständiger Eigenfinanzierung nach Steuern. Anwendung findet es vor allem als Adjusted-Present-Value-Variante (APV) durch Abzug der Nettofinanzverbindlichkeiten vom Unternehmensgesamtwert sowie als Total-Cash-Flow-Variante (TCF), wenn eine marktwertorientierte Finanzierung vorliegt.

Der Ertragswertansatz ist vergleichsweise kompliziert in der Ermittlung, kommt aber innerhalb seiner Restriktionen zu gangbaren Ergebnissen, die eher am oberen Ende des Möglichen liegen.

Der **Mischansatz** (Stuttgarter Verfahren) sucht ein Mittel zwischen Substanzwert als Untergrenze einerseits und Ertragswert als Obergrenze des Unternehmenswerts andererseits zu finden. Insofern entsteht ein hoher Aufwand, weil zuerst die Werte nach beiden Verfahren zu ermitteln sind und diese dann angemessen gemittelt werden müssen. Dafür wird ein vernünftiger Kompromiss der Bewertungen erreicht.

Der **Multiplikatoransatz** (Financial Multiples) geht demgegenüber statistisch anhand von Kennzahlen vor. Diese werden dann mit einem Multiplikator versehen, der sich aus Erfahrungswerten vergangener Transaktionen ergeben hat. Dabei werden Besonderheiten wie Länder, Unternehmensgrößen, -alter, Branchen, Markt-, Wettbewerbsverhältnisse etc. durch Auswahl der historischen Referenzwerte oder rechnerische Anpassungen berücksichtigt. Als Kennzahlenbasis dienen üblicherweise folgende Größen:

- Earnings after Taxes (**EAT**/Gewinn nach Abzug von Steuern),
- Earnings before Taxes (**EBT**/Gewinn vor Abzug von Steuern),
- Earnings before Interest and Taxes (**EBIT**/Gewinn vor Zinssaldo und Steuern = operativer Gewinn aus laufendem Geschäft),
- Earnings before Interest, Taxes, Depreciation and Amortisation (**EBITDA**/Gewinn vor Zinsen, Steuern, Abschreibungen auf materielle und immaterielle Anlagen), dies versucht weitgehend, die Bilanzpolitik als legale Gestaltung der Aktiva und Passiva zu neutralisieren.

Ein Problem liegt hier in der Hebelwirkung ungenauer Kennzahlen durch Multiplikation auf den Unternehmenswert. Dafür bietet sich ein pragmatischer Ansatz zur Wertermittlung, der zumindest als Verhandlungsbasis taugt.

Das Manko aller Ansätze ist jedoch, dass es einen objektiven Wert schlechthin nicht gibt, sondern der Preis sich nur aus dem ergibt, was einem Investor ein junges Unternehmen subjektiv wert ist. Der Wert bemisst sich also nicht aus welchen Berechnungen auch immer, sondern nur spezifisch aus Angebot und Nachfrage. Insofern können die Ansätze nur als Anhaltspunkte zur Wertermittlung dienen. Gerade bei New-Economy-Unternehmen werden geradezu astronomische Preise allein aus individuellen Werterwartungen heraus gefordert und auch bezahlt.

Im Regelfall wird dabei nicht einmal der aktuelle Unternehmenswert zugrunde gelegt, denn zu diesem wäre auch Fremdkapital zu günstigen Konditionen durch Kreditinstitute verfügbar, ohne dass Eigenkapitalanteile abgegeben werden müssten. Sondern es geht um den Potenzialwert, den eine Neugründung mittelfristig (Drei- bis Fünfjahressicht) erreichen kann und von dessen Wertzuwachs gegenüber dem Status quo sowohl Gründer als auch Investoren profitieren wollen. Dazu müssen konkretisierte Wachstumsinhalte identifiziert werden.

■ 14.3 Wachstumsinhalte

In Bezug auf die Wachstumsinhalte eines jungen Unternehmens können vor allem drei Quellen festgestellt werden, erstens die Marktdurchdringung, zweitens die Diversifikation und drittens die Internationalisierung.

In Bezug auf die **Marktdurchdringung** geht es um bestehende oder verwandte Produkte auf bestehenden oder verwandten Märkten, die als Absatzquelle für Wachstum dienen. Häufige Optionen sind dabei folgende:

- **Mehrabsatz** kann durch Aktivierung verstärkter Nachfrage erfolgen, aber auch, ethisch verwerflich, aber praktisch verbreitet, durch künstliche, funktionale, soziale oder technische Veralterungen (Planned Obsolescence) der Produkte.

- **Kundenlieferanteil** durch Erhöhung des eigenen Lieferanteils bei Abnehmern, bis hin zur Exklusivlieferung (Single Sourcing), wie sie im B-to-B-Bereich verbreitet Standard ist. Zumeist kann ohnehin das beste Neugeschäft mit bestehenden Kunden gemacht werden.

- **Kundenabhängigkeit** durch erzwungene Gebundenheit von Nachfragern auf technischer, wirtschaftlicher, vertraglicher, spezifischer oder institutioneller Basis sowie freiwillige Verbundenheit auf Basis von Präferenz oder Gewohnheit.

- **Kundenreaktivierung** durch Aktualisierung des Bedarfs bestehender, aber gemessen am durchschnittlichen Wiederkauf- oder Ergänzungskaufzyklus inaktiver Kunden. Dies kann mit gleichen oder veränderten Angeboten erfolgen. Hier kann ein Informationsvorsprung aus der Kundenbeziehung genutzt werden.

- **Konkurrenzverdrängung** durch Nutzung der Umsätze der Wettbewerber als primäre Absatzquelle (Eroberungen). Dies ist allerdings ein schwieriges Unterfangen, da die Mitbewerber ihre Kunden davor zu schützen versuchen werden.

- **Aufstiegskäufe** durch Generierung nicht von mehr Kaufakten, sondern je Kaufakt wertigeren Umsätzen. Dies ist etwa im Rahmen einer „Produktkarriere" bei außengeleitetem Konsum oder bei innengeleiteter Belohnung der Fall. Dies setzt freilich eine entsprechende Programmtiefe bzw. -breite voraus.

- **Cross-Selling** durch Generierung von Kaufakten bei bestehenden Kunden für andere Programmteile als den bisher aktivierten. Dabei kann das bereits aufgebaute akquisitorische Potenzial genutzt werden. Dies bezieht sich vor allem auf nachfragerseitiges Vertrauen und anbieterseitige Reputation.

- **Systemwechsel**, d. h. Motivierung von Nachfragern zu einem Wechsel vom fremden zum eigenen Angebotssystem, wenn zwei oder mehr Problemlösungssysteme parallel am Markt bestehen. Insofern ist hier zunächst eine generische Argumentation erforderlich.

- **Komplementärangebot**, d. h. Anhängen an Trends durch ein verwechslungsfähiges eigenes Angebot, das Preis- oder Leistungsvorteile bietet oder einfach nur die Auswahlvarietät am Markt erhöht. Insofern wird eine Me-too-Positionierung angestrebt.

Unter **Diversifikation** versteht man das Angebot von für das Unternehmen neuen Produkten auf für das Unternehmen neuen Märkten. Ziel ist dabei die Nutzung von Gewinnkumulations- und Risikoausgleichseffekten. Tatsächlich bedingt eine Chancenmehrung immer auch eine Gefahrenmehrung. Ob dann noch eine Gefahrenkompensation gelingt, ist fraglich. Vor allem aber kann es zur Verzettlung der Aktivitäten kommen, die sich in Komplexitätskosten materialisiert. Dabei stellen sich eingerechnete Synergien häufig nur als Synergiepotenziale heraus, deren Hebung oftmals faktisch scheitert. Daher gibt es gemeinhin einen Diversifikationsabschlag in der Unternehmensbewertung. Wann es sich genau um Diversifikation handelt und wann nicht, ist definitorisch strittig. Im Allgemeinen wird dazu das Angebot zu den bestehenden Produkten verschiedenartiger Produkte auf für das Unternehmen bisher nicht bearbeiteten Märkten verstanden (heterogen). In abgemilderter Form kann es sich aber auch um das Angebot von für das Unternehmen neuen Produkten auf bestehenden Märkten bzw. das Angebot von bestehenden Produkten auf für das Unternehmen neuen Märkten handeln (homogen).

Die **Internationalisierung** soll Marktchancen jenseits der Nationalstaatsgrenzen nutzen. Dazu sind folgende Entscheidungen erforderlich. Die **Marktwahl** betrifft die Bestimmung des oder der ausländischen Märkte für Aktivitäten. Zur Auswahl können verschiedene Kriterien angelegt werden. Zu deren Beurteilung bieten sich vielfältige Informationsquellen an (z. B. BRS-Index). Als zentral wird dabei die Eingrenzung der Marktrisiken angesehen.

Die **Marktbearbeitung** betrifft die Wahl der Zeitabfolge bei zwei und mehr Märkten sukzessiv („Wasserfall") oder simultan („Sprinkler") sowie die Wahl der Raumabfolge nach räumlicher Ballung („Lead Country") oder wahlweise Streuung („Opportunity"). Die Vor- und Nachteile der jeweiligen Vorgehensweise verhalten sich spiegelbildlich und betreffen im Wesentlichen gegenläufig die Nutzung von Erfahrung einerseits und die Nutzung von Zeitvorteil andererseits.

Die **Markteintrittsform** legt eine Internationalisierung durch Export oder dauervertragliche Bindung, beides in verschiedenen Formen, letztlich im Zeitablauf auch durch Direktinvestition fest. Der Export kann direkt oder indirekt, also über zwischengeschaltete Akteure im Ausland, erfolgen. Denkbar sind auch Be- und Verarbeitungen im Ausland mit Reimport nach Veredelung in das Inland oder Kompensationsgeschäfte als Warentausch (Bartering in verschiedenen Formen). Dauerverträge erfolgen durch Lizenzvergabe bzw. -nahme oder durch Kooperation. Direktinvestitionen erfolgen durch Alleingründung, Gemeinschaftsgründung (Joint Venture) oder Beteiligung/Übernahme.

Die **Marktführung** zielt auf die Konzeption des Marktes als Standardisierung (ethno-/geozentral) oder Differenzierung (poly-/regiozentral) ab. Diese wird als wesentlich von der Landeskultur abhängig angesehen. Problematisch ist dabei die Operationalisierung dieses theoretischen Konstrukts, die nur anhand von Indikatoren erfolgen kann. Standardisierung bedeutet, dass die Konzeption vom Heimatmarkt auf den oder die Auslandsmärkte übertragen bzw. ein kohärentes Konzept für alle relevanten Märkte erstellt und eingehalten wird. Differenzierung bedeutet, dass die Konzeption für jeden Auslandsmarkt bzw. Ländergruppen (wie D-A-CH, EMEA, APAC etc.) getrennt entwickelt wird.

 Naturgemäß ist Wachstum das primäre Ziel jedes jungen Unternehmens. Dies ist jedoch angesichts restriktiver betrieblicher Umfelder, häufig geringer Nachfragedynamik und harten Verdrängungswettbewerbs alles andere als ein Selbstläufer. Daher bedarf es eines genauen, vergleichenden Durchdenkens sich bietender Optionen.

15 Mit Krisen rechnen und Worst-Case-Plan entwickeln

 Erhebliche Gefahren bestehen vor allem im frühen Stadium der Existenz. Hier laufen hohe Anlaufverluste auf, die leicht zu einer Überschuldung des jungen Unternehmens führen können, die wiederum bei Kapitalgesellschaften zur Insolvenzanmeldung zwingt, sofern es sich dabei nicht nur um einen vorübergehenden Zustand handelt. Wird die Anmeldung unterlassen und scheitert das junge Unternehmen, entsteht nicht nur eine Haftung mit dem Privatvermögen, die eigentlich durch die Form einer Kapitalgesellschaft vermieden werden soll, sondern auch ein Straftatbestand. Bei Einzelunternehmern und Personengesellschaften droht zudem die Gefahr der Illiquidität, d.h., das junge Unternehmen ist durch zögerlichen Umsatzaufbau und hohe laufende Kosten nicht mehr in der Lage, seinen Zahlungsverpflichtungen betragsgenau und zeitgetreu nachzukommen. Dann kann jeder Gläubiger, und hier handelt es sich zumeist um öffentliche Gläubiger wie die Sozialkassen, die Einleitung eines Insolvenzverfahrens beantragen, an dessen Ende, sofern keine anderweitige Regelung vereinbart werden kann (Moratorium/Stundung, Schuldenschnitt/Haircut), die Auflösung des jungen Unternehmens steht. Um dies abzuwenden, steht ein umfangreicher Maßnahmenkatalog zur Verfügung (siehe Pepels 2017b).

■ 15.1 Ad-hoc-Aktivitäten

Zur raschen Reaktion ist an zahlreiche Ad-hoc-Aktivitäten zu denken. Dazu gehören folgende (vgl. Pepels 2011, S. 208 ff.).

Die Senkung der Sicherheitsbestände im Wareneingangslager führt zu einem Kapitalfreisetzungseffekt. Denn Warenvorräte binden Umlaufvermögen. Zwar ist es nicht schlecht, immer Sicherheitsreserven im Lager vorzuhalten, im Falle einer akuten Krise ist Liquidität aber wichtiger. Vielleicht kann mit Lieferanten vereinbart werden, Konsignationsläger einzurichten, d.h., die Ware im Lager bleibt bis zur Entnahme im Eigentum der Lieferanten. Eine Bezahlung wird damit erst bei dieser Entnahme fällig. Dadurch kann unnötige Kapitalbindung im Lager vermieden und dennoch ein stetiger Nachschub gewährleistet werden. Alternativ dazu sind Abrufaufträge bei Lieferanten möglich. Dazu wird ein Rahmenvertrag geschlossen, der ein bestimmtes Transaktionsvolumen fixiert, das aber „just in time", also terminsynchron zum Bedarf, mit einer gewissen Vorlaufzeit abgerufen wird. Auch dadurch kann die Liquiditätssituation verbessert werden.

 Ad-hoc-Aktivitäten zielen darauf ab, möglichst schnell die Liquidität zu erhöhen. Hierzu gibt es zwei Stellhebel: Kosten reduzieren und Erlöse erhöhen. Was sich wie anbietet, ist letztlich von der individuellen Situation abhängig.

Da Fixkosten zeitabhängig sind, bedeutet eine Verkürzung der Durchlaufzeiten in Produktion und Verwaltung eine bessere Verteilung dieser Kosten pro Stück und damit eine niedrigere zur Kostendeckung erforderliche Preisuntergrenze. Diese füllt wiederum die Kapazitäten. Einer der wesentlichen Kostentreiber ist Komplexität. Eine wichtige Ursache dafür ist unnötige Versionsvielfalt (Programmtiefe). Eine Reduktion kann hier Overheads vermeiden und kompetitive Preise zulassen. Durch Modularisierung (kompatible „Produktbausteine"), Plattformen (gemeinsame Fertigungsbasis), Gleichteile oder Postponement (lange Standardisierung bei kurzer Differenzierung im Prozessablauf) kann dennoch eine erforderliche Vielfalt dargestellt werden. In der Produktion gibt es generell ein Dilemma zwischen Stückkostendegression einerseits und Komplexitätskostenprogression andererseits. Für eine Effizienzsteigerung ist daher die Optimierung der Losgrößen näherungsweise im Kostenminimum hilfreich, also weder zu kleine, suboptimale noch zu große, risikoreiche Losgrößen.

Häufig sind mangelnde Kapazitätsabstimmungen Ursache für vermeidbare Kosten. Dem kann durch eine Planung vorwärts entlang der Lieferkette (Supply Chain), auch gemeinsam mit Kunden entgegengewirkt werden. Dazu ist eine hohe informationelle Vernetzung erforderlich.

 Lean Management ist ein ganzheitlicher Ansatz und zielt darauf ab, Verschwendung zu vermeiden und Prozesse zu optimieren. Methoden wie 5-S oder die Einführung von Standardprozessen können helfen, hier auch kurzfristig entsprechende Erfolge zu erzielen.

Ein großes Erlöspotenzial liegt in der Durchsetzung von Preiserhöhungen am Markt. Denn es steht zu vermuten, dass mehr Gewinnspielraum durch nicht ausgeschöpfte Preisbereitschaften vergeben wird als durch noch nicht realisierte Kosteneinsparungen.

Das Bundling von Einzelleistungen in Paketen eröffnet die Chance auf Zusatzumsätze. Dabei ist vor allem an die Kopplung von verschiedenen Produkten (Cross-Selling) oder von Basisleistung und Zusatzleistungen (Add-ons) zu denken.

Die Einholung von Bonitätsauskünften über Abnehmer verringert die Gefahr letztlich uneinbringlicher Forderungen durch Anhaltspunkte über die Zahlungsfähigkeit und -willigkeit von Kunden.

Eine Verkürzung der Zahlungsziele führt dazu, dass dem Unternehmen liquide Mittel frühzeitiger und insgesamt länger zur Verfügung stehen. Dies schont die Kreditlinien und verbessert die Bilanzrelationen. Fraglich ist allerdings, ob eine solche Zahlungszielverkürzung durchsetzbar ist.

Die Bereinigung des Produktionsprogramms bewirkt eine Konzentration auf die erfahrungsgemäß 20 % aller Produkte, die für, idealtypisch, 80 % aller Erträge stehen (Pareto-Regel). Dabei können auch eliminierte Produkte noch zu Geld gemacht werden, etwa über Lizenzvergabe, Markenverkauf, Lohnproduktion etc.

Die Gewährung freiwilliger Garantien vermindert gerade bei Neukunden deren wahrgenommenes Risiko und begünstigt somit die Erteilung von Probeaufträgen. Diese können mit einem Rückgaberecht verbunden werden, sodass die Absatzbasis verbreitert werden kann.

Denkbar ist auch die Akzeptierung einer erfolgsabhängigen Bezahlung (Pay on Performance). Dies vermindert einerseits das Risiko für Marktpartner und ist andererseits ein wichtiges Signaling der eigenen Leistungsfähigkeit und -willigkeit. Hinzu kommt bei Gebrauchsgütern die Möglichkeit einer nutzungsabhängigen Bezahlung (Pay per Use), d. h., es wird nicht mehr die Potenzialbereitstellung honoriert, sondern deren tatsächlicher Gebrauch.

Oft haben Kunden kein Budget/keine Kaufkraft, um nennenswerte Erlöse zu generieren. Dann ist zu überlegen, ob Tauschgeschäfte eingegangen werden können (Bartering). Eventuell verfügen potenzielle Abnehmer über werthaltige Objekte, die im eigenen Unternehmen benötigt oder an andere Unternehmen gegen Entgelt weitergegeben werden können. Dazu gehören vor allem Inzahlungnahmen von Altwaren.

Bei geforderten Preisnachlässen ist eher auf Naturalrabatte als Geldrabatte abzuheben, denn diese haben eine um die eigene Gewinnspanne höhere Wertanmutung. Gegenüber Rabatten sind wiederum Boni, also nachschüssig gezahlte Erstattungen oder Gutschriften, wegen des damit verbundenen Zinseffekts zu bevorzugen.

Zentral ist eine schnellstmögliche Rechnungsstellung, denn jeder Tag Verzug gegenüber der Auslieferung von Waren strapaziert die eigene Liquidität und bringt Zinsverluste. Durch Straffung der Prozesse im Rechnungswesen und engere informationelle Ankopplung sind die Voraussetzungen dafür zu schaffen.

Denkbar ist die Anmietung von Transporteinrichtungen statt des Eigenbetriebs. Damit werden durch Unterauslastung bedingte Leerkosten weitgehend vermieden, und die Kapitalbindung verringert sich. Zudem sind die Konditionen frei verhandelbar und auch Spezialauslegungen von Transportmitteln nutzbar. Ebenso ist die Anmietung von Lägern statt des Eigenbetriebs zur Vermeidung von Leerkosten und Kapitalbindung sinnvoll. Zudem können abnehmernahe Standorte genutzt werden, wodurch sich der Servicegrad erhöht und vor allem die Lieferzeiten verkürzen (Kundenzufriedenheit, Liquiditätseffekt).

Konsequent ist eine Lieferung nur gegen Vorkasse oder Anzahlung (à conto) bzw. Abschlagszahlung oder mit Warenversicherung. Damit wird im Falle eines Zahlungsausfalls von Kunden wenigstens noch ein Kostendeckungsbeitrag realisiert, und mit dem Pränumerando-Erlös kann im Unternehmen produktiv gearbeitet werden.

 Treiben Sie Forderungen konsequent ein! Sollte Ihre Existenz gefährdet sein, seien Sie auf keinen Fall bei Mahn- und Inkassoverfahren zurückhaltend.

Im B-to-B-Sektor besteht außerdem keine rechtliche Notwendigkeit zur Mahnung, vielmehr gerät der Geldschuldner (Kunde) mit Fälligkeit der Rechnung automatisch in Verzug.

Eine Intensivierung der produktbegleitenden Dienstleistungen gegen Entgelt führt zu Zusatzerlösen. Häufig sind Abnehmern Art und Umfang der angebotenen Services nicht genügend präsent, sofern diese nutzenstiftend sind, generieren sie jedoch eine relevante Preisbereitschaft bei ihnen, die auch erforderlich ist, um die damit verbundenen Kosten abzudecken. Unbedingt zu versuchen ist, bisherige Inklusivleistungen getrennt abrechenbar zu machen. Dies ist schwierig, bei einer entsprechenden Neukonfiguration des Angebots (Mehrwertleistungen) aber machbar (etwa durch Preisbaukästen). Dadurch können zusätzliche Erlöse generiert werden.

Eine Verlängerung der Zahlungsziele mit Lieferanten ist das Mittel der ersten Wahl. Lieferanten dürfte eine spätere Zahlung immer noch lieber sein als ein möglicher Zahlungsausfall. Jeden Tag, den man das Zahlungsziel hinauszögern kann, bedeutet über weniger Cash-Drain einen besseren Liquiditätsstatus. Entgegen sonstiger Praxis ist auch die Ausnutzung von Zahlungszielen statt einer Skontoinanspruchnahme zweckmäßig. Zwar entgehen damit Zinsvorteile, aber gerade wenn Kreditlinien bereits ausgeschöpft sind oder das Zinsniveau niedrig ist, kann durch Zahlungsziele der Verbleib liquider Mittel im Unternehmen überlebenswichtig verlängert werden.

Naheliegend ist das Outsourcing von IT-Leistungen, weil dies für die wenigsten Unternehmen eine Kernkompetenz darzustellen scheint. Allerdings ist hier Vorsicht geboten, denn in einer Wissensgesellschaft ist Information immer kernkompetenzrelevant, und einmal outgesourcte Aktivitäten sind gerade bei raschem technischem Fortschritt später nur schwer wieder rückholbar. Alternativ dazu kann versucht werden, die IT intern effizienter zu organisieren. Hier sind die Kosten von Updates, Reorganisationen und Neukonfigurationen gegen die kurzfristigen Einsparungen daraus zu rechnen. Mittelfristige Amortisationszeiten sind hingegen nunmehr sekundär.

Eine wichtige Maßnahme betrifft die Umstellung von Anreizsystemen beim Personal auf Liquiditätsziele, vor allem bei Mitarbeitern mit Kundenkontakt (Frontline Staff). Stellgrößen sind etwa die Vermeidung von Erlösschmälerungen, die Forcierung von Barverkäufen oder die Kürzung von Zahlungszielen.

Denkbar ist auch, wie früher üblich, einheitliche Betriebsferien einzuführen. Dadurch kann die Beschäftigung gestreckt werden, zudem können unvermeidliche Wartungs-, Inspektions- und Instandsetzungsarbeiten rationell durchgeführt werden.

 Monetäre Einbußen sind bei Mitarbeitern nicht unbedingt populär. Doch wenn Sie transparent und nachvollziehbar entsprechende Maßnahmen begründen, die Mitarbeiter den Sinn der Maßnahmen verstehen, können Sie mit der Unterstützung der meisten Mitarbeiter rechnen.

Eventuell ist auch die Vereinbarung unbezahlten Urlaubs möglich. Sofern Überstunden durch Freizeit abgegolten werden (Arbeitszeitkonten), sind der Abbau aufgelaufener und die Vermeidung zusätzlicher Überstunden anzustreben. Dadurch wird das Liquiditätspolster geschont. Sofern dies nicht ausreicht, muss Kurzarbeit eingeführt werden. Dies ist allerdings abhängig von tarif- und sozialrechtlichen Bedingungen, bei Anmeldung kann immerhin ein mehr oder minder großer Ausgleich von Einbußen bei Beschäftigten über die Zahlung von Kurzarbeitergeld durch die Agentur für Arbeit erreicht werden.

Übertarifliche, freiwillige Gehaltszulagen sind situationsbedingt zu kürzen. Zwar mag dies die Motivation der Beschäftigten vermindern, aber vor die Wahl gestellt, den Arbeitsplatz durch Bestehen auf solche Gehaltszulagen aufs Spiel zu setzen oder durch teilweisen oder zeitweisen Verzicht darauf die Chance auf den Arbeitsplatzerhalt zu bessern, entscheiden sich Arbeitnehmer erfahrungsgemäß für letzteres (Gewerkschaften sehen das häufig anders, spielen aber bei Start-ups kaum eine Rolle).

Eine naheliegende Maßnahme ist das Einfrieren von Löhnen und Gehältern, die Beträge kommen dann der Gesundung des jungen Unternehmens zugute. Untergrenzen ergeben sich aus Flächentarifvertrag und (Mindestlohn-)Gesetz. Wo bereits vorhanden, ist auch eine Kappung der betrieblichen Altersversorgung angezeigt. Es kann auch ein freiwilliger Lohn-/Gehaltsverzicht vereinbart werden, nicht aber unter dem gesetzlichen Mindestlohn. Flexibilität kann auch durch Austritt aus dem Tarifvertrag zu erreichen gesucht werden.

Durch Forderungsverkauf können zum einen auch (zumindest anteilig) zweifelhafte Forderungen liquidiert werden, und zum anderen kann „Zeit gekauft" werden, indem dem Unternehmen liquide Mittel vorzeitig zur Verfügung stehen. Dafür müssen Rechnungsbetragsabschläge für Zinsdiskont, Gebühren und Risikoprämie hingenommen werden.

In betriebsnotwendigen Anlagen gebundenes Kapital kann im Sale-and-Lease-Back-Verfahren monetarisiert werden. Dazu werden diese Anlagen an Leasing-Unternehmen verkauft und anschließend von diesen wieder zurückgemietet. Auf diese Weise können sie im Betrieb genutzt werden und setzen dennoch Kapital frei, das als Liquidität anderweitig dringend für Investition oder Verbrauch benötigt wird. Bei nicht betriebsnotwendigen Vermögensgegenständen ist unbedingt ein Verkauf anzustreben. Denn diese binden Kapital, ohne produktiv zu sein. Häufig handelt es sich dabei um Gebäude und Grundstücke, die derzeit nicht genutzt werden. Denkbar sind auch deren Verpfändung (Beleihung) oder Sicherungsübereignung.

Ein Ausgabenstopp sorgt dafür, dass der Liquiditätsabfluss abgestellt und damit kontrollierbar wird. Denkbar ist auch, dass Ausgaben ab einer definierten niedrigen Mindesthöhe der Zustimmung durch die Gründer bedürfen und ansonsten zu unterbleiben haben. Technisch vergleichsweise gut durchsetzbar ist eine globale Minderausgabe, d. h. eine lineare Budgetkürzung. Sich auf Einzeldiskussionen einzulassen, wessen Budget „wertvoller" ist als das eines anderen und damit von Kürzungen verschont bleiben sollte, ist hingegen unergiebig. Außerdem ist die Erstellung eines kontinuierlichen Liquiditätsstatus (Cash Forecast) unerlässlich.

 Sie sollten mit Ihren Kreditoren unbedingt über eine Stundung der Kredite verhandeln (Moratorium). Dies kann etwa durch Tilgungsaussetzung erfolgen. So erhalten Ihre Gläubiger zumindest laufende Zinszahlungen und können die Hoffnung hegen, auch die ausstehenden Tilgungen zu erhalten, sobald Sie die Krisensituation überwunden haben.

Einen Schritt weiter geht der Krediterlass (Schuldenschnitt). Dies ist vor allem erforderlich, wenn die Bilanzrelationen eine Überschuldung anzeigen, Verbindlichkeiten also dringend abgebaut werden müssen. Auch hier dominiert gläubigerseits die Hoffnung auf spätere Gesundung und damit zumindest Teilrückzahlung.

Vor allem in Zeiten günstiger Kreditzinsen ist mit Banken eine Umschuldung zu verhandeln, um teure alte Kredite durch billigere neue abzulösen. Dafür entstehen allerdings Vorfälligkeitsentschädigungen, wenn kein Sonderkündigungsrecht besteht. Möglich ist auch eine Fristentransformation, d. h. aus kurzfristigen Verbindlichkeiten werden mittel- bis langfristige.

Als probates Mittel kann ebenso eine Kapitalaufstockung gelten. Diese erfolgt aus dem bestehenden Eigentümerkreis oder durch Aufnahme neuer Teilhaber. Naturgemäß leidet in Krisenzeiten der Wert der Assets, sodass die Gefahr besteht, diese unter Wert abgeben zu müssen. Dadurch fließt jedoch frisches Geld in das junge Unternehmen, und die Bilanzrelationen kommen in Ordnung.

■ 15.2 Maßnahmenkatalog

Die beste Frühkrise ist aber zweifellos diejenige, die gar nicht erst eintritt. Dafür ist es erforderlich, Präventionsmaßnahmen vorzusehen. Diese beziehen sich vor allem auf folgende Ansätze (siehe Bild 15.1). Die **Frühwarnung** beruht auf der frühzeitigen Erfassung negativ tangierender Ereignisse im Unternehmensumfeld, um daraus Reaktionsspielraum für Entscheide zu gewinnen. Sie basiert im Einzelnen auf Abweichungen zwischen Ist- und Sollkennzahlen. Die Reaktion kommt jedoch womöglich zu spät, da die Abweichung bereits eingetreten ist.

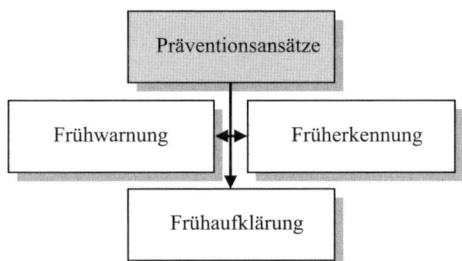

Bild 15.1 Präventionsansätze

Die **Früherkennung** arbeitet daher auf Basis vorlaufender Indikatoren, die relevante Umfeldbereiche repräsentieren, die für Krisen ursächlich sein können. Problematisch ist jedoch die Identifizierung solcher belastbaren Indikatoren mit genügendem zeitlichem Vorlauf zum zu indizierenden Ereignis. Diese müssen zudem gut zugänglich (messbar) und konkreten Konsequenzen zurechenbar sein (z. B. Grundschuldzinsen als Frühindikator für die Bauwirtschaft).

Frühaufklärung beruht auf der frühzeitigen Identifikation von Risiken und Chancen anhand schwacher Signale (Weak Signals), d. h. zwar geringfügiger Veränderungen, die aber sensibel erfasst und als Vorläufer für fundamentale Änderungen interpretiert werden. Dies erlaubt dann eine Reaktion mit vergleichsweise großem zeitlichem Vorlauf. Allerdings bleibt unklar, was nur Zufallserscheinung ist und was wirklich schwaches Signal, sodass die Zurechnung von Konsequenzen letztlich fraglich bleibt (z. B. scheiternde Vorhersage von Börsen-Crashs).

Belastbare Prognosen können im Einzelnen **intuitiv** durch historische Analogie, prognostische Befragung von Experten, Delphi-Methode (iterative Befragungsrunden), Szenariotechnik unter Berücksichtigung von Störereignissen etc. entstehen. Denkbar sind auch **rationale** Verfahren auf Basis von Durchschnittsberechnungen, exponenzieller Glättung, Trendextrapolation, Korrelations-/Regressionsanalysen etc. Weiterhin sind Marktexperimente (Tests) möglich.

Aber wenn Präventionsmaßnahmen nicht helfen, bleibt nur der Weg in die **Insolvenz** mit zwangsweiser oder freiwilliger Verwertung des gesamten Vermögens zur gemeinschaftlichen/anteiligen Befriedigung der Gläubiger. Dazu sind folgende Schritte erforderlich:

- Antragstellung ist durch jeden Gläubiger oder die Schuldnergeschäftsführung möglich,
- Prüfung durch das zuständige Insolvenzgericht (Eröffnungsgrund: Zahlungsunfähigkeit, drohende Zahlungsunfähigkeit, Überschuldung nur, sofern juristische Person),
- Prüfung einer hinreichenden Masse für Verfahrenskosten,
- Eröffnungsbeschluss und Verwalterbenennung, eventuell Gläubigerausschuss,
- Sichtung, Verwaltung und Verwertung der Masse, Verfügungsbeschränkung und Vollstreckungsverbot bei Sicherungsrechten,
- Feststellung der persönlichen und dinglichen Gläubiger durch deren Anmeldung,
- Prüfung von Nachrangigkeit der Forderung, Aussonderungsberechtigung bei Eigentumsvorbehalt, Absonderungsberechtigung,
- anteilige Befriedigung und Verfahrensbeendigung.

Wichtig ist, dass ein solches Scheitern nicht zu einer Stigmatisierung der Gründer führt. Sofern keine Straftatbestände vorliegen, muss jeder Gründer das Recht haben, zu scheitern, und auch die Chance für einen vorbehaltlosen Neuanfang. Selbst bei einem Straftatbestand muss dies nach Verbüßung der Strafe möglich sein. Dies ist gelebte Fehlerkultur, wichtig ist nur, dass einmal gemachte Fehler nicht wiederholt werden. Diese Sicht ist hierzulande allerdings nur wenig verbreitet.

 Realistisch kann man nicht von einem Bilderbuchstart des jungen Unternehmens ausgehen. Daher ist es unbedingt erforderlich, als Fallback einen Plan für die Überwindung einer Frühkrise zu haben. Nur wenn dieser ausführungsreif in der Schublade liegt, kann das Rennen gegen die Zeit gewonnen werden.

16 Literatur

Acker, Hans-Peter/Jürgensen, Axel: Betriebswirtschaft kompakt, München-Heidelberg 2006

Arnold, Jürgen: Existenzgründung, 3. Auflage, Burgrieden 2013

Balderjahn, Ingo/Specht, Günter: Einführung in die Betriebswirtschaftslehre, 7. Auflage, Stuttgart 2016

Bandmann, Manfred: Grundlagen der Allgemeinen Betriebswirtschaftslehre, 2. Auflage, Wiesbaden 2014

Barney, Jay B.: Firm resources and sustained competitive advantage, in: Journal of Management, No. 19/1991, pp 99–120,

Bea, Franz Xaver/Helm, Roland/Schweitzer, Marcell: BWL-Lexikon, Stuttgart 2009

Bea, Franz Xaver/Schweitzer, Marcell (Hrsg.): Allgemeine Betriebswirtschaftslehre, Band 1, 10. Auflage, Stuttgart 2011

Bernecker, Michael: Grundlagen der Betriebswirtschaftslehre, 4. Auflage, Köln 2011

Beschorner, Dieter/Peemöller, Volker H.: Allgemeine Betriebswirtschaftslehre, 2. Auflage, Herne 2006

Binder, Ursula: Die 5 wichtigsten Steuerungsinstrumente für kleine Unternehmen, Freiburg 2017

Bleiber, Reinhard: Erfolgreiche Existenzgründung, 3. Auflage, Freiburg 2013

Bleicher, Knut/Abegglen, Christian: Das Konzept Integriertes Management, 8. Auflage, Frankfurt a.M. 2011

Brecht, Ulrich: BWL für Führungskräfte, 2. Auflage, Wiesbaden 2012

Collrepp, Friedrich: Handbuch Existenzgründung, 6. Auflage, Stuttgart 2011

Daum, Andreas/Greife, Wolfgang/Przywara, Rainer: BWL für Ingenieure und Ingenieurinnen, Wiesbaden 2010

De, Dennis: Entrepreneurship, München 2007

Delp, Andrea: Existenzgründung, München 2013

Diehm, Jürgen: Controlling in Start-up-Unternehmen, 2. Auflage, Wiesbaden 2016

Dillerup, Ralf/Stoi, Roman: Unternehmensführung, 5. Auflage, München 2016

Dorf, Bob/Blank, Steve: Das Handbuch für Startups, Köln 2014

Dowling, Michael/Drumm, Hans J. (Hrsg.): Gründungsmanagement, 2. Auflage, Berlin–Heidelberg 2003

Freeman, Edward R.: Strategic Management: A Stakeholder Approach, Boston 1984

Fueglistaller, Urs/Müller, Christoph/Müller, Susan/Volery, Thierry: Entrepreneurship, 4. Auflage, Wiesbaden 2015

Gassmann, Oliver/Frankenberger, Karolin/Csik, Michaela: Geschäftsmodelle entwickeln, 2. Auflage, München 2017

Geyer, Helmut: BWL kompakt, Freiburg 2015

Gilbert, Xavier/Strebel, Paul: Strategies to outpace the competition, in: Journal of Business Strategy, Vol. 8/1987, No. 1, pp 37–60

Granig, Peter/Hartlieb, Erich/Lingenhel, Doris (Hrsg.): Geschäftsmodellinnovationen, Wiesbaden 2015

Gutenberg, Erich: Einführung in die Betriebswirtschaftslehre, Berlin 1958

Hahn, Dietger/Taylor, Bernard (Hrsg.): Strategische Unternehmensplanung – Strategische Unternehmensführung, 9. Auflage, Berlin 2005

Hammer, Thomas: Existenzgründung, Berlin 2015

Homburg, Christian: Quantitative Betriebswirtschaftslehre, 3. Auflage, Wiesbaden 2000

Hofert, Svenja: Praxisbuch Existenzgründung, 7. Auflage, Offenbach 2012

Hopfenbeck, Waldemar: Allgemeine Betriebswirtschafts- und Managementlehre, 14. Auflage, Landsberg 2002

Hutzschenreuter, Thomas: Allgemeine Betriebswirtschaftslehre, 6. Auflage, Wiesbaden 2015

Jung, Hans: Allgemeine Betriebswirtschaftslehre, 13. Auflage, München 2016

Junge, Philip: BWL für Ingenieure, 2. Auflage, Wiesbaden 2012

Kailer, Norbert/Weiß, Gerold: Gründungsmanagement kompakt, 6. Auflage, Wien 2018

Kaplan, Robert S./Norton, David P.: Linking the Balanced Scorecard to Strategy, in: California Management Review, Vol. 39/1996, No. 1, pp 53–79

Klandt, Heinz: Gründungsmanagement, 2. Auflage, München – Wien 2006

Kotler, Philip/Bliemel, Friedhelm: Marketing-Management, Stuttgart 1992

Kußmaul, Heinz: Betriebswirtschaftslehre, 8. Auflage, München – Wien 2016

Lechner, Karl/Egger, Anton/Schauer, Reinbert: Einführung in die Allgemeine Betriebswirtschaftslehre, 27. Auflage, Wien 2016

Lutz, Andreas/Schuch, Monika: Existenzgründung, 3. Auflage, Wien 2018

Macharzina, Klaus/Wolf, Joachim: Unternehmensführung, 10. Auflage, Wiesbaden 2017

McKinsey & Company: Planen, gründen, wachsen, 4. Auflage, Heidelberg 2007

Nagl, Anna: Der Businessplan, 9. Auflage, Wiesbaden 2018

Oehlrich, Marcus: Betriebswirtschaftslehre, 4. Auflage, München 2019

Olfert, Klaus/Rahn, Horst-Joachim: Einführung in die Betriebswirtschaftslehre, 12. Auflage, Ludwigshafen 2017

Olfert, Klaus/Rahn, Horst-Joachim: Lexikon der Betriebswirtschaftslehre, 8. Auflage, Ludwigshafen 2013

Penrose, Edith: The Theory of the Growth of the Firm, Oxford 1959

Pepels, Werner: Einführung in die allgemeine Betriebswirtschafts- und Managementlehre, Berlin 2011

Pepels, Werner: Handbuch der Betriebswirtschaft, Teilband I + II, Berlin 2017a

Pepels, Werner: Krisenbewusstes Management, Berlin 2017c

Pepels, Werner (Hrsg.): A-BWL, 2 Bände, 5. Auflage, Berlin 2015

Pepels, Werner (Hrsg.): Betriebswirtschaftslehre im Nebenfach, 4. Auflage, Berlin 2017b

Pepels, Werner (Hrsg.): BWL-Wissen zur Existenzgründung, 2. Auflage, Berlin 2014

Plum, Bernhard/Gehrer, Michael/Schmidt, Jürgen: Existenzgründung für Hochschulabsolventen, Freiburg 2016

Porter, Michael E.: Competitive Strategy. Techniques for Analyzing Industries and Competitors, New York 1980

Ries, Eric: Lean Startup, München 2012

Rappaport, Alfred: Creating Shareholder Value, New York 1986

Sanft, Erhard: Leitfaden für Existenzgründer, 4. Auflage, Berlin-Heidelberg 2003

Schaufenbühl, Karl/Hugentobler, Walter/Blattner, Matthias (Hrsg.): Betriebswirtschaftslehre für Bachelor, Zürich 2007

Schierenbeck, Henner/Wöhle, Claudia B.: Grundzüge der Betriebswirtschaftslehre, 19. Auflage, München 2016

Schmalen, Helmut/Pechtl, Hans: Grundlagen und Probleme der Betriebswirtschaft, 15. Auflage, Stuttgart 2013

Schmelzer, Hermann J./Sesselmann, Wolfgang: Geschäftsprozessmanagement in der Praxis, 8. Auflage, München 2013

Schneck, Ottmar: Lexikon der Betriebswirtschaftslehre, 10. Auflage, München 2018

Schumpeter, Joseph A.: Kapitalismus, Sozialismus und Demokratie, Stuttgart 2005

Schwab, Adolf J.: Managementwissen: Know-how für Berufseinstieg und Existenzgründung, Berlin – Heidelberg 2010

Schwetje, Gerald/Vaseghi, Sam: Der Businessplan, 2. Auflage, Berlin – Heidelberg 2005

Seiwert, Lothar J.: Mehr Zeit für das Wesentliche, 12. Auflage, Landsberg a.L. 1991

Siller, Helmut: Unternehmerisches Wissen für Selbständige, Wien 2015

Spindler, Gerd-Inno: Basiswissen Allgemeine Betriebswirtschaftslehre, Wiesbaden 2017

Staehle, Wolfgang Horst/Conrad, Peter/Sydow, Jörg: Management, 8. Auflage, München 1999

Steinmann, Horst/Schreyögg, Georg/Koch, Jochen: Management, 7. Auflage, Wiesbaden 2013

Straub, Thomas: Einführung in die Allgemeine Betriebswirtschaftslehre, 2. Auflage, München 2014

Strauß, Erik: Praxishandbuch Start-up-Management, München 2015

Tanski, Joachim/Vaseghi, Sam: Der Businessplan, 2. Auflage, Freiburg 2012

Thommen, Jean-Paul/Achleitner, Ann-Kristin: Allgemeine Betriebswirtschaftslehre, 8. Auflage, Wiesbaden 2016

Thönnessen, Felix: Erfolgreich Unternehmen gründen, München 2015

Töpfer, Armin: Betriebswirtschaftslehre, 2. Auflage, Berlin 2007

Vahs, Dietmar/Schäfer-Kunz, Jan: Einführung in die Betriebswirtschaftslehre, 6. Auflage, Stuttgart 2012

VDI 2800: Wertanalyse, Berlin 2010

Vogelsang, Eva/Fink, Christian/Baumann, Matthias: Existenzgründung und Businessplan, 5. Auflage, Berlin 2018

Volkmann, Christine K./Tokarski, Kim Oliver: Entrepreneurship, Stuttgart 2006

Voss, Rödiger: BWL-kompakt, 7. Auflage, Rinteln 2014

Weber, Wolfgang/Kabst, Rüdiger: Einführung in die Betriebswirtschaftslehre, 10. Auflage, Wiesbaden 2017

Welge, Martin/Al-Laham, Andreas: Strategisches Management, 6. Auflage, Wiesbaden 2012

Wirtz, Bernd W.: Business Model Management. Design – Instrumente – Erfolgsfaktoren von Geschäftsmodellen, 4. Auflage, Wiesbaden 2017

Wöhe, Günter/Döring, Ulrich: Einführung in die Allgemeine Betriebswirtschaftslehre, 26. Auflage, München 2016

17 Abkürzungsverzeichnis

AG	Aktiengesellschaft
AGB	Allgemeine Geschäftsbedingungen
AI	Artificial Intelligence
AktG	Aktiengesetz
APAC	Asia Pacific
APV	Adjusted Present Value
BAB	Betriebsabrechnungsbogen
BCG	Boston Consulting Group
BDA	Bundesvereinigung der Deutschen Arbeitgeberverbände
BEP	Break-even-Punkt
BGB	Bürgerliches Gesetzbuch
BilMoG	Bilanzrechtsmodernisierungsgesetz
BIP	Bruttoinlandsprodukt (gesamtwirtschaftliche Wertschöpfung)
BMWi	Bundesministerium für Wirtschaft
BPO	Business Process Outsourcing
BPR	Business Process Reengineering
BRS	Business Risk Service
BSC	Balanced Scorecard
B-to-B	Business-to-Business (Gewerbekundengeschäft)
B-to-C	Business-to-Consumer (Endverbrauchergeschäft)
BWL	Betriebswirtschaftslehre
c. p.	Ceteris paribus (unter ansonsten gleichen Voraussetzungen)
Co.	Compagnie
CPFR	Collaborative Planning, Forecasting and Replenishment
CRM	Customer Relationship Management
CSR	Corporate Social Responsibility
D-A-CH	Deutschland (D) – Österreich (A) – Schweiz (CH)

DAX	Deutscher Aktienindex
DCF	Discounted Cash-Flow
DIHT	Deutscher Industrie- und Handelskammertag
DPMA	Deutsches Patent- und Markenamt
DtA	Deutsche Ausgleichsbank
e. K. (e. Kfm./e. Kfr.)	eingetragener Kaufmann (eingetragener Kaufmann/eingetragene Kauffrau)
EAT	Earnings after Taxes
EBIT	Earnings before Interest and Taxes
EBITDA	Earnings before Interest, Taxes, Depreciation and Amortisation
EBT	Earnings before Taxes
EMEA	Europe – Middle East – Africa (Europa – Arabien – Afrika)
ERP	Enterprise Resource Planning
EÜR	Einnahme-Überschuss-Rechnung
FiFo	First-in-First-out
FuE	Forschung und Entwicklung
GbR	Gesellschaft bürgerlichen Rechts
GmbH	Gesellschaft mit beschränkter Haftung
GmbHG	GmbH-Gesetz
GPRS	General Packet Radio Service (Mobilfunkstandard)
GPS	Global Positioning System
GuV	Gewinn-und-Verlust-Rechnung
GWB	Gesetz gegen Wettbewerbsbeschränkungen
GWWS	Geschlossenes Warenwirtschaftssystem
HGB	Handelsgesetzbuch
HWK	Handwerkskammer
ICO	Initial Coin Offering
IFRS	International Financial Reporting Standards
IHK	Industrie- und Handelskammer
IPO	Initial Public Offering (erstmaliger Börsengang)
ISO	International Organization for Standardization
IT	Informationstechnologie
IuK	Informations- und Kommunikationstechnik
KAPOVAZ	Kapazitätsorientierte variable Arbeitszeit
KG	Kommanditgesellschaft
KGaA	Kommanditgesellschaft auf Aktien

KMU	Kleine und Mittlere Unternehmen
KPI	Key Performance Indicator (Schlüsselkennzahl)
KVP	Kontinuierlicher Verbesserungsprozess
LEH	Lebensmitteleinzelhandel
Ltd.	Limited
M&A	Merger & Acquisition (Übernahme und Beteiligung)
MBI	Management-Buy-in
MBO	Management-Buy-out
OEM	Original Equipment Manufacturer (Originalteilehersteller)
OHG	Offene Handelsgesellschaft
OLAP	Online Analytical Planning
ÖPNV	Öffentlicher Personennahverkehr
PartG	Partnerschaftsgesellschaft
PartGG	Gesetz über Partnerschaftsgesellschaften Angehöriger Freier Berufe
PDCA	Plan – Do – Check – Act (Qualitätsverbesserungsprozess)
PEF	Private-Equity-Fonds
PESTLE	Political – Economical – Social – Technological – Legal – Environmental
PIMS	Profit Impact of Market Strategies
PLC	Public Limited Company
PoS	Point of Sale
ppa.	per procura
Ppm	Parts per million
PuK-System	Planungs- und Kontroll-System
RL	Rentabilitäts- und Liquiditäts-Kennzahlensystem
RMA	Relativer Marktanteil
ROE	Return on Equity (Eigenkapitalrentabilität)
ROI	Return on Investment (Gesamtkapitalrentabilität)
RSS	Really Simple Syndication
SB	Selbstbedienung
SCM	Supply Chain Management
SE	Societas Europaea (Europäische Gesellschaft)
SEA	Search Engine Advertising (Suchmaschinenwerbung)
SEO	Search Engine Optimization (Suchmaschinenoptimierung)
SGE	Strategische Geschäftseinheit (Produkt-Markt-Kombination)
SGF	Strategisches Geschäftsfeld (Relevanter Markt)

SGr	Strategische Gruppe
SLA	Service Level Agreement
SMART	Specific – Measurable – Achievable – Reasonable – Time Bound
STEP	Sociological – Technological – Economical – Political
SWOT	Strengths – Weaknesses – Opportunities – Threats
TCF	Total-Cash-Flow
TOWS	Threats – Opportunities – Weakness – Strengths
UG	Unternehmergesellschaft
VC	Venture Capital
VKF	Verkaufsförderung
VRIO	Value – Rareness – Imperfect Imitability – Organizational Specificity
WACC	Weighted Average Cost of Capital
ZVEI	Zentralverband der Elektrotechnik- und Elektronikindustrie

18 Abbildungs- und Tabellenverzeichnis

Abbildungen

Tabellen

19 Stichwortverzeichnis

20 Über den Autor

Werner Pepels hat Wirtschaft und Wirtschaftswissenschaften jeweils mit Diplomabschluss studiert. Er war zwölf Jahre als Kundenberater für führende Markenartikler tätig, dabei Mitgründer einer Werbeagentur (Insolvenz nach einem Jahr), dann Partner (Gesellschafter) einer erfolgreichen VKF-Agentur (1,5 Jahre) sowie, nach Anteilstausch, einer großen, inhabergeführten Werbeagentur-Gruppe (zwei Jahre). Darauf folgten 27 Jahre Tätigkeit als Hochschullehrer (Staatliche Fachhochschule) für Marketing und Management. Er hat zahlreiche Lehraufträge im In- und Ausland wahrgenommen, war vereidigter Sachverständiger, vereidigter Handelsrichter, Akkrediteur (federführend) und Studiengangsleiter bzw. wissenschaftlicher Studienleiter. Er gehört zu den meistgelesenen Fachautoren im D-A-CH-Raum mit einer Verkaufsauflage seiner Werke von über 180.000 Exemplaren. Hinzu kommen ungezählte Publikationen als E-Books.

Kompakt und auf den Punkt

Schulz, Hofbauer
Arbeitsrecht für Führungskräfte
Abmahnung – Kündigung – Personalgespräch –
Weisungsrecht
128 Seiten
€ 14,–. ISBN 978-3-446-45188-9

Auch einzeln als E-Book erhältlich

Als Führungskraft mit Personalverantwortung benötigen Sie auch als
Nichtjurist ergänzend zu Ihren Führungskompetenzen fundierte Kenntnisse
im Arbeitsrecht. Gerade in konfliktträchtigen Situationen wie den Themen
Abmahnung, Kündigung, Personalgespräch und Weisungsrecht gilt es,
professionell zu handeln. Was ist erlaubt? Was nicht? Was muss beachtet
werden? Arbeitsrechtliches Wissen stärkt Sie in Ihrer Führungsrolle!
Dieser Pocket Power-Band navigiert Sie sicher durch Teile des arbeitsrecht-
lichen Gesetzesdschungels.